U0791098

普通高等教育"十二五"规划教材

遥感技术概论

主　编　张婷婷
副主编　殷　有　邸　利　栾志刚
主　审　李茂堂　杨国范

黄河水利出版社
·郑州·

内 容 提 要

本书重点对遥感基础知识进行全面讲解，按照学生学习的认知规律逐步深入，同时理论与实践应用紧密结合。本书在注重遥感技术的基础理论讲解的同时，也加强介绍了遥感领域的新技术和新近科研成果及动态，并将新近成果与应用相结合。主要内容有：遥感基本概念和基本理论；遥感成像原理和成像特征，包括传感器、航空遥感、航天遥感和微波遥感；遥感图像分析的原理与方法；图像信息的提取与分类处理；遥感的应用实例等。

本书可作为高等学校农业资源与环境、水土保持与荒漠化、环境科学、土地管理、林学、城市规划、地理信息系统等专业本科生的教材，也可作为上述相关专业硕士、博士研究生的教学参考书，同时可供地球科学、资源环境和信息技术等领域与部门的专业技术人员阅读参考。

图书在版编目（CIP）数据

遥感技术概论/张婷婷主编.—郑州：黄河水利出版社，2011.7 （2021.7 修订重印）

普通高等教育“十二五”规划教材

ISBN 978-7-5509-0056-1

Ⅰ.①遥… Ⅱ.①张… Ⅲ.①遥感技术-高等学校-教材 Ⅳ.①TP7

中国版本图书馆 CIP 数据核字（2011）第 085530 号

策划编辑：李洪良　电话：0371-66026352　E-mail：hongliang0013@163.com

出 版 社：黄河水利出版社

地址：河南省郑州市顺河路黄委会综合楼 14 层　　邮政编码：450003

发行单位：黄河水利出版社

发行部电话：0371-66026940、66020550、66028024、66022620（传真）

E-mail：hhslcbs@126.com

承印单位：河南承创印务有限公司

开本：787 mm×1 092 mm　1/16

印张：14.25　　插页：2

字数：330 千字　　印数：4 101—5 100

版次：2011 年 7 月第 1 版　　印次：2021 年 7 月第 3 次印刷

定价：30.00 元

前言

从20世纪60年代起，历经50余年，遥感技术及其应用已经逐渐渗透到社会的各个领域。通过遥感技术观测到的全球变化、厄尔尼诺、沙漠化、海洋冰川漂流等动态变化已经引起全球的广泛重视；遥感技术还在海洋、生态、矿产、土地、森林、草原、野生动植物、水资源等方面起着不可替代的作用；同时它也在环境变化、灾害监控、工程建设等方面发挥了巨大作用。遥感技术作为对地观测的一项综合性技术一直在不断进步。与传统观测手段相比，遥感具有突出优势：其可以进行大尺度的连续性和周期性观测，拥有很高的实效性，极大地提高了社会生产效率，节约了时间和经济成本。

自20世纪80年代以来，随着遥感技术的发展，我国各高等院校都相继开设了遥感课程，培养了一大批遥感方面的科研、教学及应用型人才。遥感技术在理论上更加深入，技术上更加成熟，同时实际应用领域也更加广泛。

本书注重反映遥感领域的新技术和新近科研成果，将新近科研成果与应用相结合，注重遥感技术的基础理论和新近应用的发展介绍。主要内容有：遥感基本概念和基本理论；遥感成像原理和成像特征，包括传感器、航空遥感、航天遥感和微波遥感；遥感图像分析的原理与方法；图像信息的提取与分类处理；遥感的应用实例等。

本书既可作为高等学校农业资源与环境、水土保持与荒漠化、环境科学、土地管理、林学、城市规划、地理信息系统等专业本科生的教材，也可作为上述相关专业硕士、博士研究生的教学参考书，同时可供地球科学、资源环境和信息技术等领域与部门的专业技术人员阅读参考。

本书编写分工如下：第一章、第二章、第六章由于坤和王志华编写，第三章由殷有编写，第四章由张婷婷编写，第五章由栾志刚和隋铭明编写，第七章由吴静编写，第八章由邸利编写。全书由张婷婷统稿。中国水利水电科学研究院遥感中心李茂堂教授和沈阳农业大学杨国范教授作为本书的主审提出了很多宝贵意见，在此一并表示感谢。

由于编写时间和作者水平有限，全书难免存在缺点及不足，敬请读者批评指正。

编　者

2011年3月

前 言

目 录

第一章　绪　论

第一节　遥感概念

遥感是 Remote Sensing 的中文直译,由美国女地理学者 Evelyn L. Pruitt 于 20 世纪 60 年代首先提出,用来替代"航空像片判读"这一术语。其后在密歇根大学召开的系列研讨会上被采用,从此得以广泛传播。

遥感,即"遥远的感知"。广义上的遥感是指在不接触目标或现象的情况下而获取其相关信息,例如读者当前的阅读就是遥感。由此可见,"遥远"是相对的,并不意味着空间上的遥远距离。本书涉及的内容是狭义上的遥感,即不与探测目标或现象相接触,通过探测器件获取关于地球的影像与信息。

我国的摄影测量与遥感之父——王之卓院士指出,遥感与摄影测量是同一学科存在于两个不同的时期。遥感是摄影测量的发展和扩充。美国摄影测量与遥感协会将摄影测量与遥感相结合定义为:对使用非接触传感器系统获得的影像及数字图像进行记录、量测和解译,从而获得自然物体和环境的可靠信息的一门艺术、科学和技术。

第二节　遥感系统

一、遥感系统的基本构成

遥感过程是一个信息流的过程,从空间到地面,形成从信息采集、存储、传输、处理到应用的完整体系。遥感系统包括信息采集系统、信息接收与处理系统和信息应用系统三方面的内容。

(一)信息采集系统

电磁能、重力、声波等均是遥感的信息源。本书中的遥感过程主要获取电磁能。任何地物都有发射、吸收和反射电磁波的性质,通过传感器(也称遥感器,如紫外摄影机、可见光摄影仪、红外光学扫描仪和合成孔径雷达等)可获取、记录地表物体的电磁能量。传感器通常搭载在遥感平台上。卫星、飞机、地面测量车等都可以作为遥感平台。

(二)信息接收与处理系统

传感器获取的电磁波信息被记录在数字介质或胶片上,胶片由人或回收舱送回地面,数字介质可通过卫星无线电传输设施发回卫星遥感地面站,地面站对原始数据进行恢复、校正、分类等处理。

(三)信息应用系统

遥感信息的最终落脚点是应用领域,如测绘、地理、气象、海洋、军事等。选择合适的数据和数据处理方法从而满足各行业对遥感信息提出的各种各样的要求。

综上所述,遥感系统是构造在航空航天技术、光电技术、计算机技术和地学等科技基础上的综合性技术体系。它的三个层面是紧密相依的,实现了完整的遥感信息流过程。

二、目标地物的电磁辐射

目标地物的电磁辐射是遥感过程的物理基础,电磁辐射的相关原理是遥感入门的必要知识。在空间某处的电磁振源周围激发交变的电场,在交变电场周围又激发交变的磁场,如此相互激发,从而使电磁振荡在空间传播,形成电磁波,也称为电磁辐射(见图1-1)。电磁波是横波,由互相垂直的电场和磁场构成,常用波长(λ)、频率(ν)、振幅(A)三个参数来描述电磁波。

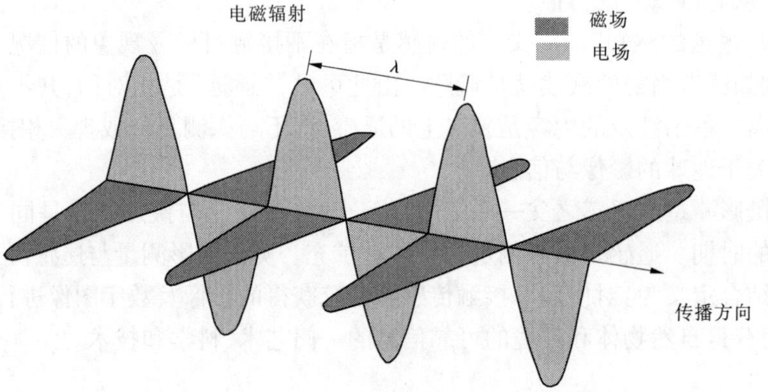

图1-1 电磁辐射

(1)波长:相邻两个波峰之间的距离称为波长,常用单位是微米(μm)。

(2)频率:单位时间内通过某固定空间位置点的波数称为频率,单位为赫兹(Hz)。

(3)振幅:振动物理量偏离平衡位置的最大位移值称为振幅,表征振动强度。

在真空中,电磁波以光速传播,与频率和波长的关系为:

$$c = \nu\lambda \tag{1-1}$$

式中 c——光速,是一个常数,取值为 2.998×10^8 m/s。

由式(1-1)可见,频率与波长成反比,如果频率增大,则波长减小;反之,如果波长增大,频率减小,那么就可以用两者之一来描述电磁波的特点。在遥感中,根据波长将电磁波进行分类,形成电磁波谱。电磁波谱是一个连续的波段,以10的 n 次幂的变化表示,故常用对数图来描述电磁波谱。电磁波谱涵盖了从最短的γ射线到最长的无线电波(见图1-2)。需要注意的是,相邻波段之间并没有明确的界线。当前,遥感的常用工作波段可以从紫外到微波。

传感器记录的是电磁波与地物的相互作用。爱因斯坦发现,当光和物质相互作用时,光表现出粒子性。这些粒子又称为光子或量子。一个光子的能量按波动理论描述为:

$$E = h\nu \tag{1-2}$$

式中 E——光子的能量,J;

h——普朗克常数,取值 6.626×10^{-34} J·s;

ν——频率，Hz。

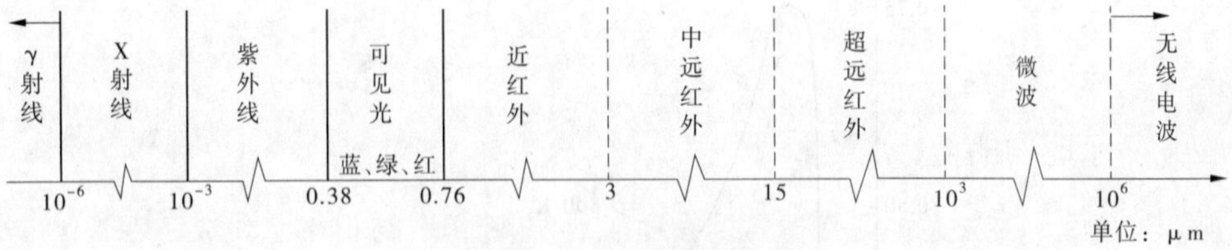

图 1-2　电磁波谱

将式(1-2)中的 ν 用 c/λ 取代，则式(1-2)变为：

$$E = hc/\lambda \tag{1-3}$$

因为 h、c 均为常数，那么与能量 E 有关的只有波长 λ，能量 E 与波长 λ 成反比，即如果波长越短，则能量越大。能量与波长的这种关系在遥感中具有重要意义。例如探测可见光能量比探测热红外能量要容易得多。

那么，物体辐射长波或者短波又与什么有关呢？众所周知，热力学温度大于 0 K（－273 ℃）的所有物体都会辐射电磁能。理想的辐射体称为黑体。黑体具有完全吸收和完全辐射的特点。也就是说，它可以吸收全部的能量而没有反射和透射。作为辐射体时，其辐射能力仅与温度有关，这一规律满足斯特藩－玻耳兹曼（Stefan－Boltzmann）定律：

$$M(T) = \delta T^4 \tag{1-4}$$

式中　$M(T)$——辐射出射度，W/m^2，指单位时间内辐射源在单位面积上辐射出的能量，又称为辐射通量密度；

δ——斯特藩－玻耳兹曼常数，取值为 $5.669\,7 \times 10^{-8}$ $W/(m^2 \cdot K^4)$；

T——物体的热力学温度，K。

该定律表明，辐射的总能量与其温度的四次方成正比。随着温度的增加，辐射能迅速增加。

物体发射的总能量可以用积分来计算，图 1-3 中几种物体的辐射曲线，每条曲线下面所围成的面积就是相应温度下物体的总辐射能量。从图 1-3 中可以看出，物体温度越高，物体的总能量越大，各曲线外形相似，并且能量峰值的分布随着温度的升高，向短波方向移动。这一现象服从维恩位移定律：

$$\lambda_{max} = A/T \tag{1-5}$$

式中　λ_{max}——辐射强度最大的波长，μm；

A——常数，取值为 2 898，μm · K；

T——热力学温度，K。

加热一个铁块时所发生的颜色变化可以印证这一定律，当铁块逐渐变热时，其颜色从深红色到橙色，然后变为黄色，最后呈白色。这一变化反映出向短波变化的现象。

地球的表层温度大约为 300 K，由维恩位移定律可知，地表物体的最大辐射值对应的波长约为 9.7 μm。这种辐射与地表热相关，故称为热红外能。热红外能无法被人眼所见，也无法以摄影方式记录，但可以用扫描仪、辐射计等设备探测到。

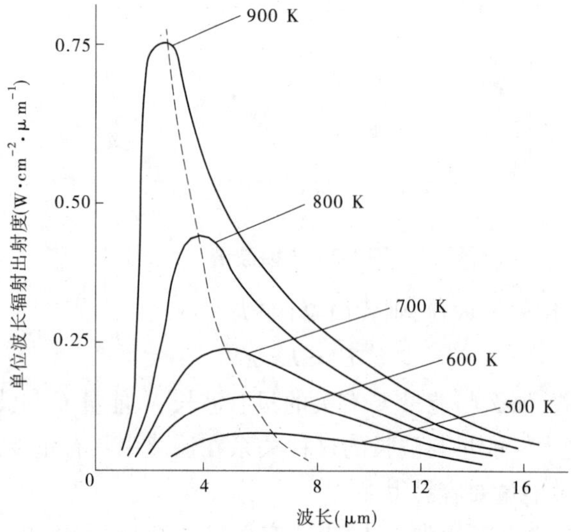

图 1-3　不同温度条件下的黑体辐射

三、大气散射与吸收

地球被大气圈层所包围,所以遥感中的辐射均需通过在大气中传播才能到达传感器。大气的折射、散射和吸收等现象影响辐射传输的速度、方向、波长和强度。通常折射现象的影响可以忽略不计,故在此仅讨论散射和吸收。

(一)大气散射

电磁波在非均匀介质或者各相异性介质中传播时,原来的传播方向发生改变的现象称为散射。散射分为瑞利散射、米氏散射和非选择性散射三种。

1. 瑞利散射

当大气中的微粒直径比入射电磁波波长小很多(通常小于 0.1 倍)时,就会发生瑞利散射。散射总量与波长的四次方成反比。当波长大于 1 μm 时,瑞利散射可以被忽略,所以可见光对瑞利散射影响较大,而红外线、微波均可不计瑞利散射的影响。瑞利散射主要是大气中的氧分子和氮分子对可见光的散射,所以瑞利散射也称为分子散射。

瑞利散射大都发生在高度 2 ~ 8 km 的大气中,可见光中的蓝光由于波长较短,相比波长较长的红光散射量大很多,因此晴朗的天空呈蓝色。

瑞利散射是遥感影像产生“霾”的重要因素之一,因为它降低了影像的对比度和清晰度。

2. 米氏散射

当大气中的微粒直径与辐射波长同数量级时,发生米氏散射(也称非分子散射)。相对于瑞利散射而言,米氏散射的波长要更长一些。大气中的粉尘、水蒸气是米氏散射发生的主要原因。在高度 0 ~ 4.5 km 的大气中,米氏散射最强。

3. 非选择性散射

当大气中的微粒直径比辐射波长大很多(通常大于 10 倍)时,会发生非选择性散射。

散射强度与波长无关。大气中的云、雾、水滴的散射属于非选择性散射，顾名思义，不仅可见光被散射，其余的光也被散射，所以云、雾、水滴等呈白色。非选择性散射发生的概率相对最低。

（二）大气吸收

电磁波在大气中传播时会发生能量的衰减，这是由于受到如水（H_2O）、二氧化碳（CO_2）、氧（O_2）、臭氧（O_3）等大气分子的吸收作用。吸收作用通常针对特定的波段范围，这使某些波段的电磁波无法穿透大气，那么对此类波段的遥感也就失效了。为了获取辐射能量，必须选择那些透过率高的波段，将这样的光谱区间形象地称为大气窗口。只有大气窗口的波段才能用于生成遥感影像。常用的大气窗口有：0.3～1.3 μm 的紫外、可见光和近红外波段，1.5～1.8 μm 和 2.0～3.5 μm 的近中红外波段，3.5～5.5 μm 的中远红外波段，8～14 μm 的远红外波段，0.8～2.5 cm 的微波波段。

四、地物对辐射的作用

当电磁波到达地表时，会产生三种基本的物理作用，即反射、吸收和透射。由能量守恒原理可得三种作用的相互关系：

$$E_I(\lambda) = E_R(\lambda) + E_A(\lambda) + E_T(\lambda) \tag{1-6}$$

式中 $E_I(\lambda)$——入射能；
$E_R(\lambda)$——反射能；
$E_A(\lambda)$——吸收能；
$E_T(\lambda)$——透射能。

四种能量均是波长的函数，三种基本作用产生的能量比例会随着地物类型和特征而变化，以此可以从影像上甄别不同特征的地物。能量也会随波长的变化而变化，不同地物在某一波段内无法分辨，而在另外的波段中却很容易识别。

（一）反射

当电磁波到达两种不同介质的分界面时，入射能量的部分或全部返回原介质的现象称为反射。反射能量是许多传感器的主要能量来源，因此地物的反射特性是极其重要的。反射常分为三种：镜面反射、漫反射和方向反射。

主导地物反射特性的因素是其表面的粗糙程度。镜面反射服从反射定律，反射角等于入射角。当地物表面相对于入射波长光滑时，就产生镜面反射。当入射能量在所有方向上被均匀反射时称为漫反射。理想的漫反射表面被称为朗伯面。现实地物反射既非完全镜面反射，也非完全漫反射，而是介于两者之间，这种反射称为方向反射。

（二）透射

当电磁波入射到两种不同介质的分界面时，部分能量透过分界面的现象称为透射。透射发生时，部分能量被介质吸收转换成热能再辐射出去。地物的透射能力用透射率来描述：

$$\tau(\lambda) = \frac{E_T(\lambda)}{E_I(\lambda)} \tag{1-7}$$

式中 $\tau(\lambda)$——透射率，取值介于 0～1，用百分数表示。

通常可见光不能透射绝大多数地物，红外光对有半导体特征的地物有一定的透射能力，透射能力最强的要数微波。利用微波遥感技术可以探测矿产资源、冰冻情况和海底地形等。

五、地物波谱特征

地表物体都有发射、反射、吸收电磁波的能力，少数地物还可透射电磁波，不同地物的这种能力在电磁波谱的图各个区间有各自不同的表现。也就是说，地物发射、反射、吸收、透射电磁波的特征是随着波长的变化而变化的，通常以波谱曲线的形式表示，简称地物波谱。人们通过传感器获取的地物发射、反射能量的波谱特征差异来研究和判识不同地物。一般而言，不同的地物具有不同的波谱特征（见图 1-4），然而，由于受时间、环境等因素影响，相同的地物也可能有不同的波谱特征。地物波谱特征的研究和测量是遥感中的重要内容。

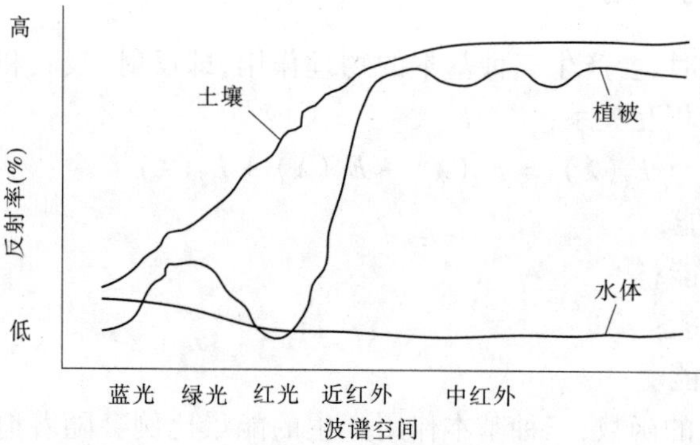

图 1-4　地物波谱特征

（一）地物的反射波谱特征

地物对电磁波的反射能力常用反射率 $\rho(\lambda)$ 来定量描述，反射率是波长的函数，表达式为：

$$\rho(\lambda) = \frac{E_R(\lambda)}{E_I(\lambda)} \tag{1-8}$$

式中　$\rho(\lambda)$——反射率，取值介于 0 ~ 1，以百分数表示。

地物反射波谱特征通常是识别各种地物的主要出发点，也是设计和选择传感器波段范围的参照。

下面介绍几种常见地物的波谱反射特征。

1. 水体

太阳光照射到水面时，小部分被反射（约 5%），大部分入射到水下，在清澈的水体中约 2 m 内被吸收。从图 1-5 可以看出，无论是清澈还是浑浊的水体，反射率都没有超出 10%。对于清澈水体，蓝绿波段是水体的主要反射区间，到了红光波段，吸收增强，而到了近红外波段吸收则更强。因为水体中近红外波段的强吸收，所以在近红外的遥感影像上看到的水体往往呈黑色。当水中含有泥沙等悬浮物时，水体在可见光波段的反射率增大，且峰值出现在黄光区。

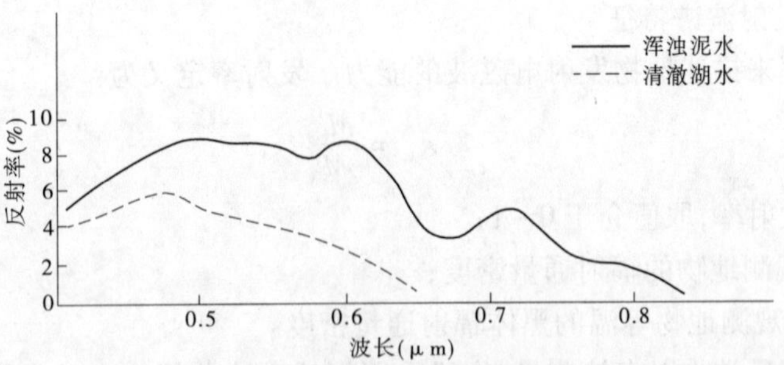

图 1-5 水体反射波谱特征

水体的反射光谱特征通常与日照角度、水表粗糙度、悬浮物性质、水深和水体状况有关。

2. 植被

健康植被由于叶绿素对太阳光的强烈吸收,在 0.55 μm 处的小"反射峰"两侧,有两个位于 0.45 μm 和 0.67 μm 处的"吸收谷"(见图 1-6)。正是因为叶绿素对可见光中蓝光和红光的强烈吸收,而对绿光的强烈反射,人们肉眼观察到的健康植物呈绿色。病态和枯萎的植被中叶绿素含量减少,导致对蓝光和红光的吸收变弱,对红光反射增强,植被呈黄色(绿色和红色的合成)。

虽然在可见光波段中,桦树和松树都有反射峰(见图 1-6),但要在遥感影像上区分它们还是不容易的,原因在于两者的反射率较为接近。到了近红外波段,它们的反射率较可见光波段都有较大提升,并且桦树的反射率增幅较松树高出很多,那么,在可见光波段不易区分的两个树种,在近红外波段变得容易分辨了。在近红外波段,0.7 ~ 0.8 μm 的反射峰也是植被特有的波谱特征。

植被的波谱特征常与植物种类、覆盖度、季节、灾害等因素有关。

3. 土壤

自然条件下,土壤的波谱反射率曲线较为平滑,一般都是随着波长的增大而增大(见图 1-7)。土壤具有复杂的物理、化学和生物性质,这些性质都对土壤波谱特征有不同程度的影响,具体而言一般与以下因素有关,如土壤类别、有机质含量、水分含量、土壤颜色、土壤质地等。

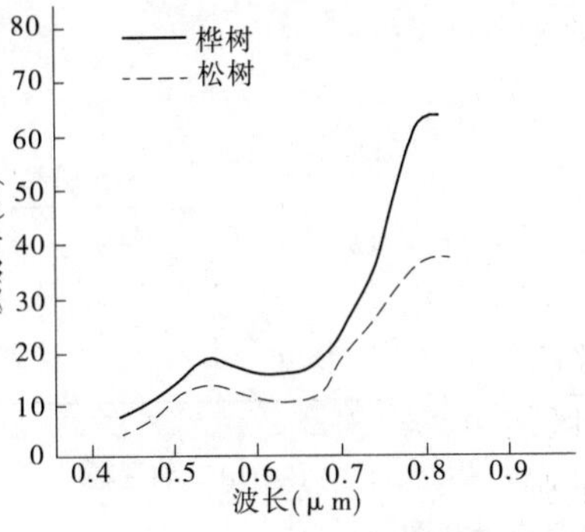

图 1-6 植被反射波谱特征

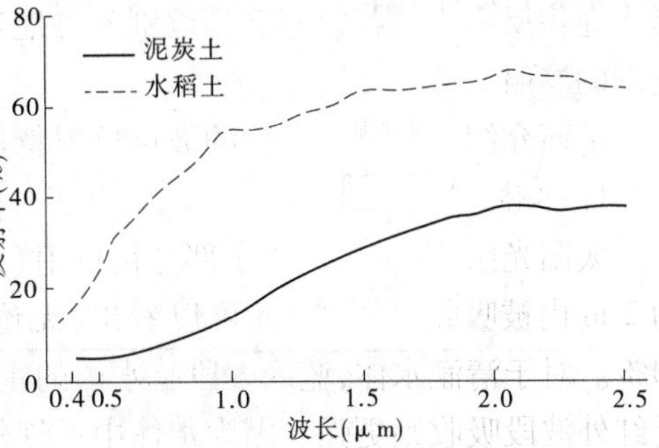

图 1-7 土壤反射波谱特征

(二)地物发射波谱特征

常用发射率来描述地物发射电磁波的能力。发射率定义为:

$$\varepsilon_\lambda = \frac{M'}{M} \tag{1-9}$$

式中　ε_λ——发射率,取值介于0~1;

M'——观测地物的辐射通量密度;

M——与观测地物等温的黑体辐射通量密度。

地物发射率通常难以直接测量,往往采用间接方法获得。一种常用方法是基于基尔霍夫定律,该定律认为任何物体的发射率 ε_λ 与相同温度下的吸收率 α 相等。因为不透明的物体满足:

$$\alpha + \rho = 1 \tag{1-10}$$

式中　α——吸收率;

ρ——反射率。

故

$$\varepsilon_\lambda = 1 - \rho \tag{1-11}$$

可见,通过测量地物的反射率,根据式(1-11)可以推求得到地物发射率。

地物的发射率与地表粗糙度、颜色、温度等因素有关。一般而言,表面粗糙和颜色较深的地物拥有较高的发射率,而表面光滑和颜色较浅的地物拥有较低的发射率。相同的地物在不同温度下有不同的发射率,如花岗岩在0 ℃和40 ℃时发射率分别为0.783和0.977。

六、被动遥感和主动遥感

传感器通过获取辐射源的能量来完成遥感过程。辐射源可分为自然辐射源和人工辐射源两类。自然辐射源包括太阳辐射源和地球辐射源。而人工辐射源包括微波辐射源和激光辐射源。只接收探测目标对自然辐射源的反射和发射能量的遥感系统,称为被动遥感。被动遥感易受天气、探测时间等因素影响。主动遥感利用人工辐射源照射探测目标,并接收目标的后向散射信号(见图1-8)。雷达是典型的主动遥感。主动遥感受天气影响小,可以全天时工作。

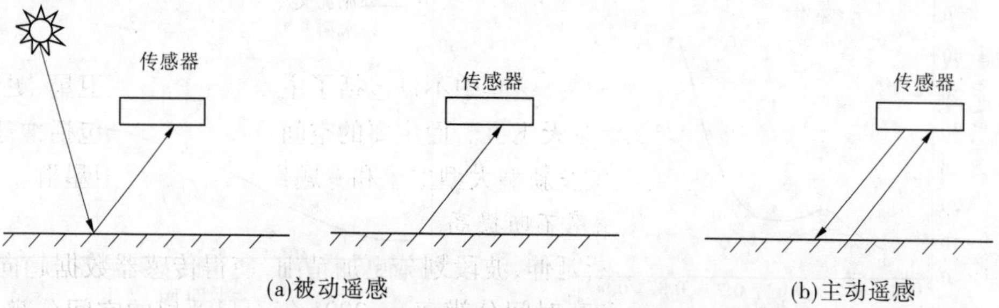

图1-8　被动遥感和主动遥感示意图

第三节 遥感的发展概况及展望

一、遥感的发展概况

(一)遥感在全球范围的发展概况

全球范围下的遥感发展最早可以追溯到16世纪早期使用望远镜对天体的观测,这开辟了远距离观测目标的先河。然而,这样的观测并不能将观测到的事物以影像的方式记录下来,直到1838年摄影技术的发明才得以将观测的事物记录在胶片上。因而,1849年由法国人艾米·劳赛达特(Aime Laussedat)发起并制订的摄影测量计划被认为是有记录的地面遥感的阶段性标志。

1858年至1956年,多项空中摄影试验相继展开,这也成功地推动了遥感技术进入空中摄影遥感阶段。18世纪晚期至19世纪早期,G. F. 陶纳乔(Gaspard Felix Tournachon)、J. W. 布莱克(James Wallace Black)、J. 纽布朗纳(Julius Nenbronner)等先后尝试采用热气球、鸽子、风筝等携带摄像机进行了试验性的空间摄影;直至飞机的发明真正地促进了航空摄影遥感的实用化。

在两次世界大战中,航空摄影均成为重要的军事侦察手段,而彩色胶片的出现则极大地丰富了航空摄影的信息量,并为以后的航空遥感发展奠定了一定的基础;第二次世界大战后期,微波雷达及红外技术开始应用于军事侦察,这使得遥感探测的谱段得到了扩展。

这一时期关于航空摄影遥感理论和方法的书籍也开始逐渐出现,相关人才培养和专业学术刊物也相继出版。这些早期的著作包括A. J. 厄德莱(Eardey)的《航空像片:应用与判读》、J. W. 巴格莱的《航空摄影与航空测量》等。

值得关注的是,1949年国际地理学会设立了航空像片应用委员会;同一时期国际著名的遥感专业刊物《摄影测量工程与遥感》(早期名为《摄影测量工程》,1975年改为现在的名称)在美国创刊。这些对于遥感理论、方法的总结和探讨使遥感学科的理论逐渐丰富起来并走上了快速发展的道路从而最终发展为独立的学科,这也成为遥感科学的重要基础。

以1957年苏联发射第一颗人造地球卫星为标志,遥感科学进入了航天遥感阶段,这一阶段延续至今,仍在继续发展,并取得了众多极为重要的成果。

1. 遥感探测平台逐渐丰富

近年来航天遥感平台不断发展完善,这其中不仅包括了主要的空间轨道卫星,更包括了新兴的载人空间站、空间实验室及航天飞机。而主要的空间轨道卫星不仅包括地球、太阳同步卫星,更包括了低、高轨道卫星及新型大型卫星和专题目标明确的小卫星群。

2. 传感器探测范围不断延伸,精度不断提高

传统传感器的探测波段范围不断延伸,波段划分更加精细,使得传感器数据趋向“三高”(高空间分辨率、高光谱分辨率和高时间分辨率)。2001年卫星遥感的空间分辨率从IKONOS的1 m,进一步提高到Quickbird(快鸟)的0.62 m,高光谱分辨率已达到5~6 nm,500~600个波段;时间分辨率的提高主要依赖于小卫星技术的发展,通过合理分布的

小卫星星座和传感器的大角度倾斜可以以1~3 d的周期获得目标地区的遥感影像，这其中SAR雷达卫星成为主要的搭载平台，美国宇航局及国防部计划发射的一系列太阳同步和地球同步的长波、短波SAR，可实现干涉重访间隔为8 d、3 d和1 d。

3. 遥感信息处理日趋完善

随着数字成像技术和计算机图像处理技术的发展，遥感信息处理不断完善发展，海量数据处理、高速度与专业功能完备的专业软硬件平台已经成为主流，PCI、ERDAS、ENVI、ERMapper、IDRISI等软件为众多用户所熟悉。软件功能模块也不断完善，兼容性得到了极大的提高。同时遥感信息的处理也不断向着全球化、可视化、智能化和网络化的方向发展。

4. 遥感应用领域不断扩大

经过多年的发展，遥感技术及其应用已经逐渐渗透到社会的各个领域。通过遥感观测到的全球变化、厄尔尼诺、沙漠化、海洋冰川漂流等动态变化已经引起全球的广泛重视；遥感还在海洋、生态、矿产、土地、森林、草原、野生动植物、水资源等方面起着不可替代的作用；同时也在环境变化、灾害监控、工程建设等方面发挥了巨大作用。

遥感应用正趋于向深度和广度两个方向发展，其具体应用则更具有实用化、商业化和国际化的特点。

（二）遥感在我国的发展概况

我国遥感科学起步于20世纪30年代，当时曾开展过个别城市的航空摄影；而系统地开展航空摄影起步于20世纪50年代；至70年代，航空摄影测绘进入了业务化阶段，并进行了全国范围的地形图更新，及其他不同目标的专题遥感试验和应用研究。期间，我国先后研制成功多种遥感测绘仪器，包括机载地物光谱仪、多光谱扫描仪、红外扫描相机、成像光谱仪、合成孔径侧视雷达、微波辐射计等。

我国真正意义上的航天遥感始于1970年的第一颗人造卫星发射，其后相继发射了数十颗不同类型的人造地球卫星，包括太阳同步“风云一号”（FY-1A，1B）、地球同步“风云二号”（FY-2A，2B）等，使得我国拥有了自己的“信息源”。我国在发射极轨气象卫星“风云一号A”、“风云一号B”、“风云一号C”和地球同步气象卫星“风云二号A”、“风云二号B”的基础上，于2002年5月发射了第四颗极轨气象卫星“风云一号D”，2008年5月27日，中国新一代极轨气象卫星“风云三号A”成功发射。风云卫星均为我国研制发射。

1999年我国发射的中巴地球资源卫星（CBERS-1），不仅是我国的第一颗高速传输型对地遥感资源卫星，也是我国卫星研制史上星载元器件最多、系统最为复杂的一颗卫星。

中巴地球资源卫星的研制、发射和运行成功，结束了我国遥感应用单纯依靠外国卫星遥感资料的历史，使我国能实时接收覆盖我国全境及部分周边国家领土的卫星遥感数据。2000年“中国资源二号”卫星发射成功，这是我国继中巴地球资源卫星后又一颗传输型遥感卫星，也为我国研制更高水平的对地遥感卫星奠定了基础。

其后发射的“北斗”系列、“清华1号”等进一步丰富了我国卫星的类型。2000年先后发射了第一颗和第二颗“北斗导航试验卫星”，构成了我国第一代卫星导航定位系统即“北斗导航系统”。北斗导航试验卫星的发射说明我国已开始打造独立自主的导航定位卫星系统。2002 年 5 月我国发射第一颗海洋卫星“海洋一号”，这是我国第一颗用于海洋资源开发利用的试验型应用卫星，装载的遥感设备包括一台分辨率为 1 100 m 的十波段水色扫描仪和一台分辨率为 250 m 的四波段 RRU 相机，星体分隔成平台和载荷舱两部分，设计寿命两年。2002 年发射的“神舟三号”宇宙飞船上装载了中分辨率成像光谱仪，这是继美国之后第二个中分辨率成像光谱仪上天。带有星载合成孔径雷达的遥感卫星 1 ~5 号在 2006 ~2008 年两年间相继进入太空。

自 1986 年以来，我国先后建成了多个地面卫星接收站，逐步形成了接收、处理绝大多数遥感资源卫星数据的能力。遥感信息处理上也逐渐形成了由国际化商品软件向软件国产化的跨越，在科研方面对遥感图像处理新方法、遥感理论、遥感应用等取得了一系列的科研成果。这其中较为重要的成果如下。

1. 新算法的完善和发展

在分形、人工神经网络、小波等领域已有较多的探索，同时发展了不仅注重光谱信息，而且结合多分辨率空间特征的信息提取。

2. 成像机理与定量化反演

当前遥感成像机理研究涉及：地物的反射特性和辐射特性；遥感信息形成的几何机理、特性、模型和方法，以及新型对地定位理论和方法；遥感信息波谱特性和空间特性随时间变化的规律等。

全定量反演技术研究涉及：遥感数据的几何纠正、大气校正、数据预处理、遥感应用模型和方法、观测目标物理量的反演和推算等。

3. 高空间分辨率和高光谱卫星影像处理技术

高分辨率、高光谱影像的普及和我国的高分辨率遥感影像卫星发射成功，使得我们不仅能够利用高分辨率的遥感影像以较低的成本、较短的周期获取所需的遥感信息，还可以获取丰富的光谱信息。在这方面主要研究集中于成像几何模型和参数解求，自动变化检测与更新，目标的自动提取与识别，高光谱信息处理的基本理论与方法，光谱的定量反演、光谱匹配与识别，混合光谱和混合像元的模型与理论等。

在遥感应用层面，我国自 20 世纪 70 年代后期开始，逐渐取得一系列成就，这其中包含了遥感应用的广泛探索和应用研究，亦包含了社会各领域开展的大型应用项目。

1）遥感应用研究

较为重要的应用研究包括云南腾冲遥感综合试验、长春净月潭试验研究、山西太原盆地农业遥感研究、东海渔业遥感试验研究、长江下游地物光谱试验研究等，这些研究的开展不仅获得了宝贵的试验数据，更为今后其他研究奠定了基础。

2）大型应用项目

有关统计表明，我国遥感技术已经应用于数十个领域，并在不断拓展。这其中主要包括国土规划、地区经济规划、土地调查、农业、农作物估产、林业、水利决策、湖泊、海洋、地质、矿产、石油天然气工业、城市发展、气象、全球环境、环境监测、工程选址、地震与地质灾害、旅游景观调查、测绘制图、军事、考古等。

在这些领域完成了一批有代表性的大型应用项目，较为熟悉的有国土资源调查、“三北”防护林遥感综合调查研究、黄土高原水土流失与土壤侵蚀调查、长江三峡工程、太湖流域蓝藻等,涵盖了国民经济的主要方面。

全国性的资源环境信息服务、灾害监测、海洋环境等大型应用系统中遥感均成为最主要的信息采集手段,同时也提供了重要的决策支持。

二、当前遥感发展主要趋势与展望

从20世纪60年代,历经50余年,遥感作为对地观测的综合性技术一直在不断进步。与传统观测手段相比,遥感具有突出优势:可以进行大尺度的连续性和周期性观测,拥有很高的实效性,极大提高了社会生产效率,节约时间和经济成本。未来的遥感技术发展趋势体现在以下三方面。

(一)数据获取

多传感器、多平台的遥感数据获取技术进一步向高空间分辨率、高光谱分辨率和高时间分辨率方向发展。人们可以从地面、航空、航天等各种遥感平台利用紫外、可见光、红外、微波等传感器获取多尺度的目标数据,形成天地一体化的集成式观测方法,提供更加丰富的图像或非图像数据。

(二)数据存储、传输和处理

数据中间过程的发展方向将向自动化、实时化和定量化发展。遥感数据呈海量特点,随着“三高”(高空间分辨率、高光谱分辨率和高时间分辨率)技术的应用,遥感数据量将会大大提升,为数据的存储、传输和处理带来了新的挑战。李德仁院士指出,网格技术是解决这一问题的有效途径。为此,需要在统一的时刻基准构建、遥感成像机理、模式识别、计算机视觉和数据挖掘等领域取得突破,最终实现几何和物理方程的整体反演求解。

(三)应用领域

未来的遥感数据产品将极大丰富,从主流二维向主流三维方向转变,可以提供连续动画视频、虚拟现实和可量测的实景影像。形式多样的产品为扩大遥感的应用领域提供了可能。以前,遥感多用于测绘、资源调查、环境监测等方面,未来的遥感可能会在医学诊断、历史文化遗产保护和工业制造等领域大有作为,更多、更好地为国防、社会、经济、文化等各领域服务。

第二章　遥感传感器及其成像原理

遥感传感器是收集、探测、记录地物电磁辐射能量的仪器,是遥感技术的核心部分。随着航天遥感技术的出现,传感器的种类和性能有了很大的发展和改进。传感器对电磁波波段的响应能力、传感器的空间分辨率及图像的几何特性、传感器获取地物电磁波信息量的大小和可靠度等性能决定了整个遥感的能力。

遥感传感器的种类很多,但从结构上来看,它们都由如图 2-1 所示的四个基本部件组成。

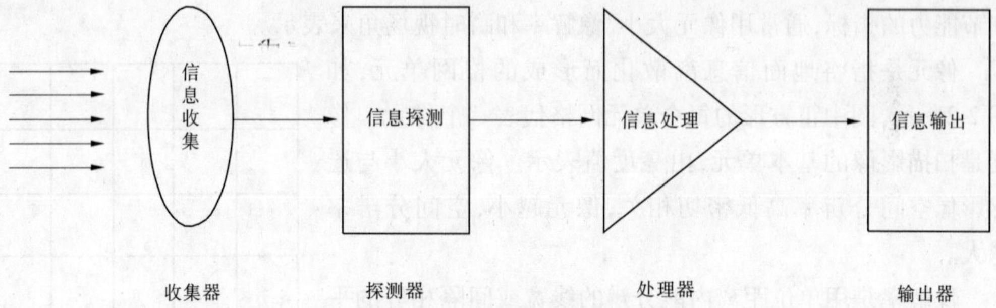

图 2-1　传感器的组成

(1)收集器:收集器的功能主要是收集地面目标发射或反射的电磁波能量,把它们进行聚焦,并送往探测系统。传感器的类型不同,收集器的元件就不同,但最基本的元件有透镜组、反射镜组、天线等。

(2)探测器:传感器中最重要的部分就是探测器。探测器的主要功能是将收集到的电磁波辐射能转换成化学能或电能。具体的元件有感光胶片、光电管、光敏和热敏探测元件、共振腔谐振器等。

(3)处理器:处理器的主要功能是对探测器转换后的化学能或电能进行加工处理,如显影、定影、信号放大、变换、校正和编码等。具体的处理器类型有摄影处理装置和电子处理装置。

(4)输出器:输出器的主要功能是将收集到的各种电磁波信息,用适当的方式输出,即提供原始的资料、数据。输出器类型有扫描晒像仪、阴极射线管、电视显像管、磁带记录仪、彩色喷墨仪等。

由于设计和获取数据的特点不同,传感器的种类很多,从其基本结构原理来看,目前遥感中使用的传感器大体上可分为以下一些类型:

(1)摄影类型的传感器。

(2)扫描成像类型的传感器。

(3)雷达成像类型的传感器。

(4)非图像类型的传感器。

第一节 传感器的性能

传感器的性能直接影响遥感成果,反映传感器性能的指标很多,其中最重要的指标是传感器的分辨率。分辨率是遥感技术及其应用中的重要概念,也是衡量遥感数据质量特征的一个重要指标。分辨率包括空间分辨率、时间分辨率、光谱分辨率和辐射分辨率等四种。

一、空间分辨率

空间分辨率是指遥感图像上能够详细区分的最小单元的尺寸或大小,或是遥感器区分两个目标的最小角度或线性距离的度量,是用来表征传感器获得的影像分辨地面目标细节能力的指标,通常用像元大小、像解率和瞬时视场角来表示。

像元是指将地面信息离散化而形成的格网单元,如图 2-2所示,图中正方形的每个单元网格代表一个像元。像元是扫描影像的基本单元,由亮度值表示。像元大小与遥感影像空间分辨率高低密切相关,像元越小,空间分辨率越大。

图 2-2 像元示意图

像解率是用单位距离内能分辨的线宽或间隔相等的平行细线的条数来表示,单位为线/mm 或线对/mm。

瞬时视场角是指传感器内单个探测元件的受光角度或观测视野,又称为传感器的角分辨率,单位为毫弧度(mrad)或微弧度(μrad)。瞬时视场角 β 与波长 λ 和收集器的孔径 D 有关:

$$\beta = \frac{\lambda}{2D} \tag{2-1}$$

瞬时视场角越小,空间分辨率越高。

对于现代的光电传感器图像,空间分辨率通常用地面分辨率和影像分辨率来表示。地面分辨率是指影像能够详细区分的最小单元(像元)所代表的地面实际尺寸的大小。对于某特定的传感器地面分辨率是不变的定值。影像分辨率是指地面分辨率在不同比例尺的具体影像上的反映。遥感影像的比例尺可以放大或缩小,影像分辨率会随影像比例尺的变化而变化。只有当生成硬拷贝遥感像片时,才使用影像分辨率,计算机荧屏上的影像没有影像分辨率之说。

空间分辨率所表示的尺寸、大小,在图像上是离散的、独立的,它反映了图像的空间详细程度。空间分辨率越高,其识别物体的能力越强。但是实际上,空间分辨率的大小仅表明影像细节的可见程度,每一目标在图像上的可分辨程度并不完全取决于空间分辨率的具体数值,而是与目标的形状、大小及它与周围物体的亮度、结构的相对差异有关。

二、时间分辨率

遥感图像的时间分辨率是指对同一目标进行重复探测时相邻两次探测的时间间隔。它能提供地物动态变化的信息，可用来对地物的变化进行监测，也可为某些专题要素的精确分类提供附加信息。时间分辨率包括两种情况：一种是传感器本身设计的时间分辨率，受卫星运行规律影响，不能改变；另一种是根据应用要求，人为设计的时间分辨率，它一定不大于卫星传感器本身的时间分辨率。

根据回归周期的长短，时间分辨率可分为三种类型：

(1)超短(短)周期时间分辨率，可以观测到一天之内的变化，一般以小时为单位。如气象卫星、对自然灾害实施监测的卫星等。

(2)中周期时间分辨率，可以观测到一年内的变化，一般以天为单位。如用于观测植被动态变化规律的卫星。

(3)长周期时间分辨率，可以观测到较长时间间隔内的变化，一般以年为单位。如用来研究自然界现象演化的卫星。

时间分辨率在遥感中意义重大。利用时间分辨率可以进行动态监测和预报，可以进行自然历史变迁和动力学分析等；利用时间分辨率可以提高成像率和解像率，对历次获取的数据资料进行叠加分析，从而提高地物识别精度。

三、光谱分辨率

光谱分辨率是指传感器所能选用的波段数量的多少、各波段的波长位置、波长间隔的大小。波长范围值越窄，光谱分辨率越高。一般来说，传感器的波段数越多，波段宽度越窄，地面物体的信息越容易区分和识别，针对性越强，遥感应用分析的效果就越好。但是，面对大量多波段信息及它所提供的这些微小的差异，人们要直接将它们与地物特征联系起来综合解译是非常困难的，而多波段像片可以进行对照分析或彩色合成，可以改善识别和提取信息特征的概率和精度，为目视解译提供方便。目前使用的传感器，少则三五个通道，多则上百个通道。

对于特定的目标，要根据目标的光谱特性和必需的地面分辨率来综合考虑，并非选择的传感器波段越多，光谱分辨率越高，效果就越好。而在某些情况下，波段太多，分辨率太高，各波段数据间的相关性就太大，接收到的信息量太大，形成海量数据，相邻波段区间内的数据互相交叉、重复，这样往往会“掩盖”地物辐射特性，不利于快速探测和识别地物。所以，要根据实际应用范围，综合考虑多种因素，恰到好处地利用光谱分辨率。

四、辐射分辨率

辐射分辨率是指传感器对光谱信号强弱的敏感程度、区分能力，即传感器探测元件在接收光谱信号时能分辨的最小辐射度差，一般用灰度的分级数来表示。

对于空间分辨率与辐射分辨率而言，瞬时视场越大，最小可分辨像素越大，空间分辨率越低。但是，瞬时视场越大，光通量(瞬时获得的入射能量)越大，辐射测量越敏感，对微弱能量差异的检测能力越强，辐射分辨率越高。所以，空间分辨率增大，而辐射分辨率降低,它们之间需有一个折中。

第二节　扫描类型的传感器

扫描类型的传感器的探测范围可以在紫外、可见光和红外三个部分,它采用专门的光敏或热敏探测器把收集到的地物电磁波能量转变成电信号记录下来,并通过无线电频道向地面发送,实现遥感信息的实时传输。扫描类型的传感器是逐点、逐行地以时序方式获取二维图像的,主要有两种形式:一种是对物面扫描的成像仪,它的特点是对地面直接扫描成像。这一类型的成像仪有红外扫描仪、多光谱扫描仪、成像光谱仪等。另外一种是对像面扫描的成像仪,它是瞬间在像面上先形成一条线图像,甚至是一幅二维影像,然后对影像进行扫描成像。这一类型的成像仪有线阵列 CCD 推扫式成像仪、电视摄像机等。

一、对物面扫描的成像仪

对物面扫描的成像仪的工作原理是借助于遥感平台沿飞行方向运动和遥感器本身光学机械横向扫描达到地面覆盖,得到地面条带图像。

(一)红外扫描仪

红外扫描仪是对被测的目标物自身的红外辐射进行扫描成像或显示的一种仪器。它是把目标的热辐射变成探测器的电信号,然后用磁带记录这些信号并通过阴极射线管回收图像的一种扫描仪。其结构如图 2-3 所示,具体结构元件有旋转扫描镜、反射镜组、探测器、制冷器、电子处理装置和输出装置。

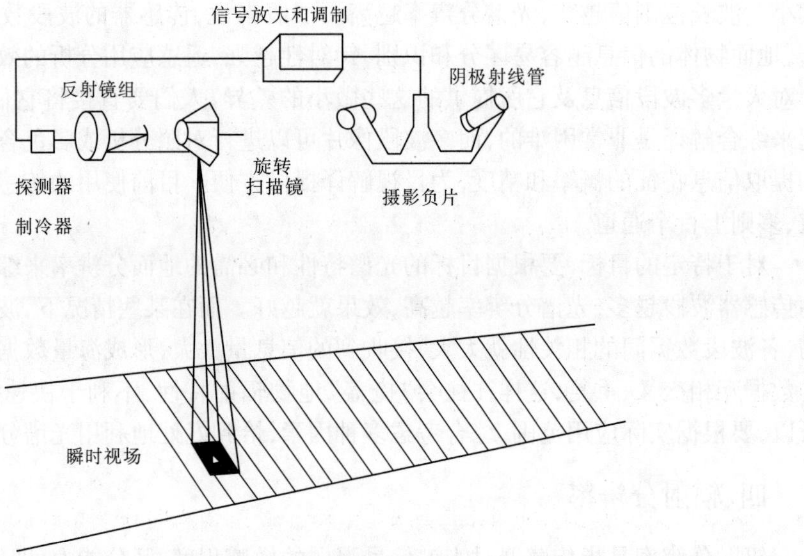

图 2-3　红外扫描仪结构原理

1. 各个部件的作用

(1)旋转扫描镜的作用是实现对地面垂直航线方向的扫描,并将地面辐射来的电磁波反射到反射镜组。

(2)反射镜组的作用是将地面辐射来的电磁波聚焦到探测器上。

(3)探测器的作用是将辐射能转变成电能,探测器通常做成一个很小面积的点元,有的小到几微米。随输入辐射能的变化,探测器输出的电流强度(视频信号)发生相应的变化。

探测器的性能由以下几个指标来反映:

①瞬时视场角:在某一很短的时间内,假定飞行器静止时,遥感仪器所观测到的地面面积称为瞬时视场角。瞬时视场角决定了数字图像的空间分辨率。

②探测的响应范围:传感器对亮度灵敏的最低限度和最高限度称为探测的响应范围。飞行器的高度和速度必须与传感器的灵敏度相匹配。

③信噪比:信号与噪声(传感器接收的目标地物以外的亮度信息)之比称为信噪比。

④光谱灵敏度:用来表达传感器的光谱探测能力,包括探测波段的宽度、波段数、各波段的波长范围和间隔等。

(4)制冷器的作用是:隔离周围的红外辐射,以免直接照射探测器。一般机载传感器可使用液氧或液氨制冷。

(5)电子处理装置的作用是对探测器输出的视频信号放大和进行光电变换,它由低噪声前置放大器和电光变换线路等组成。

(6)输出端是一个阴极射线管和胶片传动装置。视频信号经电光变换线路调制阴极射线管的阴极,这时阴极射线管屏幕上扫描线的亮度变化相应于地面扫描视场内的辐射量变化。胶片曝光后得到扫描线的影像。

2. 扫描成像过程

红外扫描仪是利用光学系统的机械转动和飞行器向前飞行的两个方向的垂直运动,形成的二维扫描。如图 2-3 所示,当旋转扫描镜旋转时,第一个镜面对地面横越航线方向扫视一次,扫描视场内的地面辐射能,由刈幅一边到另一边依次进入传感器,经探测器输出视频信号,再经电子放大器放大和调制,在阴极射线管上显示出一条相应于地面扫描视场内景物的图像线,这条图像线经曝光后在底片上记录下来;接着第二个扫描镜面扫视地面,由于飞行器向前运动,胶片也作同步旋转,记录的第二条图像正好与第一条衔接;依次下去,就得到一条与地面范围相应的二维条带图像。

3. 红外扫描仪的分辨率

当观测视线垂直指向地面时,红外扫描仪的瞬时视场角 β,与探测器尺寸 d(直径或宽度)和扫描仪的焦距 f 的关系为:

$$\beta = \frac{d}{f} \tag{2-2}$$

红外扫描仪垂直指向地面的空间分辨率 α,则由瞬时视场角 β 和航高 H 决定,即:

$$\alpha = \beta H = \frac{d}{f}H \tag{2-3}$$

β 在设计仪器时已确定,所以对于一个正在使用的传感器,其地面分辨率的变化只与航高有关。航高越大,α 值越大,则地面分辨率越差。

当观测视线倾斜时,即在某一个不等于 0°的扫描角下观测时,其地面分辨率将发生变化。设垂直指向观测时,扫描角 $\theta=0°$,航高为 H_0,地面分辨率为 α_0。当扫描角为 θ 时,仪器至观测点中心的距离为 H_θ,其地面分辨率平行于航线方向的为 α_θ,垂直于航线方向的为 α'_θ,如图 2-4 所示:

$$H_\theta = \frac{H_0}{\cos\theta} = H_0\sec\theta \tag{2-4}$$

$$\alpha_\theta = \beta H_\theta = \alpha_0\sec\theta \tag{2-5}$$

对于垂直航线方向,由于传感器观测视线与地面不垂直,斜倾一个 θ 角,因此:

$$\alpha'_\theta = \alpha_\theta\sec\theta = \alpha_0\sec^2\theta \tag{2-6}$$

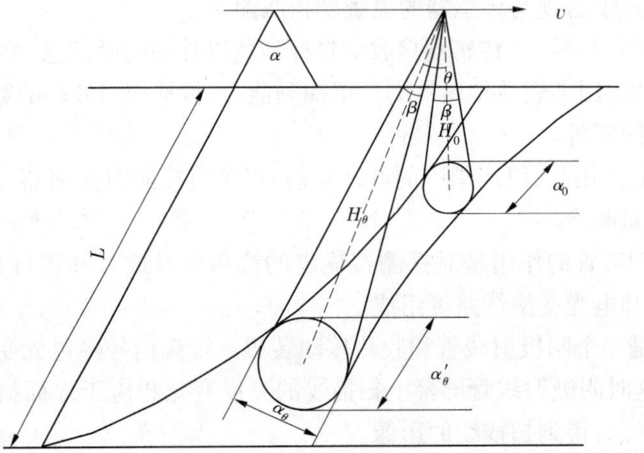

图 2-4　红外扫描仪的地面

由于地面分辨率随扫描角发生变化,从而导致红外扫描影像产生畸变,这种畸变通常称为全景畸变。它形成的原因是像距保持不变,总在焦平面上,而物距则随 θ 角的变化而发生变化。

红外扫描仪还存在一个辐射分辨率的问题,辐射分辨率与探测器的响应率 R 和传感器系统内的噪声 N 有直接关系。为了获得较好的温度鉴别力,红外系统的噪声等效温度限制在 0.1 ~0.5 K。

(二)多光谱扫描仪

多光谱扫描仪(Multispectral Scanner)的波长范围已达到电磁波谱中的紫外、可见光和红外三个部分。多光谱扫描仪的结构如图 2-5 所示,它由扫描反射镜、反射镜组、成像板和探测器等组成。

1. 各部件的作用

(1)扫描反射镜的作用是获取垂直飞行方向两边共 185 km 范围内的来自景物的辐射能量,配合飞行器的飞行方向获得地表的二维图像。

(2)反射镜组的作用是将扫描镜反射进入的地面景物聚焦在成像板上。成像板后面的光学纤维将成像板上接收的能量传递到探测器上去。

(3)探测器的作用是将辐射能转换成电信号输出,经探测器检波后输出的模拟信号进入模数变换器进行数字化,再由发射机内调制器调制后向地面发送或记录在记录仪上。

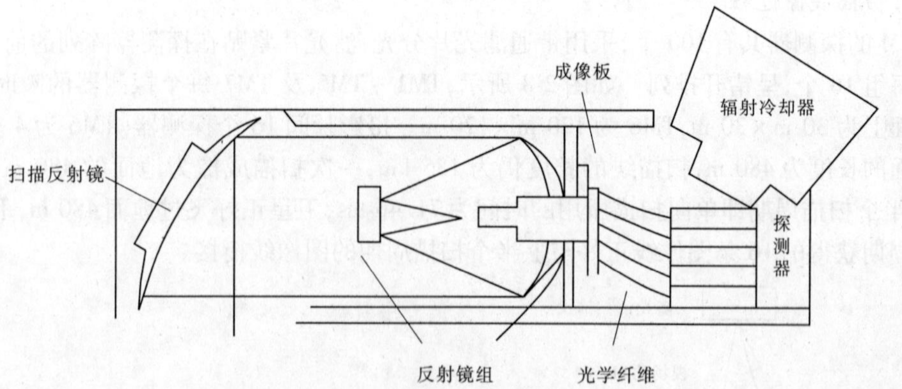

图 2-5　多光谱扫描仪的结构

2. 扫描成像过程

多光谱扫描仪的成像板结构如图 2-6 所示，成像板上排列有 24 + 2 个玻璃纤维单元，按波段排列成 4 列，每列有 6 个纤维单元，每个纤维单元为扫描仪的瞬时视场的构像范围。

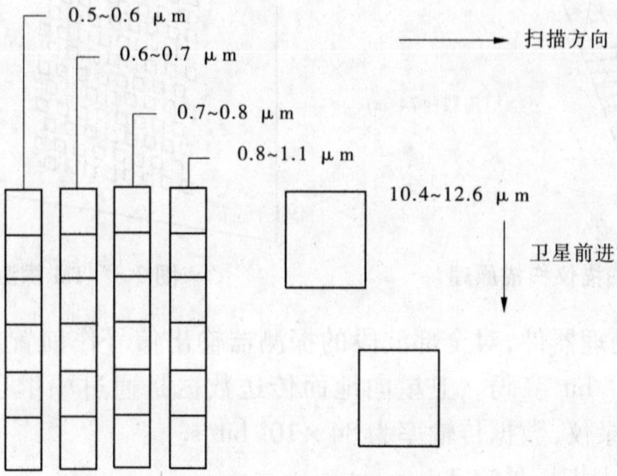

图 2-6　成像板结构

如图 2-7 所示，扫描仪每个探测器的瞬时视场为 86 μrad，卫星高度为 915 km，因此扫描瞬间每个像元的地面分辨率为 79 m×79 m，每个波段由 6 个相同大小的探测单元与飞行方向平行排列，这样在瞬间看到的地面大小为 474 m×79 m。又由于扫描总视场角为 11.56°，地面宽度为 185 km，因此扫描一次每个波段获取 6 条扫描线图像，其地面范围为 474 m×185 km。又因扫描周期为 73.42 ms，卫星速度（地速）约为 6.5 km/s，在扫描一次的时间里卫星往前正好移动 477 m，因此扫描线恰好衔接。

（三）专题制图仪（TM）

专题制图仪（Thematic Mapper，TM）是第二代光学机械扫描仪，与多光谱扫描仪性能相比，它具有更高的空间分辨率，更好的频谱选择性，更好的几何保真度，更高的辐射准确度和分辨率。TM 主要由太阳能遮光板、扫描镜、主镜、扫描行改正器、内部校正器及可见光谱检测器、各波段的过滤器等部件组成。

1. 扫描成像过程

TM 的探测器共有 100 个，采用带通滤光片分光，滤光片紧贴在探测器阵列的前面，探测器每组 16 个，呈错开排列。如图 2-8 所示，TM1 ~ TM5 及 TM7 每个探测器的瞬时视场在地面上为 30 m×30 m，TM6 为 120 m×120 m。摄影瞬间 16 个探测器(TM6 为 4 个)观测地面的长度为 480 m，扫描线的长度仍为 185 km，一次扫描成像为地面的 480 m×185 km。半个扫描周期即单向扫描所用的时间为 71.46 ms，卫星正好飞过地面 480 m，下半个扫描周期获得的 16 条图像线正好与上半个扫描周期的图像线衔接。

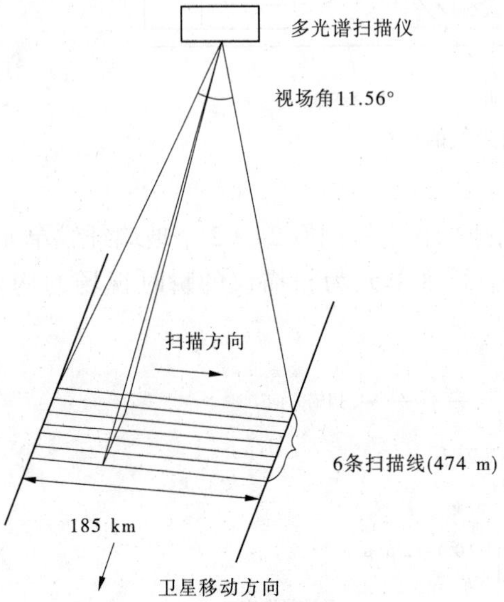

图 2-7　多光谱扫描仪扫描原理

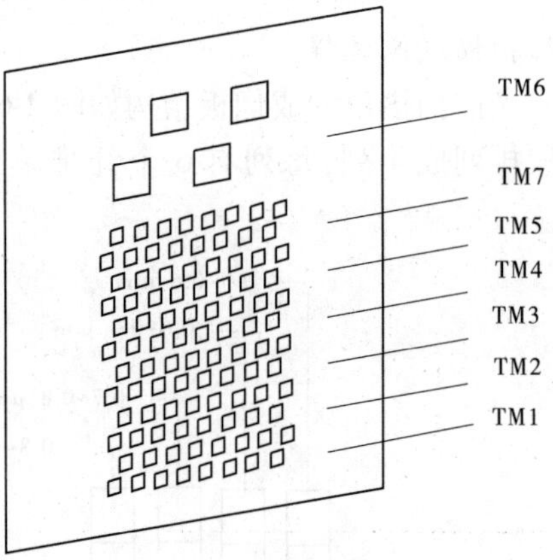

图 2-8　TM 探测器阵列

扫描仪中的电子处理器件，对全部波段的探测器输出信号作前置放大、编码和传输，每个像元的亮度值用 2^8 bit 编码。卫星向地面传送数据是通过中继通信卫星作实时发送，卫星上不带磁带记录仪，数据传输率为 84×10^8 bit/s。

TM 各个波段的技术指标见表 2-1。

2. TM 的优点

与多光谱扫描仪相比，TM 具有以下优点：

(1) TM 与多光谱扫描仪相比频道增多，波带变窄，针对性更强，并增加了蓝波段和短波红外波段，大大扩大了它在生物学、地质学、水文学等方面的应用性。TM 更利于根据不同的应用目的，选择多种数据组合，有效地提取不同的信息。

(2) 多光谱扫描仪的空间分辨率为 80 m，而 TM 的空间分辨率(TM6)最大已达到 120 m，其他波段的空间分辨率为 30 m。

(3) TM 的扫描镜可以往返两个方向上进行扫描和获取数据，可以降低扫描速率，缩短停顿时间，改善信噪比，提高辐射精度，TM 辐射分辨率已提高到 256 量级。

(4) TM 改进了姿态控制系统，使平台稳定性改善，同时，因扫描方式变化，扫描镜摆动速度降低，以及探测器直接处于焦平面上，系统的光学效率得到改善，所以 TM 信息平面位置几何精度提高，更利于图像配准和制图。

表 2-1 TM 探测器技术指标

波段名	波段 (μm)	分辨率 (m)	量化 (bit)	扫幅 (km)	像元数	信噪比 S/N
TM1	0.45~0.52(蓝)	30	8	185	6 320	52~143
TM2	0.52~0.60(绿)	30	8	185	6 320	60~279
TM3	0.63~0.69(红)	30	8	185	6 320	48~248
TM4	0.76~0.90(近红外)	30	8	185	6 320	35~342
TM5	1.55~1.75(短波红外)	30	8	185	6 320	40~194
TM6	10.40~12.50(热红外)	120	8	185	6 320	(0.1~0.28)$K\Delta T_{NE}$
TM7	2.08~2.35(短波红外)	30	8	185	6 320	21~164

(四)ETM+增强型专题制图仪

ETM+是一台8谱段的多光谱扫描辐射计,它比TM灵敏度更高。ETM+与TM相比在以下三方面作了改进:

(1)增加0.5~0.9 μm的全色波段,分辨率15 m,因而使数据速率增加。

(2)采用双增益技术使远红外波段分辨率提高到60 m,也增加了数据率。

(3)改进后的太阳定标器使卫星的辐射定标误差小于5%,其精度比Landsat-5约提高1倍,辐射校正有了很大改进。

二、对像面扫描的成像仪

(一)线阵列推扫式扫描仪

像面扫描又称推扫式扫描,用广角光学系统,在整个视场内成像,如图2-9所示,在瞬间能同时得到垂直航线的一条图像线。它利用卫星的前进运动,借助于与飞行方向垂直的"扫描"线记录,构成二维图像。推扫式扫描不用扫描镜,而是把探测器按扫描方向阵列式排列来感应地面响应,代替机械的真扫描。换言之,就是通过仪器中的平面反射镜采集地面辐射能,并将之反射到反射镜组,再聚焦到CCD(Charge Coupled Device)阵列探测元件上。这些光电转换元件在感应地面响应的同时,进行采光,转换电信号,并成像。若探测器按线阵式排列,则可以同时得到整行数据,若按面阵式排列,则可以同时得到整幅影像。

CCD 是一种新型半导体器件，一般用硅材料制成，利用电荷量来表示信号，用耦合方法进行信号传输。由于 CCD 光谱灵敏度的限制，只能在可见光和近红外(1.2 μm 以内)区能直接响应地物辐射来的电磁波。对于热红外区没有反应。所以，CCD 成像技术主要应用在可见光范围内。

（二）面阵列推扫式扫描仪

面阵列 CCD 传感器获取图像的方式如图 2-10 所示，它与框幅式摄影机相似，某一瞬间获得一幅完整的影像，因而是一个单中心投影，其构像关系可直接使用框幅式中心投影的航空像片的构像关系。

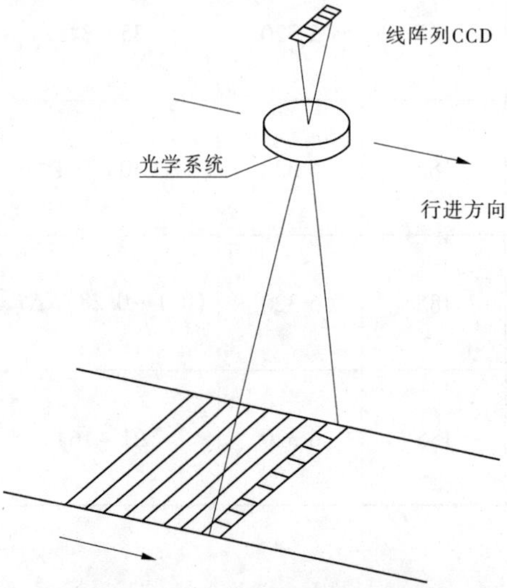

图 2-9　推扫式扫描仪结构原理

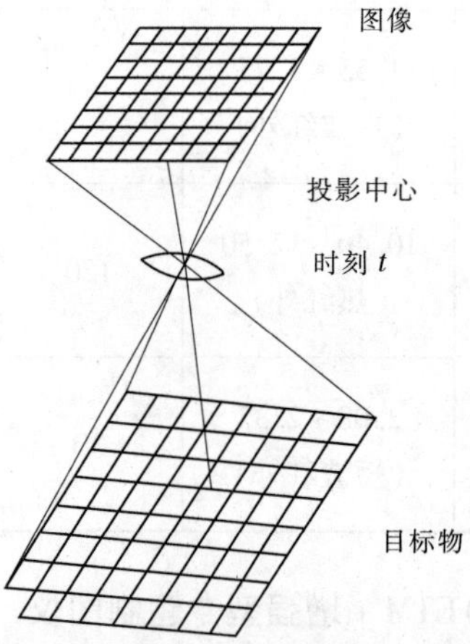

2-10　面阵列 CCD 传感器成像方式

像面扫描方式相较于物面扫描方式具有以下优点：

(1)线阵列系统可以为每个探测器提供较长的停留时间，以便更充分地测量每个地面分辨单元的能量。所以，它有更强的记录信号和更大的感应范围，增加了相对信噪比，而得到更高的空间分辨率和辐射分辨率。

(2)记录每行数据的探测元件间有固定关系，且它消除了因扫描过程中扫描镜速度变化所引起的几何误差，具有更大的稳定性。线性阵列系统的几何完整性更好，几何精度更高。

(3)CCD 是固态微电子设备，一般体积小、质量轻、能耗低。

(4)没有物面扫描的机械运动部件，线阵列系统稳定性更好，结构的可靠性更高，使用寿命更长。

像面扫描也存在缺点，如：

(1)大量探测器之间灵敏度的差异，会产生带状噪声，需要进行校正。

(2)CCD 探测器灵敏度多限于可见光和近红外，更长波段的探测受到限制。

(3)像面扫描的总视场一般小于物面扫描的总视场。

表 2-2 是物面扫描和像面扫描的各个属性比较。

表 2-2 物面扫描和像面扫描各个属性比较

属性	物面扫描	像面扫描
视场角	较宽	较窄
机械系统	复杂	简单
光学系统	简单	复杂
光谱范围	较宽	较窄
滞留时间	较短	较长

第三节 雷达成像仪

雷达是主动微波遥感成像的传感器,它是由发射机通过天线在很短的时间内,向目标地物发射一束很窄的大功率电磁波脉冲,然后用同一天线接收目标地物反射的回波信号而进行显示的一种传感器。雷达的天线工作方式为侧视,故雷达分为真实孔径侧视雷达和合成孔径侧视雷达。

一、微波的特点

微波遥感之所以受到各国的普遍关注,是因为微波具有可见光和红外光所没有的特点。

(一)微波能穿透云、雾、雨、雪,具有全天候的工作能力

由于微波的波长比可见光长得多,散射强度就弱到可以忽略不计,因此微波受大气和云、雾、雨、雪等特殊天气状况的影响相比于可见光和红外线要小得多。分析微波对云层和雨的透射率,如图 2-11 所示,冰层对微波的传播几乎没有影响;当波长大于 3 cm 时,冰云和雨的影响也已经足够小。这些特征使得微波遥感可以常年用于云区测绘,弥补可见光和红外光的不足。

可见光由太阳辐射而来,因此夜晚就不能用可见光进行观测。而微波无论是主动方式还是被动方式,均可以不依赖于太阳辐射。虽然红外遥感也可以夜间工作,但它受到大气衰减和云雨的影响太强烈,而微波则可以做到真正的全天候工作。

(二)微波对地物的穿透能力较强

微波对物质的穿透能力与地物的介电性质和自身的波长都有关系。一般来说,对于同一地物,波长越长,穿透能力就越强。

如图 2-12 所示,我们可以看到不同的波长对不同类型的土壤的穿透情况也不一样。可以看出,同一种土壤,湿度越小,穿透越深。微波可以穿透数十米的干沙、100 m 左右的冰层,但对潮湿的土壤仅能穿透数厘米到数米。即使如此,相对于可见光和红外光,我们仍可以获得更多的土壤表层以下的信息,但需要注意的是,微波对于金属和其他良导体几乎没有穿透性。

(三)微波可以提供不同于可见光和红外遥感所能提供的某些信息

微波高度计和合成孔径雷达具有测量距离的能力,可用于测定大地水准面,甚至可以

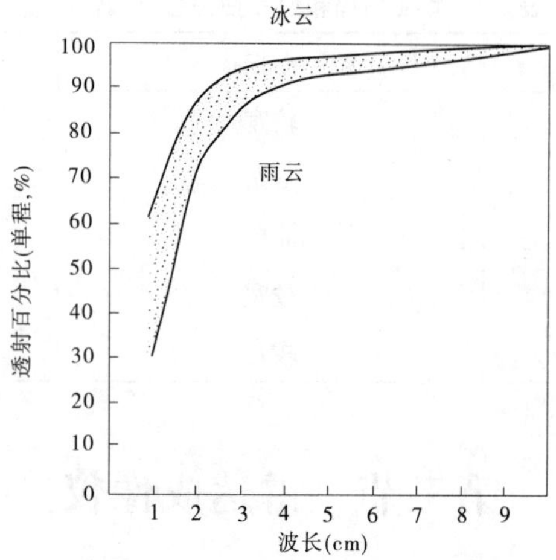

图 2-11　云层对微波的透射作用

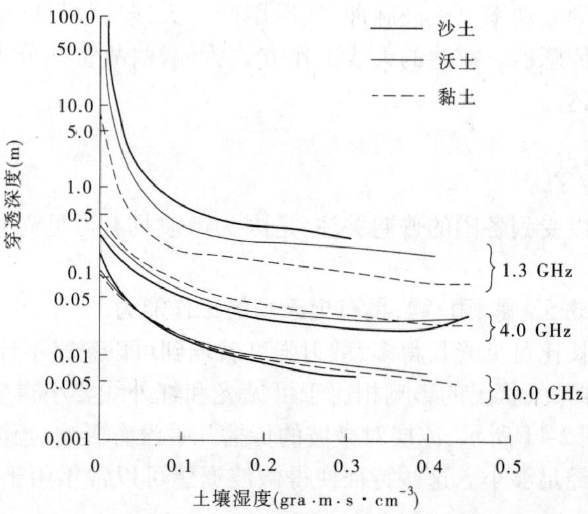

图 2-12　微波的穿透深度与土壤湿度、微波频率及土壤类型的关系

获取重力波的波高和波长;微波可以区分冰冻地和未冻地,区分各种冰的特性,测量冰雪的范围和厚度;微波对海水很敏感,可以通过海洋表面的微波散射效应,估计海面风场,提取海面的动态信息。

(四)主动微波遥感可以记录电磁波的极化和相位信息

微波的极化特征在各电磁波段中反映显著,可以增加地物回波的信息含量。由数次同侧观测得到的数据可以计算出针对地面上每一点的相位差,进而计算出这一点的高程,其精度可以达到数米,这就是干涉测量。利用干涉测量,可以对由地震、地壳运动等引起的地形变化进行监测,目前已得到广泛应用。

(五)微波波段可以覆盖更多的倍频程

微波波段的最长工作波长与最短工作波长之比称为倍频程。倍频程大于实际使用的最长红外波长与最短可见光波长之比,这就意味着微波遥感器能获取更多的信息,使地面目标更容易识别。例如,当有薄云覆盖时,可见光、红外图像都看不清楚地面目标,这时就可用微波的"色调"来代替可见光和红外的"色调",作为地表性质差异的判断依据。

(六)微波对某些目标的鉴别能力更强

由于物质内原子和分子的电动力学过程,任何物体都会产生自然的无线电波辐射。对于不同物体,辐射频谱各不相同。例如钢、水和混凝土,在同温度下,其红外比辐射率分别为0.6~0.9、0.9和0.9,差异并不明显,而相应的微波比辐射率则分别为0、0.4和0.9。也就是说,根据遥感的辐射强度,就能分辨出目标究竟是导弹发射架还是高楼大厦。

当然,微波也有自身的不足之处:

(1)除合成孔径雷达外,微波传感器的空间分辨率一般远比可见光和热红外传感器的分辨率低。

(2)由于微波特殊的成像方式,其数据的处理和解译较为困难。

(3)不同于可见光,微波所携带的电磁信息与颜色信息很难匹配,从而不能记录与颜色有关的信息。

(4)微波数据与可见光、红外数据很难取得空间上的一致性。

正因为微波所获得的信息与可见光和红外波段有所不同,因此用不同波段对同一目标进行探测,可以互相补充,实现对目标地物更全面的描述。

二、真实孔径雷达

(一)真实孔径侧视雷达的工作原理

真实孔径侧视雷达的工作原理如图2-13所示,天线装在飞机的侧面,发射机向侧面发射一束窄脉冲,地物目标反射的微波脉冲由天线收集后,再被接收机接收。回波信号经电子处理器的处理,在阴极射线管上形成一条相应于辐照带内各种地物反射特性的图像线,记录在胶片上。飞机向前飞行时,对一条一条辐照带进行连续扫描,在阴极射线管处的胶片与飞机同步转动,就可得到沿飞机航线侧面的由回波信号强弱表示的条带图像。

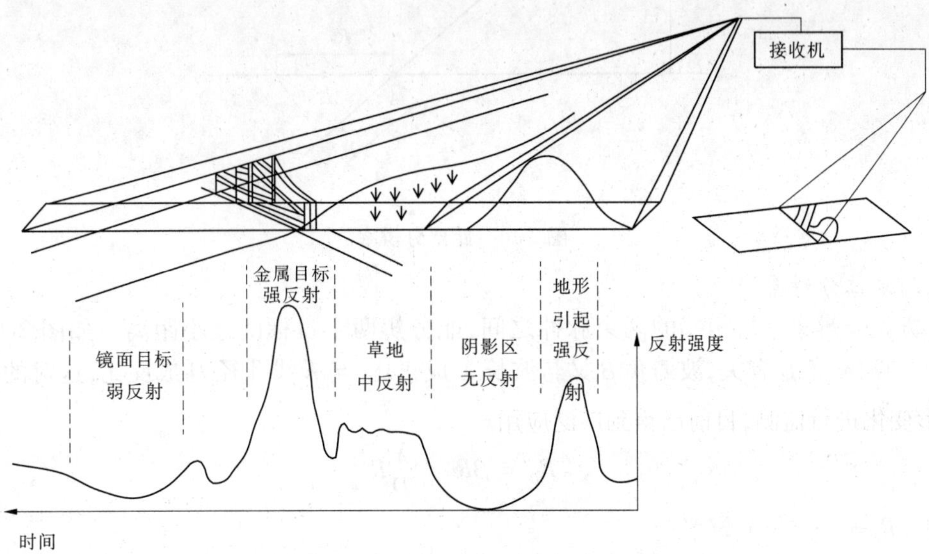

图2-13　真实孔径侧视雷达的工作原理

由于地面各目标点到飞机的距离不同,接收机接收到的许多信号,是以它们与飞机距离的远近,先后依序被记录下来。信号的强度与辐照带内各种地物的特性、形状和坡向等有关。

(二)真实孔径侧视雷达的分辨率

真实孔径侧视雷达的分辨率包括距离分辨率和方位分辨率两种。

1. 距离分辨率

如图 2-14 所示,距离分辨率是在脉冲发射的方向上,能分辨两个目标的最小距离,它与脉冲宽度有关,可用式(2-7)表示:

$$R_r = \frac{\tau c}{2}\sec\varphi \quad 或 \quad R_d = \frac{\tau c}{2} \tag{2-7}$$

式中 R_r——距离分辨率;

R_d——斜距分辨率;

c——光速;

τ——脉冲宽度;

φ——雷达天线俯角。

从式(2-7)可以看出,俯角 φ 越大,距离分辨率越大,分辨能力越差,但与距离无关。也就是说,在雷达照射宽度内,距离分辨率是变化的,侧视时距离分辨率好,近似垂直反而差,也就说明了雷达必须侧视的原因。从图 2-14 可以看出,目标 A 和目标 B 不能分辨,目标 A 和目标 C 可以分辨。

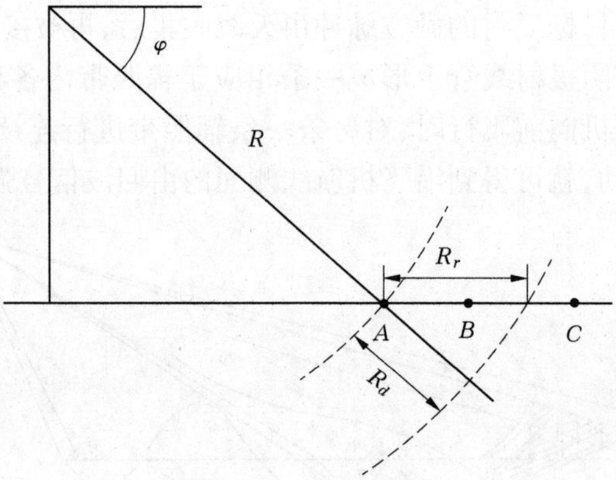

图 2-14　距离分辨率

2. 方位分辨率

方位分辨率是指相邻的两束脉冲之间,能分辨两个目标的最小距离。如图 2-15 所示,它与波瓣角 β 有关,波瓣角 β 又与波长 λ 成正比,与天线孔径 D 成反比,这时的方位分辨率为:

$$R_\beta = \beta R = \frac{\lambda}{D}R \tag{2-8}$$

式中 R_β——方位分辨率;

β——波瓣角;

λ——波长；

D——天线孔径；

R——斜距。

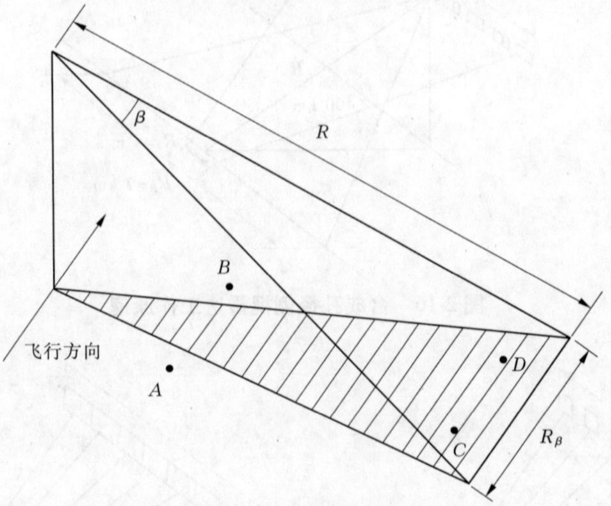

图 2-15　方位分辨率

从式(2-8)中看出，斜距 R 越小，波长 λ 越短，雷达孔径 D 越大，方位分辨率越小。要提高方位分辨率，需采用波长较短的电磁波，加大天线孔径和缩短观测距离。从图 2-15 可以看出，目标 A 和目标 B 可以分辨，但是目标 C 和目标 D 则不能分辨。

三、合成孔径雷达

合成孔径雷达与真实孔径雷达相比的最大优点是它的方位分辨率与距离无关，只与实际使用的天线孔径有关，这样合成孔径雷达既可以放在航空器上，又可以放在航天器上，不会因为与地物的距离远而减小分辨率。

（一）合成孔径侧视雷达的工作原理

合成孔径雷达的设计思想是通过一定的信号处理方法，使得合成孔径雷达的等效孔径长度相当于一个真实孔径雷达的天线长度，来提高观测精度。

如图 2-16 所示，在沿飞行航迹方向上形成一个天线阵列，并与数据记录和处理过程联系在一起。在移动中选择若干个位置，在每个位置上发射一个信号，接收相应发射位置的回波信号存储记录下来。存储时必须同时保存接收信号的幅度和相位。当辐射单元移动一段距离 L_s 后，存储的信号和实际天线阵列诸单元所接收的信号非常相似。

如图 2-17 所示，合成孔径天线是在不同位置上接收同一地物的回波信号，真实孔径天线则在一个位置上接收目标的回波。如果把真实孔径天线划分成许多小单元，则每个单元接收回波信号的过程与合成孔径天线在不同位置上接收回波的过程十分相似。真实孔径天线接收目标回波后，好像物镜那样聚合成像，而合成孔径天线对同一目标的信号不是在同一时刻得到的，在每一个位置上都要记录一个回波信号。

（二）合成孔径侧视雷达的分辨率

合成孔径雷达的距离分辨率与真实孔径雷达的距离分辨率相同，但方位分辨率则有

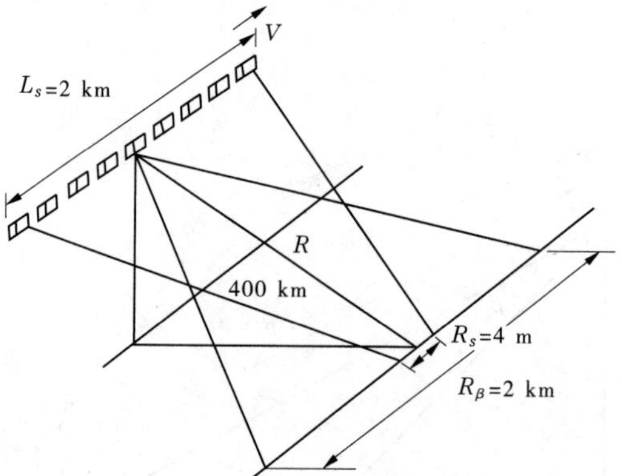

图 2-16　合成孔径侧视雷达工作原理

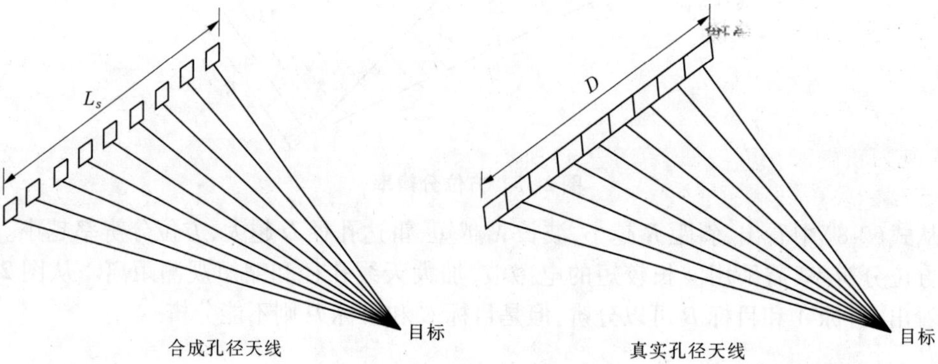

图 2-17　两种天线的差异

所不同。由式(2-8)得,合成孔径侧视雷达的方位分辨率为:

$$R_s = \frac{\lambda}{L_s}R \tag{2-9}$$

合成后的天线孔径为:

$$L_s = R_\beta = \frac{\lambda}{D}R \tag{2-10}$$

由式(2-9)和式(2-10)合并可得到:

$$R_s = D \tag{2-11}$$

由于电磁波往返地物和传感器之间存在双程相移,因此合成孔径侧视雷达最终的方位分辨率还可以提高一倍,即 $R_s = D/2$。

四、侧视雷达图像的几何特征

(一)斜距图像的比例失真

雷达系统的图像记录有两种形式,分别为地距图像和斜距图像。如图 2-18 所示,有三个等间距,等线长目标 A、B、C。如三个目标在图像上表示为等长,这种图像称为地距图像。实际上,雷达图像是通过天线接收倾斜方向的回波而生成的,这种图像称为斜距图像。同样线长的目标由于在不同距离上产生回波,因此斜距图像显示出的原地物目标随视角的变化而发生变化，视角越小，即地物离天线越近，斜距图像上的长度缩小越多，因此形成失真现象。

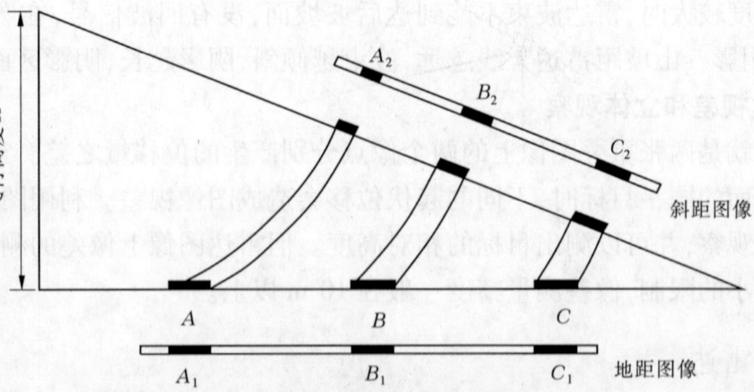

图 2-18　斜距图像与地距图像比较

（二）透视收缩和叠掩

由于雷达是按时间序列记录回波信号的，当雷达波束发出后，由于地面坡度和雷达视角的不同，产生了图像上的坡长比实际坡长小的现象，这种现象称为透视收缩。这一部分往往表现为较高的亮度。如图 2-19(a)所示，山坡较缓，雷达波束先到达坡底，再到达坡中，最后到达坡顶，原来的坡长为 L，在图像上则为 ΔR，则 $\Delta R < L$。坡底的收缩度变大，坡顶收缩度变小。

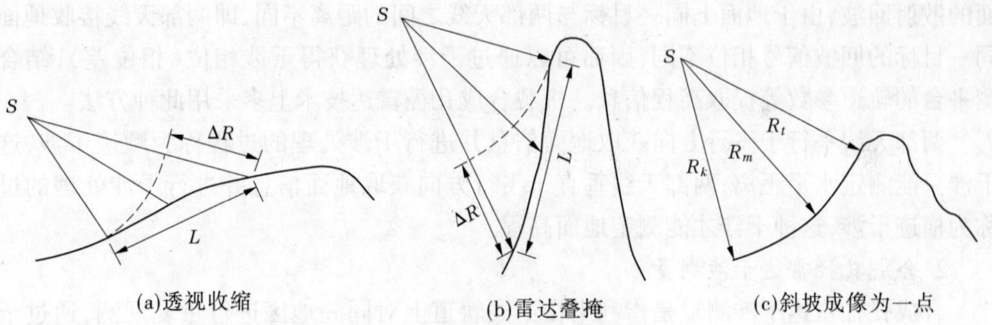

图 2-19　雷达对斜坡的成像影响

如图 2-19(b)所示，山坡坡度很大，雷达波束先到达坡顶，再到达坡中，最后到达坡底，原来的坡长为 L，在图像上则为 ΔR，则 $\Delta R < L$。但这时靠近天线的一端是山顶，出现了山顶比山底更接近雷达的情况，在图像的距离方向，山顶和山底的相对位置出现颠倒，这种现象称为雷达叠掩。坡底的收缩度变小，坡顶的收缩度变大。

如图 2-19(c)所示，当斜坡上的部位基本位于与天线同等的距离，同时反射回去，在图像上斜坡成为一个点，坡度长度看不到了。

（三）雷达阴影

背向雷达天线的坡面影像，如果后坡坡度角很小，即坡度很缓，即便是背向，雷达波束仍可以达到。这时与前坡相比，若坡度角相同，坡长也相同。由于背坡入射时，入射角大，更加倾斜射入，所以在图像上后坡一定比前坡长。值得注意的是，由于前坡影像收缩得多,能量相对集中,所以影像上总是前坡比后坡亮度高,在解译时要注意前、后坡的长度畸变和亮度差异。

当后坡坡度较大时,雷达波束不能到达后坡坡面,没有回波信号,在图像上会出现暗区,称为雷达阴影。山坡距雷达天线越远,波束越倾斜,阴影越长,阴影区面积越大。

(四)雷达视差和立体观察

雷达视差就是两张重叠图像上的两个像点分别产生的位移量之差。当雷达沿两条不同轨迹观察地面的同一目标时,不同的起伏位移会造成图像视差。利用图像视差,可以在立体镜下进行观察,并可以测出目标的相对高度。但雷达图像上像差的测量难度比较大,并且受像元大小的限制,像差测量精度一般在 10 m 以上。

五、相干雷达

所谓相干雷达(INSAR),是指利用合成孔径侧视雷达对同一地区进行观测,得到两幅(或两幅以上)复影像数据,进行相干处理获取地面目标高程信息的技术,它是合成孔径侧视雷达的一个重要应用。

(一)相干雷达分类

根据复影像数据获取方法的不同,我们可以把相干雷达分为两类。

1. 干涉合成孔径雷达

干涉合成孔径雷达是指在同一遥感平台上使用两个间隔一定距离的天线同时接收地面的散射回波,由于地面上同一目标与两部天线之间的距离不同,即两部天线接收地面上同一目标的回波信号相位不同,因而可以通过干涉处理获得干涉相位(相位差),结合观测平台的轨道参数等提取高程信息。机载合成孔径雷达技术上多采用此种方法。

两部天线平行于飞行方向获取地面信息并进行干涉处理的过程称为顺迹干涉,这种干涉只能测定水平距离;两部天线垂直于飞行方向获取地面信息并进行干涉处理的过程称为横迹干涉,这种干涉才能测定地面高程。

2. 合成孔径雷达干涉测量

合成孔径雷达干涉测量是指利用在不同轨道上对同一地区进行重复观测,通过干涉处理获得干涉相位(相位差),提取高程信息的方法。此种方式是星载合成孔径雷达技术获取数据的唯一方法。

(二)数据获取的原理

如图 2-20 所示,假设 S_1、S_2 是卫星对同一目标两次成像的位置,S_1 的轨道高度为 H,S_1、S_2 的基线长为 B,基线的竖直角为 α,S_1 的侧视角为 θ,R_1 和 R_2 分别为地面目标点 T 至 S_1、S_2 的距离,则地面 T 点的高程 h 为:

$$h = H - R_1\cos\theta \tag{2-12}$$

根据余弦定理可得:

$$\begin{aligned} R_2^2 &= R_1^2 + B^2 - 2R_1B\cos(\alpha + 90^\circ - \theta) \\ &= R_1^2 + B^2 + 2R_1B\sin(\theta - \alpha) \end{aligned} \tag{2-13}$$

若令 $\Delta R = R_2 - R_1$,则由式(2-13)可得:

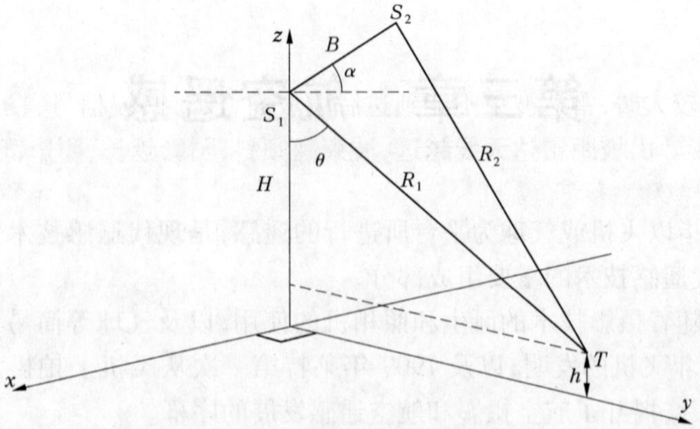

图 2-20　雷达干涉测量原理

$$\sin(\theta-\alpha)=\frac{(R_1+\Delta R)^2-R_1^2-B^2}{2R_1B} \tag{2-14}$$

整理得：

$$R_1=\frac{\Delta R^2-B^2}{2B\sin(\theta-\alpha)-2\Delta R} \tag{2-15}$$

干涉相位是指目标在 S_1 和 S_2 处接收的回波相位差 $\Delta\varphi$，而相位差 $\Delta\varphi$ 与距离差 ΔR 和波长 λ 有如下关系：

$$\Delta\varphi=\frac{2\pi}{\lambda}\Delta R \tag{2-16}$$

考虑雷达接收回波信号是经过发射和返回路程的信号，因此：

$$\Delta R=\frac{\lambda}{4\pi}\Delta\varphi \tag{2-17}$$

将式(2-17)代入式(2-15)得：

$$R_1=\frac{\left(\frac{\lambda}{4\pi}\Delta\varphi\right)^2-B^2}{2B\sin(\theta-\alpha)-\frac{\lambda}{2\pi}\Delta\varphi} \tag{2-18}$$

将式(2-18)代入式(2-12)得：

$$h=H-\frac{\left(\frac{\lambda}{4\pi}\Delta\varphi\right)^2-B^2}{2B\sin(\theta-\alpha)-\frac{\lambda}{2\pi}\Delta\varphi}\cos\theta \tag{2-19}$$

式(2-19)揭示了干涉相位差 $\Delta\varphi$ 与高程 h 之间的数学关系。也就是说，如果已知天线位置参数（H、B、α）和雷达成像系统的参数（θ）等，就可以由 $\Delta\varphi$ 计算出地面的高程值 h。

相干雷达数据处理的一般流程主要步骤包括：影像配准，干涉图生成，噪声滤除，基线估算，平地效应消除，相位展开，高程计算和纠正（地理编码处理）等。

第三章　航空遥感

航空遥感是指以飞机或气球为平台所进行的遥感,是现代遥感技术发展的起源和重要基础,也是现代遥感技术的重要组成部分。

航空遥感是随着摄影技术的诞生和照相机的使用,以及气球等简易平台的应用而发展起来的。1903 年飞机的发明,以及 1909 年莱特第一次从飞机上拍摄意大利和西恩多西利地区空中像片,揭开了航空摄影和航空遥感发展的序幕。

1913 年,开普顿·塔迪沃发表论文首次描述了用飞机摄影绘制地图的问题。第一次世界大战爆发后,航空遥感因军事上的需要而得到迅速发展,并逐渐发展形成了航空遥感学科体系。随着航空遥感摄影测量学的发展,特别是第二次世界大战中军事上的需要,航空摄影测量技术不断创新,应用领域不断扩展。在这期间彩色摄影、红外摄影、雷达技术及多光谱摄影和扫描技术相继问世,航空探测手段取得了显著的进步,超越了只记录可见光谱段的局限,向紫外和红外扩展,并扩展到微波。同时,航空遥感判读成图设备等也都得到发展和完善。

目前,航空遥感技术在经济发展的各个领域,特别是地质、地理、农林、环境等方面的应用,取得了很大的成功,成为自然资源调查和研究的一个重要手段和基本工具。

第一节　航空遥感系统

一、航空遥感平台

航空遥感平台一般在海拔 12 km 以下(大气平流层、对流层),主要包括飞机和气球。

(一)飞机

飞机是最主要的航空遥感平台,可以根据需要在指定时间和地区飞行,能携带多种遥感器,信息回收方便,仪器可以及时维修。按照飞机飞行高度的不同,可分为低空飞机、中空飞机和高空飞机。

(1)低空飞机:飞行高度在 2 km 以下(对流层下层)。利用它能获得大比例尺、中比例尺航空遥感图像。

(2)中空飞机:高度在 2 ~6 km(对流层中层)。一般用它获得中小比例尺的航空遥感图像。

(3)高空飞机:高度在 12 ~30 km(对流层顶部、平流层中下层)。有人驾驶飞机飞行高度一般在 12 km 左右,无人驾驶飞机可达 20 ~30 km。

(二)气球

早在 1858 年,法国人 G. F. 陶纳乔(Gaspard Felix Tournachon)就开始用系留气球进行航空摄影,拍摄了巴黎的“鸟瞰”像片。气球是一种廉价、操作简单的平台,可携带摄影机、摄像机、红外辐射计等简单的传感器。按照气球在空中的高度分为低空气球和高空气球两类。

(1)低空气球:发送到对流层中的气球。其中大多数可人工控制,在空中固定位置上进行遥感。用绳子拴着的气球叫系留气球,最高可升至地面上空 5 km 处。

(2)高空气球:发送到平流层中的气球。大多是自由漂移的,可升至 12 ~ 40 km 高空,填补了高空飞机升不到,低轨卫星降不到的空中平台的空白。

二、航空摄影

航空摄影是将航摄仪安装在航空遥感平台上,按照一定的要求对目标物摄影,获取影像资料的过程。航空摄影可向用户提供高质量的像片产品。其主要为可见光—近红外的摄影成像类型,也是航空遥感的主要类型。

(一)航空摄影机

航空摄影机是航空遥感的传感器,一般安装在飞机平台上,从空中对地面进行像片拍摄。它是通过光学系统采用感光材料直接记录地物的反射光谱能量。其工作原理和结构与普通照相机基本相同,几乎任何型号的摄影机均可用于航空摄影,不过由于航空遥感要求自动快速连续地拍摄大量照片,因此对摄影机的构造有一些特殊要求,在镜头设计及结构上则更为精密和复杂。

目前,常用的航空摄影机大致可分为四类:单镜头分幅摄影机、多镜头分幅摄影机、航带摄影机和全景摄影机。

1. 单镜头分幅摄影机

单镜头分幅摄影机是使用最早、目前应用较多的摄影机。它的大概结构如图 3-1 所示。镜筒装置包括透镜、滤光片、快门和光圈。透镜由复合透镜元件组成,将目标物反射光线在焦平面上聚焦。快门和光圈控制胶片曝光量。机身主要装有电动胶片驱动装置,可以卷片、曝光时压平胶片、上快门和释放快门。暗盒部分包括供片盘和卷片盘、胶片传输装置和胶片压平装置,其中胶片的压平是靠焦平面后的真空板把胶片吸附紧贴而完成的。

2. 多镜头分幅摄影机

由于用单镜头分幅摄影机拍摄的照片具有较宽的波段响应范围(全色波段为 0.3 ~ 0.7 μm),在此波长范围内,地物对不同波长电磁辐射的反射差异将无法在一张照片上得到体现。为了得到地物对不同波长电磁辐射的反射特征,在航空摄影时人们也常使用多镜头分幅摄影机。

多镜头分幅摄影机可以利用不同的胶片—滤光片组合,从同一位置同时获取地物对不同波长电磁辐射的反射能量记录。将这些信息组合起来可以帮助人们更准确地将地物区分开来。

作为多镜头摄影机的替代,在实践中用不同胶片—滤光片组合的几个单镜头分幅摄影机加以妥善排列和固定,也可以达到多波段摄影的目的。

3. 航带摄影机

航带摄影机是通过将胶片移动通过焦平面上一条很窄的缝隙使之感光而成像的,曝

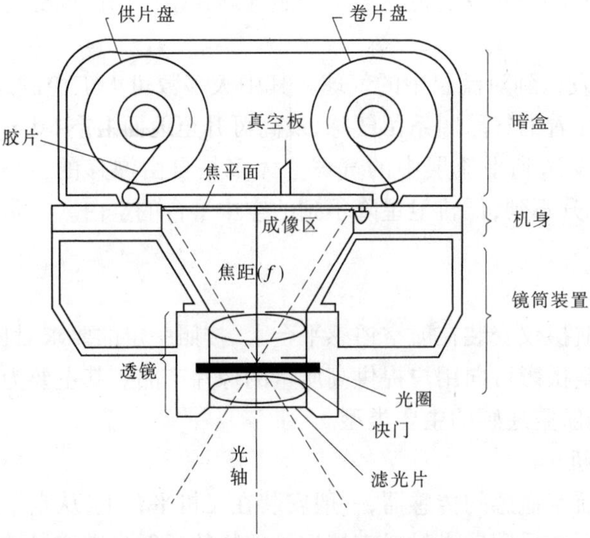

图 3-1　单镜头分幅摄影机结构

光量由调整狭缝的大小来控制。与分幅摄影机不同的是:在摄影过程中,航带摄影机的快门是一直开启的,胶片通过缝隙的移动速度与图像移动速度相等以避免图像模糊,如图 3-2 所示。

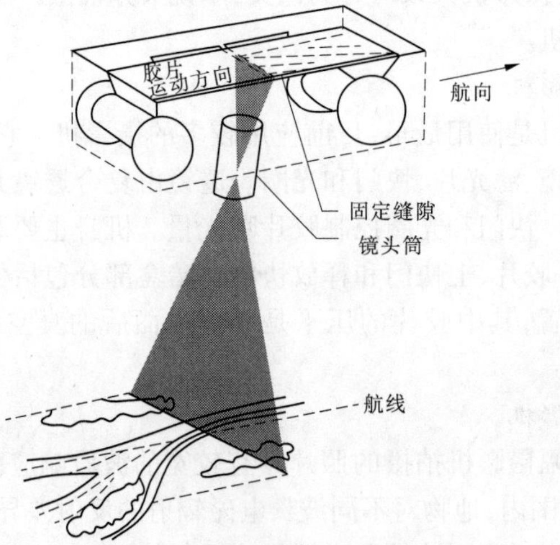

图 3-2　航带摄影机工作原理

在军用方面,航带摄影机主要用于低空、高速军事侦察,它的连续像移补偿可在此飞行条件下提供详细的摄影。在民用方面,它主要用于公路、铁路选线等线状地区研究。

4. 全景摄影机

全景摄影机有两种工作方式:一种是转动镜头的物镜,狭缝设在物镜筒的后端,随着物镜筒的转动,在后方向弧形胶片上聚焦成像(见图 3-3(a));另一种是用棱镜镜头转动、连续卷片成像(见图 3-3(b))。

全景摄影机焦距较长(可超过 600 mm),可在长 23 cm(航向)、宽 128 cm(横向)的胶片上成像,主要用于军事侦察。通常的遥感探测和制图则大都采用分幅摄影机。

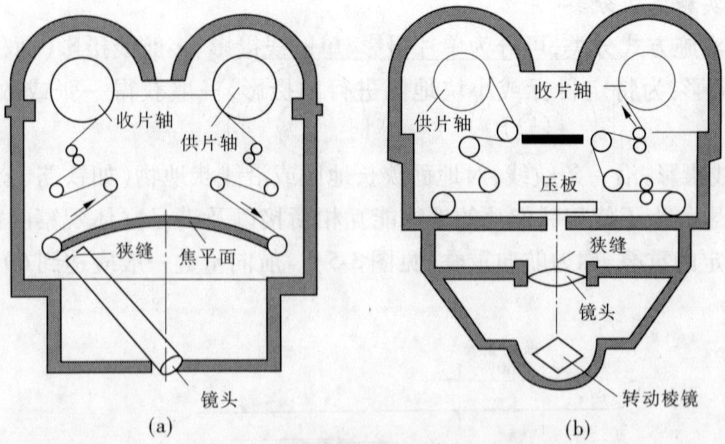

图3-3　全景摄影机结构示意图

(二)航空摄影的类型

1. 按航摄倾角分类

按航摄倾角(航空摄影机主光轴与通过镜头中心的铅垂线之间的夹角)分类,可分为垂直摄影和倾斜摄影。

(1)垂直摄影:倾斜角等于零的是垂直摄影,这时主光轴垂直于地面,感光胶片与地平面平行。但是由于飞行中的各种原因,倾斜角不可能绝对等于零,所以一般把倾斜角小于3°的称为垂直摄影。由垂直摄影获得的像片称为水平像片(见图3-4(a))。水平像片上目标的影像与地面物体顶部的形状基本相似,像片各部分的比例尺大致相同。通过水平像片可以量测位置和距离,判断各目标间的相互关系。垂直摄影是获取航空遥感图像的主要方法。

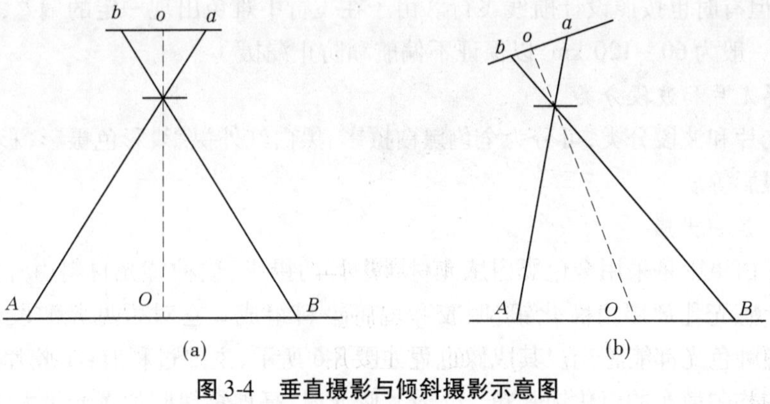

图3-4　垂直摄影与倾斜摄影示意图

(2)倾斜摄影:倾斜角大于3°的称为倾斜摄影,所获得的像片称为倾斜像片(见图3-4(b))。倾斜摄影时,主光轴偏离铅垂线角度愈大,影像畸变也愈大,给图像纠正带来困难,不利于制图,但有时为了获取较好的立体效果且对制图要求不高,也用倾斜摄影。

2. 按摄影实施方式分类

按摄影的实施方式分类，可分为单片摄影、单航线摄影、多航线摄影(面积摄影)。

(1)单片摄影：为特定目标或小块地区进行的摄影，一般获得一张或数张不连续的像片。

(2)单航线摄影：沿一条航线，对地面狭长地区或沿线状地物(如铁路、公路、河流等)进行的连续摄影。为了使相邻像片的地物能互相衔接以及满足立体观察的需要，相邻像片间需要有一定的重叠，称为航向重叠(见图3-5)。航向重叠一般应达到60%，至少不小于53%。

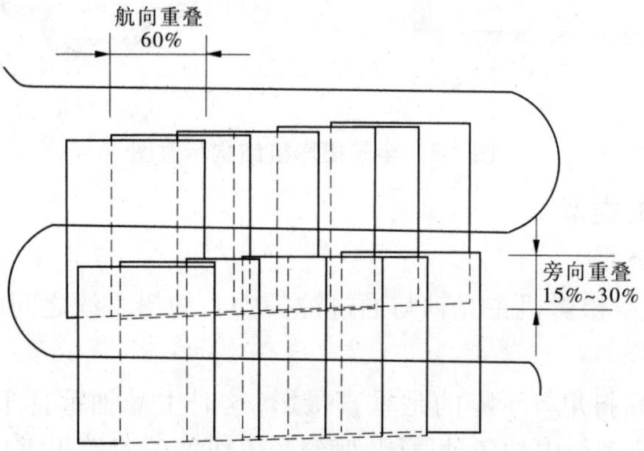

图3-5　航向重叠和旁向重叠示意

(3)多航线摄影(面积摄影)：沿数条航线对较大区域进行的连续摄影，称为多航线摄影(或面积摄影)。多航线摄影要求各航线互相平行，在同一条航线上相邻像片间的航向重叠为53%~60%。相邻航线间的像片也要有一定的重叠，这种重叠称为旁向重叠(见图3-5)，一般应为15%~30%。实施多航线摄影时，通常要求航线与纬线平行，即按东西方向飞行，但有时也按照设计航线飞行。由于在飞行中难免出现一定的偏差，故需要限制航线长度，一般为60~120 km，以保证不偏航和防止漏摄。

3. 按感光片和波段分类

按感光片和波段分类，可分为全色黑白摄影、黑白红外摄影、彩色摄影、彩色红外摄影和多光谱摄影等。

1)全色黑白摄影

全色黑白摄影是采用全色黑白感光材料进行的摄影，这种感光材料由片基和感光乳剂层组成。感光乳剂层由卤化银、明胶和增感染料组成。它对可见光波段(0.4~0.76 μm)内的各种色光都能感光。其成像过程如图3-6所示，主要过程有：①胶片的感光乳剂层为明胶中均匀散布的卤化银颗粒。②胶片曝光时，亮地物使胶片曝光量大，暗地物使胶片曝光量小。③对光敏感的卤化银颗粒受光后发生光化学反应，由于曝光量大小不同，胶片就形成了不同地物光化学反应程度不同的潜影。④冲洗经过曝光的胶片，在胶片上固定潜影。⑤定影就是把胶片上未曝光的卤化银颗粒清除掉，保留下经过曝光的卤化银颗粒。⑥最后形成的影像是负片，即亮地物在胶片上是深色调，而暗地物是浅色调。

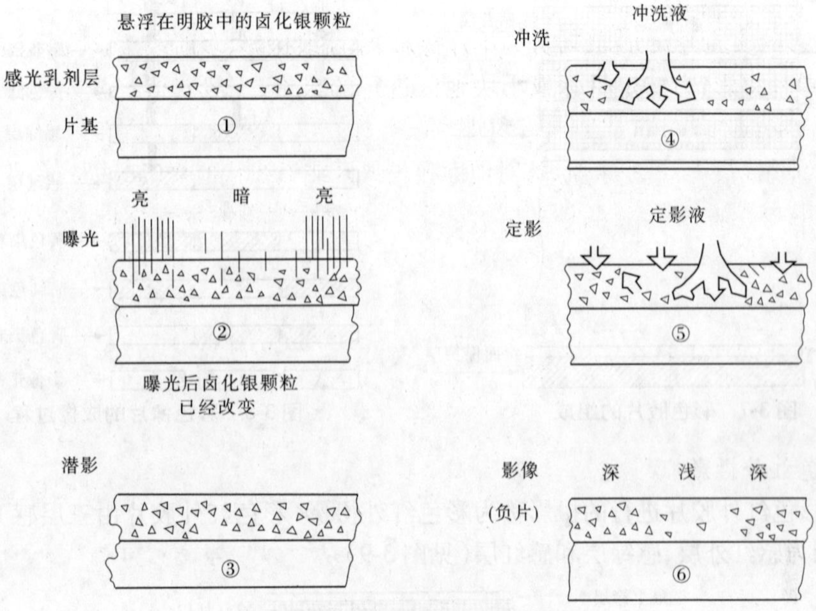

图 3-6　全色黑白摄影的成像过程

2)黑白红外摄影

黑白红外摄影是采用黑白红外感光材料进行的摄影。它能对可见光、近红外波段(0.4～1.3 μm)感光,尤其对水体、植被反应灵敏,所摄像片具有较高的反差和分辨率。

3)彩色摄影

彩色摄影是采用彩色胶片进行的摄影。彩色胶片由三层感光乳剂层组成,分别为感蓝层、感绿层和感红层(见图 3-7)。三层感光乳剂层的最上面涂层为药剂保护层,下有片基背面保护层(防光晕层)。其中感蓝层和感绿层之间有黄色滤光器,以便阻止蓝光进入感绿层和感红层。因为感绿层和感红层的乳剂也会对蓝光发生曝光作用,因此感蓝层和感绿层之间的黄色滤光器是必需的。

彩色像片的成像过程如图 3-8 所示。蓝光只对感蓝层曝光,绿光通过感蓝层后只对感绿层曝光,红光经过感蓝层和感绿层后,只对感红层曝光。经过曝光处理后,感蓝层中未曝光的部分染成黄色,而曝光的部分是透明的;感绿层中未曝光的部分染成品红色,而曝光的部分是透明的;感红层中未曝光的部分染成青色,而曝光的部分是透明的。经过处理后,每个感光层只对相应的色光敏感,再经过每层的染色处理后就形成了彩色影像。图 3-8 中的处理是指正片的处理过程,负片的处理过程与前面介绍的黑白胶片的成像过程类似。

由于各感光层是透明的,按照光吸收的原理(减色法),品红色和青色染料合成蓝色,黄色和青色染料合成绿色,黄色和品红色染料合成红色。彩色胶片感受可见光波段内的各种色光,形成物体的自然色彩。与全色黑白像片相比,彩色影像通过对不同地物色彩的表现,使图像更为清晰,且人眼对色彩的分辨能力远大于黑白,显著提高了影像判读的精度和效果。

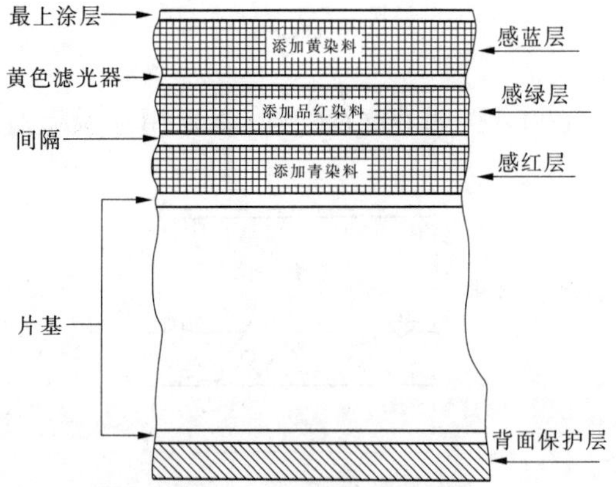

图 3-7 彩色胶片的组成

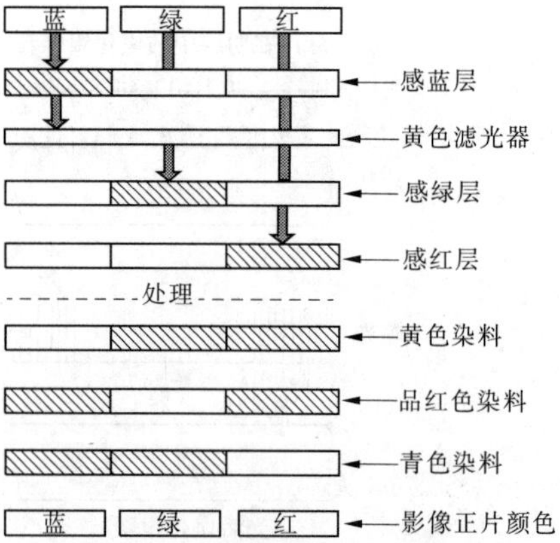

图 3-8 彩色像片的成像过程

4)彩色红外摄影

采用彩色红外胶片进行的摄影称为彩色红外摄影,彩色红外胶片由三层感光乳剂层组成,分别为感红外层、感绿层和感红层(见图 3-9)。

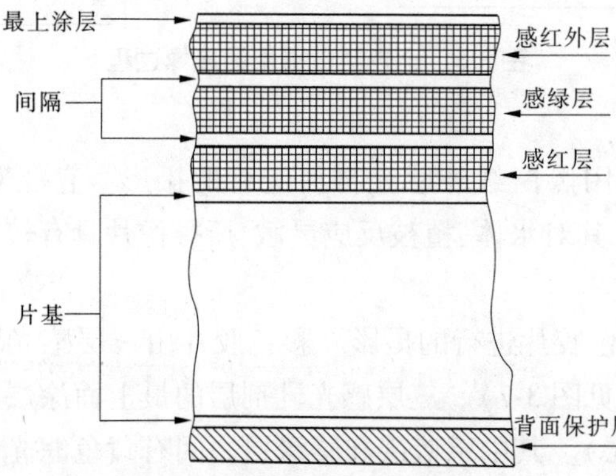

图 3-9 彩色红外胶片的组成

彩色红外像片的成像过程与彩色像片的成像过程相似。彩色红外胶片可对可见光和近红外波段(0.4 ~ 1.3 μm)感光,并使绿光感光之后变为蓝色,红光感光之后变为绿色,近红外感光之后变为红色。这种彩色红外像片与彩色像片相比,在色调、明度和饱和度上都有很大的不同。例如,在彩色片上绿色植物呈绿色,在彩色红外片上却呈红色,因为植被在近红外波段的光谱反射率远远高于它在可见光波段的光谱反射率。由于彩色红外像片不对蓝光感光,因此不受大气散射蓝光的影响,像片清晰度很高。彩色红外像片的色彩鲜艳,适合城市航空摄影,是目前主要的航空摄影类型。

5)多光谱摄影

多光谱摄影是通过摄影镜头与滤光片的组合,同时对某一地区进行不同波段的摄影,取得多个分波段像片。例如,通常采用四波段摄影,可同时得到蓝、绿、红及近红外波段四张不同的黑白像片,它们可以合成为假彩色像片。

4. 按比例尺分类

航空摄影按比例尺可分为四类,分别是:

（1）大比例尺航空摄影：像片比例尺大于1∶10 000的摄影，主要用于小范围全面详细调查或专题调查的编图，城市详细规划和大比例尺制图。

（2）中比例尺航空摄影：像片比例尺为1∶10 000～1∶30 000的摄影，主要用于大范围普查和专题制图，城市综合调查等。

（3）小比例尺航空摄影：像片比例尺为1∶30 000～1∶100 000的摄影。

（4）超小比例尺航空摄影：像片比例尺为1∶100 000～1∶250 000的摄影。

（三）航空像片的大小和标志

1. 航空像片的大小

目前，我国常用的航空像片，像幅有18 cm×18 cm（第一代航空像片，20世纪50～60年代）、23 cm×23 cm（第二代航空像片，20世纪70～90年代）和30 cm×30 cm（大像幅像片专题摄影）3种。

2. 航空像片上的标志

在航空像片的四边，通常印有一些摄影状态的记录，如图3-10所示。

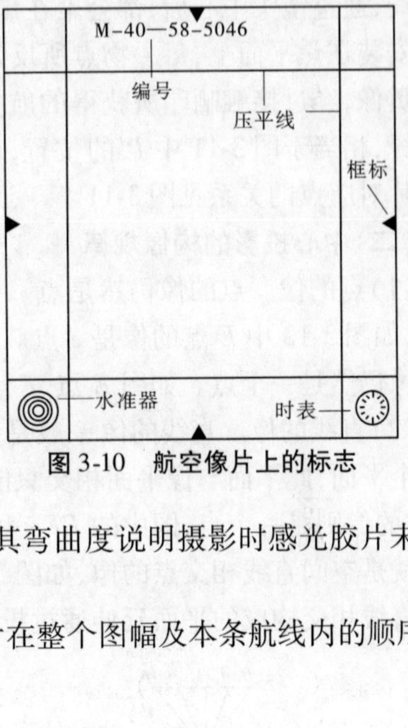

图3-10　航空像片上的标志

（1）框标：像片四边的中部黑色箭头，称为框标。对称的两框标连线的交点为像片中心点，通常与像主点重合。

（2）时表：记录本张像片的拍摄时刻。

（3）水准器：水准气泡能说明本张像片摄影时光轴的倾斜状况。水准气泡居中时为水平。水准器上的同心圆，每圈为1°（或0.5°），读数从中心算起。

（4）压平线：像片四边的井字形直线叫压平线，其弯曲度说明摄影时感光胶片未压平而产生的影像变形情况。

（5）编号：表示航摄区的位置、摄影时间、该像片在整个图幅及本条航线内的顺序。

三、航空遥感特点

（一）航空遥感的优点

（1）航空遥感空间分辨率高、信息量大。

（2）航空遥感机动、灵活，资料回收方便，适用于一些专题遥感研究。

（3）航空遥感成本低，不需要复杂的地面处理设备。

（4）航空遥感作为试验性技术系统，是各种星载遥感仪器的先行检验者。

（5）信息获取方便。

（二）航空遥感的缺点

飞行高度、续航能力、姿态控制、全天候作业能力及大范围的动态监测能力较差，但作为一种探测和研究地球资源与环境的手段，仍是方兴未艾，不可取代。

第二节　航空像片的几何特征与物理特征

一、航空像片的投影原理

（一）航空像片的投影

航空像片的投影属于中心投影。所谓中心投影，就是空间任意直线均通过一固定点（投影中心）投射到一个平面（投影平面）上而形成的透视关系。如图 3-11 所示，S 为投影中心，P 为投影平面，f 为焦距，H 为航高。SA 为通过投影中心的直线（投影光线），SA 与 P 的交点 a 为地面点 A 的中心投影。同样 SB、SC、SD 与 P 的交点 b、c、d 为地面点 B、C、D 的中心投影。航空像片之所以属于中心投影，是由于航空摄影时地面上每一物点所反射的光线，通过镜头中心后，都会聚在焦平面上而产生该物点的像，而航摄机是把感光胶片固定安装在焦平面上，每一物点所反射的光线都通过镜头中心在焦平面上成像，形成底片上的负像，经过接触晒印所获得的航空像片称为正像。从投影上来说，航空像片（正片）的位置，相当于图 3-11 中 P' 的位置，即为正像位置，相当于把负片旋转 180°，得到正片，正负片对应点的关系见图 3-11。

（二）中心投影的构像规律

（1）点的像。点的像仍然是点。因为一个点只有一条投影光线，与像平面只有一个交点，如图 3-12 中 E 点的像是 e 点。如果在通过投影中心同一方向上有数个空间点，它们的像仍然是一个点。如图 E 点、F 点的像是同一点 e。

（2）直线的像。直线的像一般是直线，如图 3-12 中 AB 空间直线与投影中心只能组成一个平面，此平面与像平面相交只能是一条直线 ab。如果空间直线延长后通过投影中心，它的像则是一个点，图中的 EF 直线便如此。空间相交直线的像仍然是相交直线，且交点就是空间直线相交点的像，如图 3-12 中 AB 与 CD 的像为 ab 和 cd，交点 K 的像是 k。当两直线相交构成的平面延伸通过投影中心，它的像是一条直线。

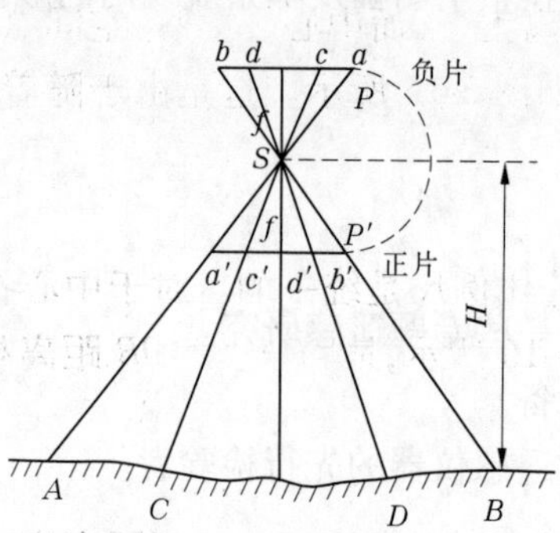

图 3-11　航空像片中心投影

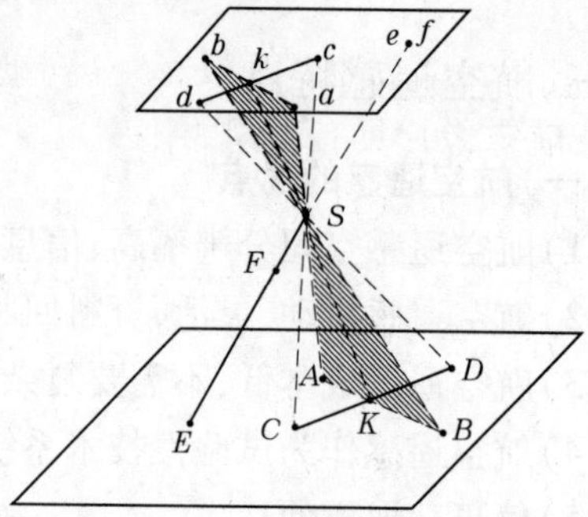

图 3-12　点和直线的像

（3）曲线的像。平面曲线的像一般为曲线，当包含曲线的平面通过投影中心时，则该曲线的像为一直线，不在同一平面内的空间曲线的像在任何情况下都是曲线，如图 3-13 所示。

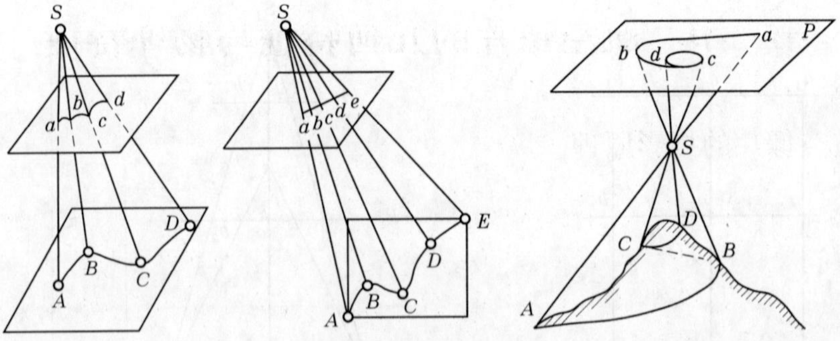

图 3-13　曲线的像

(4)平面的像。平面的像一般为平面,只有当平面通过投影中心时,像为一直线。

(5)射线束的像。空间射线束的像一般为射线束,当射线束顶点的投影光线与像平面平行时,射线束的像是一组平行线,如图 3-14 所示。一组平行线的像一般不平行,只有当它们都平行于像平面时,其构像才为平行线。

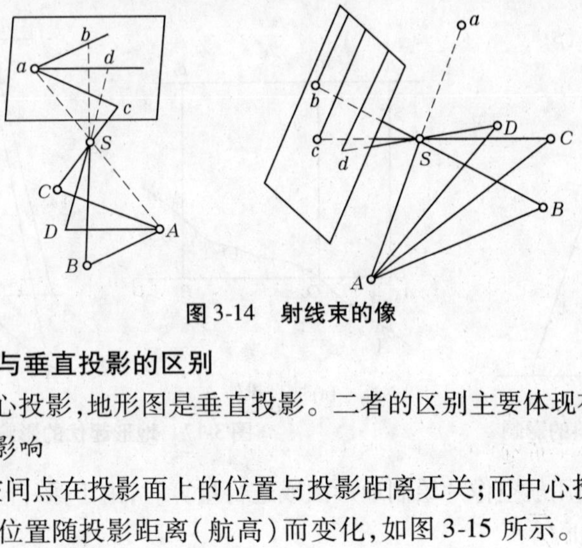

图 3-14　射线束的像

(三)中心投影与垂直投影的区别

航空像片是中心投影,地形图是垂直投影。二者的区别主要体现在以下三个方面。

1. 投影距离的影响

对垂直投影,空间点在投影面上的位置与投影距离无关;而中心投影时,空间点在投影面(像平面)上的位置随投影距离(航高)而变化,如图 3-15 所示。这是由于随着航高的变化,航空像片具有不同的比例尺。

2. 投影面倾斜的影响

对垂直投影,投影面总是水平的,投影面上各部分比例尺是统一的。对于中心投影,若投影面倾斜,则像片各部分比例尺就不一样,如图 3-16 所示,地面点 AO、OB 距离相等,但在倾斜投影面上,ao 不等于 ob。

3. 地形起伏的影响

地形起伏对垂直投影没有影响,如图 3-17(a)所示,A 与 A_0 虽然位于不同高度,但其垂直投影均位于 a。但地形起伏对于中心投影则有影响,如图 3-17(b)中 A 与 A_0 是位于同一垂线上不同高度的点,A 点投影为 a,A_0 点投影为 a_0,aa_0 是由地形起伏引起的投影误差。地形起伏越大,投影误差越大。

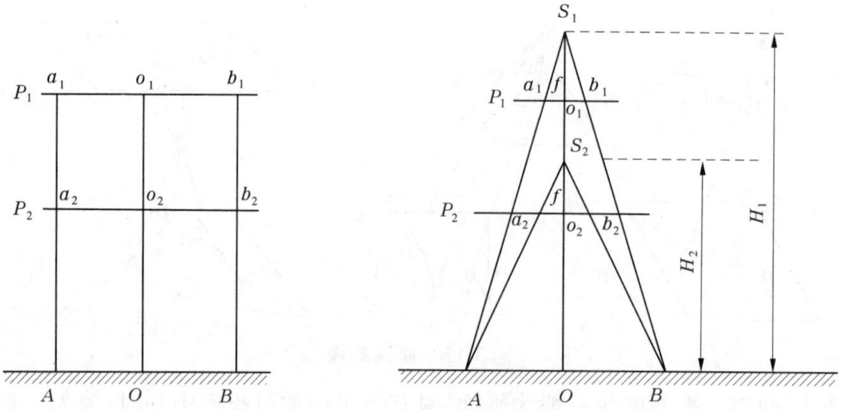

图 3-15　投影距离变化的影响

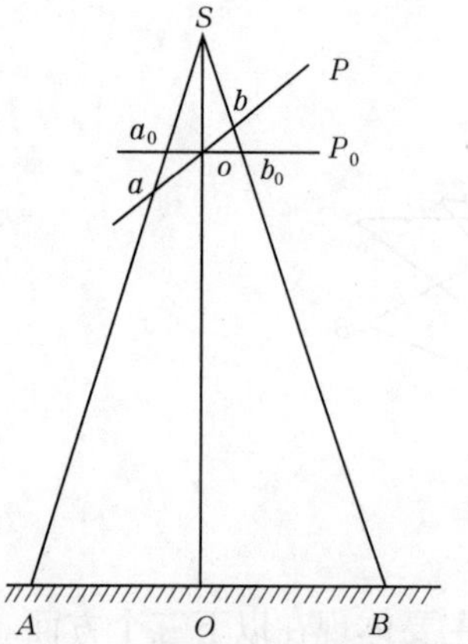

图 3-16　投影面倾斜的影响

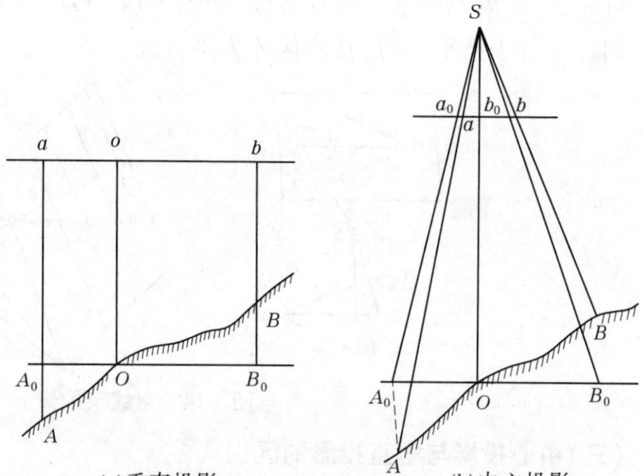

(a)垂直投影　(b)中心投影

图 3-17　地形起伏的影响

由此可见,在利用航空像片绘制地形图或进行量算时,由于像片倾斜或地形起伏引起的误差必须加以纠正。

二、航空像片上的特征点、线

航空像片上有一系列特殊位置的点和线,它们反映了中心投影的几何性质,研究它们对于了解航空像片的性质和确定其在空间的位置具有重要意义。航空像片上的特征点、线,以及它们相互间的关系如图 3-18 所示。图中 P 为倾斜像平面,P_0 为水平面,T 为地平面,S 为投影中心。

(一)航空像片的特征点线

(1)像主点。通过投影中心 S,垂直于像平面的直线 SO 叫做航空摄影机的主光轴(主光线),它与像平面 P 的交点 o 称为像主点,像主点在地平面 T 上的相应点 O 称为地主点。

(2)像底点。通过投影中心 S 的铅垂直线 SN 称为主垂线,它与像平面的交点 n 称为

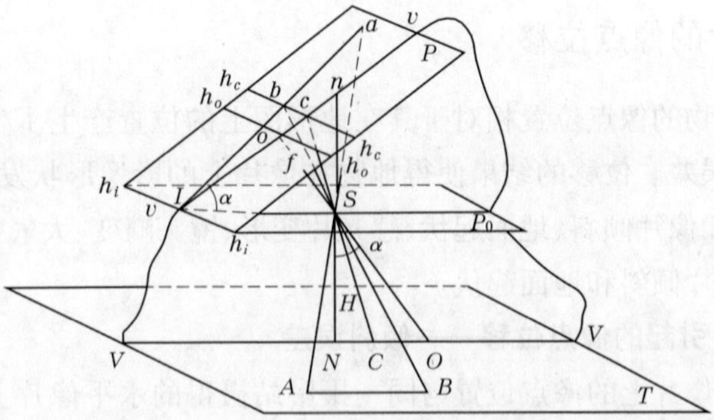

图 3-18　航空像片上的特征点、线及其相互关系

像底点，像底点在地平面上的相应点 N 称为地底点。

(3)等角点。主光轴与主垂线所夹的角 α 称为像片倾角。平分倾角的直线与像平面的交点 c 称为等角点，在地平面上的相应点 C 也称为等角点。当地面平坦时，倾斜像片上只有以等角点为顶点的方向角与地面上相应的角大小相等。

(4)主纵线。包含主光轴和主垂线的平面称为主垂面，它与像平面的交线 vv 称为主纵线，即通过像主点和像底点的直线，其在地面上相应的线 VV 称为基本方向线。

(5)主横线。在像平面上，凡与主纵线相垂直的直线都称为像水平线。通过像主点的像水平线叫主横线，以 h_oh_o 表示。

(6)等比线。在像平面上，通过等角点的像水平线称为等比线，以 h_ch_c 表示。

(7)主合点和主合线。过投影中心的水平面与像平面的交线叫主合线或地平线，以 h_ih_i 表示。主纵线与主合线的交点称为主合点 I，主合点是平行于基本方向线的各水平线在倾斜像片上影像相交的点。

(二)特征点线之间的关系

由图 3-18 可知，像主点、像底点、等角点和主合点都在主垂面内，因此对一定的像片只要知道像主点和主纵线的位置，就可在像平面上确定一系列点的位置。如图 3-19 所示，α 为像片倾角，f 为焦距，H 为航高，则有：

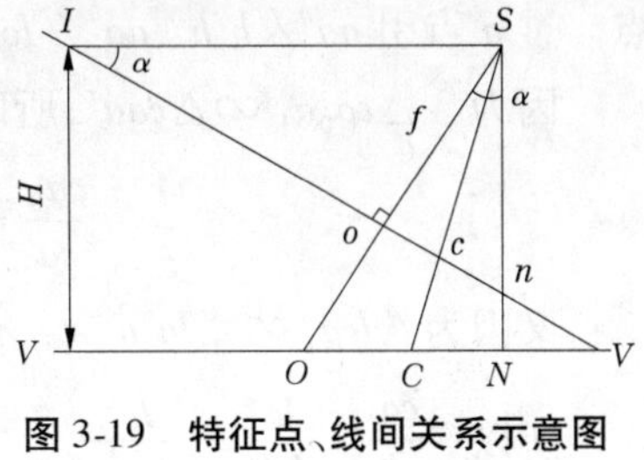

图 3-19　特征点、线间关系示意图

$$on = f \times \tan\alpha \tag{3-1}$$

$$oc = f \times \tan\frac{\alpha}{2} \tag{3-2}$$

$$Io = f \times \cot\alpha \tag{3-3}$$

$$IS = Ic = f \times \csc\alpha \tag{3-4}$$

从这些关系式可看出，当 $\alpha = 0°$，即像片处于水平位置时，$oc = on = 0$。这意味着像主点、像底点、等角点三点重合，Io、IS、Ic 为无穷大，主合点位于无穷远处。

三、航空像片的像点位移

航摄像片上地物的像点位置相对于其在地形图上的位置产生了变化，这种变化称为像点位移，也就是误差。位移的结果使得地物在像片上的影像形状发生变形。引起像点位移的原因很多，如像片倾斜、地面起伏、感光片变形、镜头畸变、大气折射及地球曲率等，其中最主要的是像片倾斜和地面起伏。

（一）像片倾斜引起的像点位移——倾斜误差

地物点在倾斜像片上的像点位置与同一摄影站摄得的水平像片上的像点位置相比，产生的一段位移称为倾斜误差。

1. 倾斜误差像点位移的路线

图 3-20 中的 P_0 与 P 为同一摄影站的水平像片和倾斜像片，A 为地面任意点，a_0 点和 a 点分别为地面点 A 在水平像片和倾斜像片上的影像，h_ch_c 为等比线，c 为等角点，v_0v_0、vv 分别为两像片上的主纵线，φ_0、φ 分别为像点 a_0 和 a 与等角点 c 的连线与主纵线的夹角。

若将水平像片 P_0 绕着等比线向上旋转与倾斜像片 P 重合，根据等角点的性质，倾斜像片上以等角点 c 为顶点的方向角与水平像片的相应角大小是对应相等的，所以 $\varphi_0=\varphi$。因此，在主纵线 v_0v_0 和 vv 重合的同时，直线 ca 与 ca_0 必然重合，a_0 点落在 P 像片的 ca 延长线上，为 a_0' 点，线段 aa_0' 则是 a_0 点因像片倾斜而产生的位移距离，即倾斜误差。由此可知，航摄像片因倾斜而引起的像点位移路线是在像点与等角点的连线上。

2. 倾斜误差的计算公式及像点位移规律

1）倾斜误差的计算公式

图 3-21 表示倾斜像片 P 与水平像片 P_0 重合后的情况。为求得像点倾斜误差 δ_α 的计算公式，在图 3-21 上作 $a_0a_1 /\!/ vv$，连 a_1a 并延长交 vv 于 I 点，I 点是倾斜像片上的主合点。过 a 点引 $aa'' /\!/ h_ch_c$，$aa' /\!/ Ic$，并设 $ca_0=r_0$，$ca=r$，像片倾角为 α。

因为　$\triangle ca_0a_1 \backsim \triangle caa'$，所以

$$\frac{ca_0}{ca}=\frac{ca_1}{ca'}，即\quad \frac{r_0}{r}=\frac{ca_1}{ca'}=\frac{ca_1}{a''a} \tag{3-5}$$

又因为 $\triangle Ica_1 \backsim \triangle Ia''a$

所以 $\dfrac{ca_1}{a''a}=\dfrac{Ic}{Ia''}=\dfrac{Ic}{Ic-ca''}$

由式(3-4)可知 $Ic=f\times\csc\alpha$

又因为 $ca''=ca\times\cos\varphi=r\times\cos\varphi$，所以

$$\frac{ca_1}{a''a}=\frac{f\times\csc\alpha}{f\times\csc\alpha-r\times\cos\varphi} \tag{3-6}$$

将式(3-6)代入式(3-5)得

$$\frac{r_0}{r}=\frac{f\times\csc\alpha}{f\times\csc\alpha-r\times\cos\varphi}$$

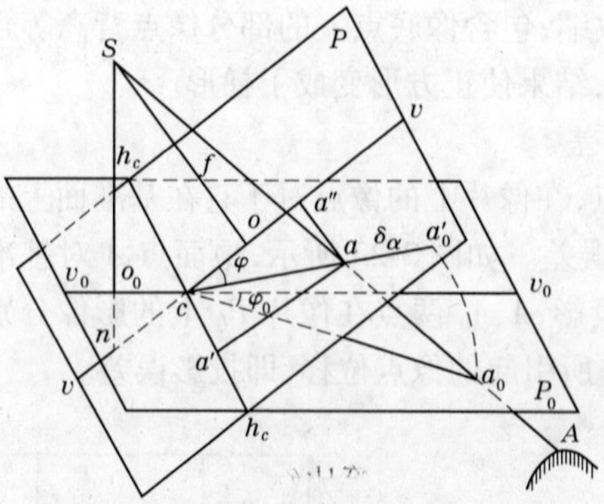

图 3-20　像片倾斜引起的像点位移

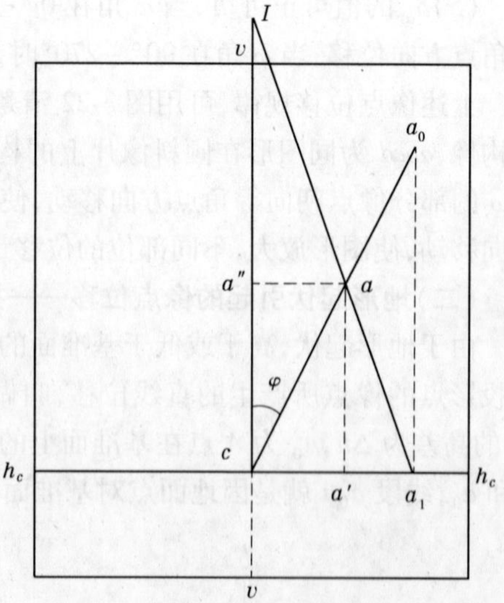

图 3-21　倾斜误差公式推导图示

将上式两端被 1 减得

$$\frac{r - r_0}{r} = \frac{f \times \csc\alpha - r \times \cos\varphi - f \times \csc\alpha}{f \times \csc\alpha - r \times \cos\varphi}$$

即

$$r - r_0 = -\frac{r^2 \times \cos\varphi\sin\alpha}{f - r \times \cos\varphi\sin\alpha}$$

因为 $r \times \cos\varphi\sin\alpha$ 值很小，可忽略不计，并令 $\delta_\alpha = r - r_0$，最后可得计算倾斜误差的近似公式

$$\delta_\alpha \approx -\frac{r^2}{f}\cos\varphi\sin\alpha \tag{3-7}$$

式中　δ_α——倾斜误差；

r——像点与等角点之间的辐射距离；

α——像片倾角；

φ——像点与等角点连线与主纵线的夹角（方向角）；

f——摄影机焦距。

2）像点位移规律

根据对式(3-7)分析，可得出倾斜误差的如下规律：

(1)倾斜误差的大小与像片倾角成正比，倾角越大，误差越大，倾角为 0°，倾斜误差为 0，即像片水平时，不存在倾斜误差。

(2)倾斜误差的大小与像点的辐射距平方成正比，而与摄影机焦距成反比，辐射距离 r 越大，即越位于像片边缘的像点，倾斜误差也越大；焦距越小，则倾斜误差越大。

(3)当 $\varphi = 90°$、$270°$时，$\delta_\alpha = 0$，即等比线上各像点不存在倾斜误差。

(4)当 $\varphi = 0°$、$180°$时，δ_α 达最大值，即位于主纵线上的像点，倾斜误差最大。

(5)δ_α 的值可正可负，当 φ 角在 0°～90°和 270°～360°内时，δ_α 为负值，即像点朝向等角点方向位移；当 φ 角在 90°～270°时，δ_α 为正值，即像点背离等角点方向位移。

上述像点位移规律，可用图 3-22 清楚地表示出来：$a_0b_0c_0d_0$ 为地面图形在水平像片上的构像，$abcd$ 为同图形在倾斜像片上的构像。等比线 h_ch_c 把像片分成两部分，包含像主点 o 的部分像点朝向等角点方向移动，使图形收缩；包含像底点 n 的部分像点背离等角点方向移动，使图形放大，不同部位的位移量不等，结果使正方形变成了梯形。

（二）地形起伏引起的像点位移——投影误差

由于地形起伏，高于或低于基准面的地面点，在像片上的像点对于它在基准面上的垂直投影点的像点所产生的直线位移，叫做投影误差。如图 3-23 所示，地面点 A 对基准面 T_0 的高差为 Δh，A_0 为 A 点在基准面上的垂直投影，A、A_0 两点在像片 P_0 上的影像分别为 a 和 a_0，线段 a_0a 就是因地面点对基准面的高差所引起的像点位移，即投影误差。

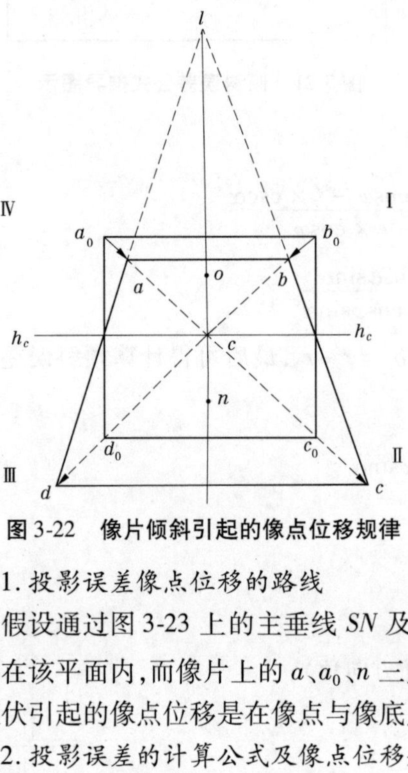

图 3-22　像片倾斜引起的像点位移规律

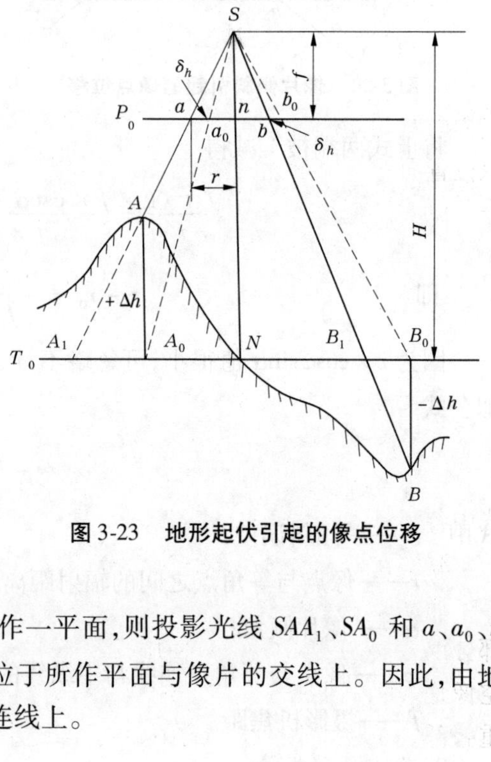

图 3-23　地形起伏引起的像点位移

1. 投影误差像点位移的路线

假设通过图 3-23 上的主垂线 SN 及 A 点作一平面，则投影光线 SAA_1、SA_0 和 a、a_0、n 等都在该平面内，而像片上的 a、a_0、n 三点必位于所作平面与像片的交线上。因此，由地面起伏引起的像点位移是在像点与像底点的连线上。

2. 投影误差的计算公式及像点位移规律

1）投影误差的计算公式

从图 3-23 可得　$\triangle Saa_0 \backsim \triangle SA_1A_0$

所以　$\dfrac{aa_0}{A_1A_0} = \dfrac{f}{H}$，即 $aa_0 = \dfrac{f}{H}A_1A_0$　　(3-8)

又因为　$\triangle AA_1A_0 \backsim \triangle San$

所以　$\dfrac{A_1A_0}{an} = \dfrac{\Delta h}{f}$，即 $A_1A_0 = \dfrac{\Delta h}{f}an = \dfrac{\Delta h}{f}r$　　(3-9)

将式(3-9)代入式(3-8)得：

$$\delta_h = aa_0 = \frac{f}{H} \times \frac{\Delta h}{f} r = \frac{\Delta h}{H} r \tag{3-10}$$

式中　δ_h——投影误差；

r——像点与像底点之间的辐射距离；

Δh——地物点相对基准面的高差；

H——航高；

f——摄影机焦距。

2)像点位移规律

根据对式(3-10)和图3-23分析,可得出投影误差的如下规律:

(1)投影误差与辐射距成正比,即像点离像底点越远,投影误差越大,像片中心部位投影误差小,像底点处不存在投影误差。

(2)投影误差与航高成反比,航高越大,引起的像点位移越小。

(3)投影误差与高差成正比,高差越大,投影误差越大,反之就小。

(4)地物点高于基准面时(即 Δh 为正值),投影误差为正值,像点由原位置背离像底点方向移动(如 $a_0 \to a$);地物点低于基准面时(即 Δh 为负值),投影误差为负值,像点由原位置向着像底点方向移动(如 $b_0 \to b$)。

以上讨论的是假定像片水平时的情况,如果像片倾斜,投影误差计算公式为

$$\delta_h = \frac{\Delta hr}{H}\left(\frac{1 - \dfrac{r\cos\varphi\sin\alpha\cos\alpha}{f}}{1 + \dfrac{\Delta hr}{H}\cos\varphi\sin\alpha\cos\alpha}\right) \tag{3-11}$$

在近似垂直摄影时

$$\delta_h \approx \frac{\Delta hr}{H}\left(1 - \frac{r}{2f}\cos\varphi\sin 2\alpha\right) \tag{3-12}$$

式中各字母的意义同前。

3. 航空像片的使用面积

通常使用的水平像片,误差主要来源于地形起伏,像片边缘部分误差大,工作中一般只使用像片的中间部分,这部分称为航空像片的使用面积。一张像片的使用面积一般可由像片的航向重叠部分和旁向重叠部分的中心线(或距中心线不超过1 cm的线)所围成,如图3-24所示。

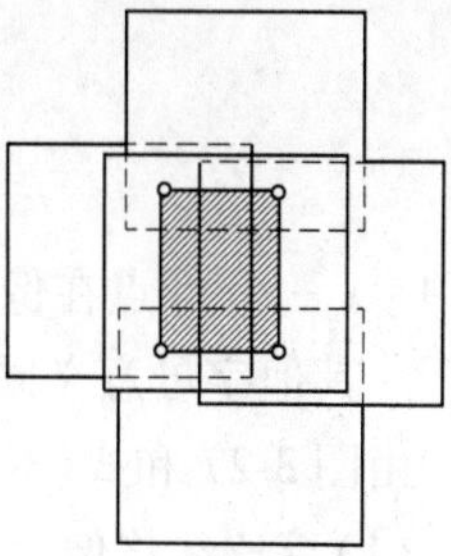

图3-24　航空像片的使用面积

四、航空像片的比例尺

航空像片比例尺的含义与地形图的比例尺相同,是指像片上某一线段与地面实际对应线段之比。但是,由于像点位移的影响,同一张像片各部位的比例尺不尽相同,使用时需要正确理解和测定。

(一)水平像片比例尺

当地面平坦和水平,像片水平时,像片的比例尺各处相等,如图3-25所示。像片比例

尺为

$$\frac{1}{M}=\frac{ab}{AB}=\frac{f}{H} \tag{3-13}$$

式(3-13)也称为主比例尺。

当地面起伏较大时,水平像片上各处的比例尺并不相等,只有在同一高度的影像才具有相同的比例尺。如图 3-26 所示,不同高度的比例尺为

$$\frac{1}{M_0}=\frac{eg}{EG}=\frac{f}{H_0} \tag{3-14}$$

$$\frac{1}{M_1}=\frac{ab}{AB}=\frac{f}{H_0-H_1} \tag{3-15}$$

$$\frac{1}{M_2}=\frac{cd}{CD}=\frac{f}{H_0+H_2} \tag{3-16}$$

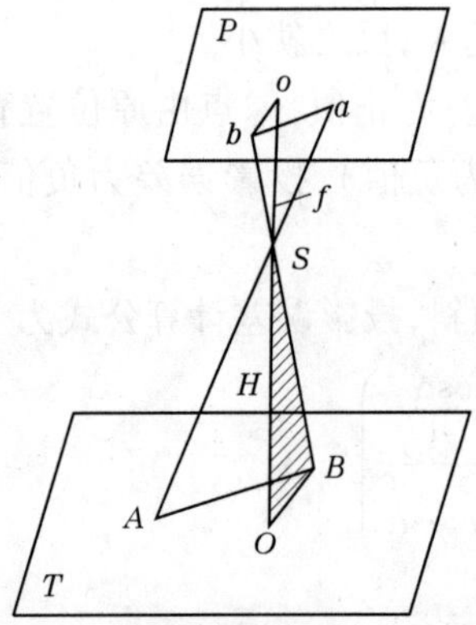

图 3-25　平地的水平像片比例尺

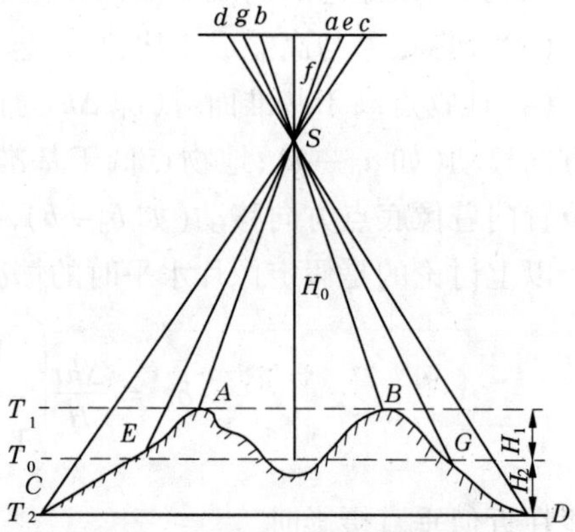

图 3-26　起伏地区的水平像片比例尺

(二)倾斜像片比例尺

倾斜像片比例尺要比水平像片复杂得多,如图 3-27 所示。一般计算公式为

$$\frac{1}{M}=\frac{f}{H}\times\frac{\left(\cos\alpha-\frac{x_a\sin\alpha}{f}\right)^2}{\sqrt{1-\cos^2\varphi\sin^2\alpha}} \tag{3-17}$$

式中　x_a——像点在像片上的横坐标(坐标系原点是像主点,横轴是主纵线);

其他字母意义同前。

由图 3-27 和式(3-17)可见:

(1)等比线将像片分成两部分,包含像主点 o 的部分,比例尺较同一航高水平像片的比例尺小;包含像底点 n 的部分,比例尺较同一航高水平像片的比例尺大。

(2)等比线上的比例尺等于同一航高水平像片的比例尺。

(3)同一像点,纵向和横向的比例尺不同。

(4)比例尺的变化与像片倾角成正比,倾角越大,比例尺变化越剧烈。

(三)像片比例尺的测定

在平坦地区,近似垂直摄影的情况下,可以用像片的平均比例尺来代替整张像片的比

例尺，平均比例尺的计算方法如图 3-28 所示。在像主点附近选一个明显地物点 k，像片四角选择四个明显地物点，分别与 k 用直线连接，选点应尽量使点两两对称，距离相等，各线段接近正交。精确量出长度 l_1、l_2、l_3、l_4，同时实测或在地形图上量出相应的实地长度 L_1、L_2、L_3、L_4，用式(3-18)计算像片平均比例尺

$$\frac{1}{M} = \frac{1}{2}\left(\frac{l_1 + l_3}{L_1 + L_3} + \frac{l_2 + l_4}{L_2 + L_4}\right) \tag{3-18}$$

或者

$$\frac{1}{M} = \frac{1}{4}\left(\frac{l_1}{L_1} + \frac{l_2}{L_2} + \frac{l_3}{L_3} + \frac{l_4}{L_4}\right) \tag{3-19}$$

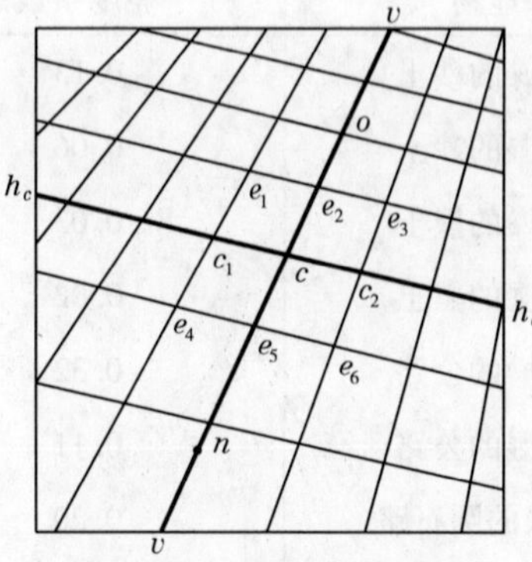

图 3-27　倾斜像片比例尺

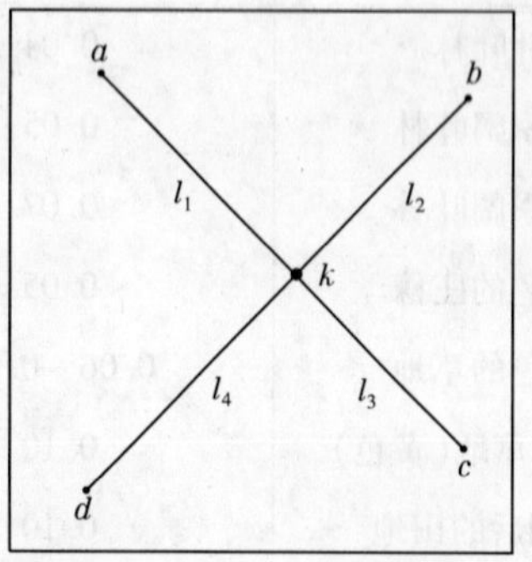

图 3-28　像片比例尺的测定

对于地形起伏较大的地区，投影误差也较大，不能用一个平均比例尺代表整张像片的比例尺，而是测定某一点的比例尺，作为该点周围某个局部范围的近似比例尺。任意点的比例尺计算公式为

$$\frac{1}{M_i} = \frac{f}{H_i} \tag{3-20}$$

式中　f——摄影机焦距；

H_i——任意点的相对航高，根据绝对航高 H_0 及任意点本身的高程 h_i 计算得出：$H_i = H_0 - h_i$。其中 h_i 可由地形图查出，H_0 由像片上的四个平高点（已知平面位置和高程的明显地物点）计算。

五、航空像片的物理特性

航空像片的物理特性是指航空像片的色调或色彩、灰阶、亮度系数等，主要由地物的反射波谱特性和感光材料的感光特性决定。

（一）地物反射波谱特性

航空像片上地物的色调，主要取决于摄影时的照度和地物对入射光的反射率。摄影时照度越大，地物反射率越高，地物亮度就越大，像片的色调就越浅。一般用亮度系数来表示地物的反射率大小。亮度系数（P）是指在相同照度条件下，某物体表面亮度（B）与绝对白体表面亮度（B_0）之比，即：$P = B/B_0$。

亮度系数是没有单位的。绝对白体(亮度系数为1)在自然界很难找到,通常用硫酸钡纸或氧化镁纸做标准反射面,它的亮度系数是0.98,而绝对黑体的亮度系数为0。

物体的亮度系数不同,在像片上反映为色调的差异。一般亮度系数大,像片上的色调浅;亮度系数小,其色调就深。物体的亮度系数与入射光的波长是有关系的,因为地物的反射率随波长而变化,这对于多波段遥感图像是非常重要的。这里讨论的航空像片是指可见光—近红外的宽波段,亮度系数也是针对这个宽波段来说的。几种地物的亮度系数见表3-1。

表3-1　几种地物的亮度系数

地物	亮度系数	地物	亮度系数
针叶林	0.04	干燥的沙土	0.13
夏季阔叶林	0.05	潮湿的沙土	0.06
冬季阔叶林	0.07	干燥的黑土	0.03
绿色的庄稼	0.05	潮湿的黑土	0.02
绿色的草地	0.06~0.07	干燥的公路	0.32
干燥的草地(黄色)	0.10	潮湿的公路	0.11
收割后的田地	0.10	干燥的圆石路	0.20
雪地	0.10~0.90	潮湿的圆石路	0.09
白色石灰石	0.40	红砖房子	0.20

从表3-1可以看出亮度系数有以下几个特点:

(1)不同物体的亮度系数变化范围很大。

(2)同种物体,由于干湿程度不同,其亮度系数也不同,潮湿的物体亮度系数小,干燥的物体亮度系数大。

(3)表面粗糙的物体比表面光滑的物体亮度系数小。

(4)物体的亮度系数与颜色有关。

(5)性质完全不同的物体也可能具有相同的亮度系数。

性质不同的地物在航空像片上具有相同的色调,称为同谱异物。而相同的地物由于湿度、颜色或表面的粗糙程度不同具有不同的色调,称为同物异谱。这对依据色调进行地物性质的判读会带来不少困难。

(二)感光材料的感光特性

感光材料(胶片或像纸)主要由感光乳剂层和片基构成。感光乳剂层由卤化银、明胶和增感染料组成。普通摄影用的黑白胶片一般是全色片,它能感受全部可见光(但对绿光感受较差)。黑白红外胶片的感光层中含有感受红外光的物质,能直接记录人眼看不见的近红外光。彩色胶片由对蓝、绿、红3种波长分别敏感的3层乳剂组成,能感受全部可见光,经过曝光显影后,形成与地物颜色呈互补色的负片,经彩色像纸接触晒印后,还原成天然彩色像片。彩色红外胶片是由对绿、红、近红外3种波长分别敏感的3层乳剂组成,能感受可见光—近红外波段的辐射,经过曝光显影后,形成彩色红外像片,其颜色与天然彩色像片不同,其中植被为红色。

感光材料的主要性能指标如下:

(1)感光度:即感光的快慢程度,是确定摄影曝光时间的主要参数。在摄影环境相同的条件下,感光材料感光度越大,曝光时间则越短。

(2)反差:感光材料最大光学密度与最小光学密度之差,也称为黑白差。两种性能不同的感光片,摄取同一景物,曝光、显影等情况均相同,但相应部分的反差不一样,这是由于两种感光片的反差不同所造成的。反差系数的大小可以由感光材料特性曲线(见图3-29)的直线段斜率来表示。

(3)感光特性曲线:对于同一种感光材料,在同一标准光源下,同一距离作不同时间的曝光,经过相同条件的摄影处理,一起测定感光片的密度值。感光片的光学密度与其所受到的曝光量对数的函数关系可以表示为一条曲线,这就是感光特性曲线,如图3-29所示。图中,*ab*段不受曝光量的影响,称为灰雾密度,*b*为初感点。*bc*段为曝光不足部分,光学密度的增加与曝光量对数的增加不成正比,影像的黑白比例与景物的明暗差别不一致。*cd*段是一直线,为正确曝光部分,光学密度的增加与曝光量对数的增加成正比,影像的黑白比例与景物的明暗差别一致,摄影时应使曝光量对数处于*cd*段。*de*段为曝光过度部分,*e*点的密度最大。*ef*段随曝光量增加,光学密度降低,称为影像反转。

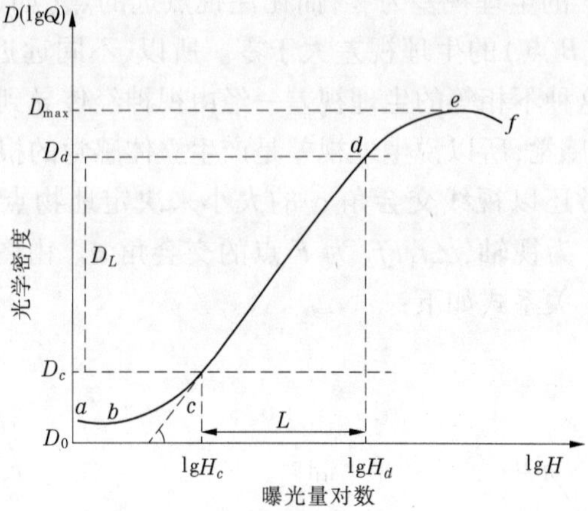

图3-29　感光材料特性曲线

(4)分辨率:对景物细微部分的表现能力,通常用1 mm宽度内能够清楚地识别出黑、白相间的平行线对数来表示。感光材料分辨率的高低,取决于感光乳剂银盐颗粒的粗细,银盐颗粒细,分辨率就高。但银盐颗粒越细,感光材料的制作工艺就越难。

航空摄影时需要选择感光度高、反差适中、有较高分辨率的感光材料,以获得影像清晰、层次丰富的高质量航空像片。

第三节　航空像片的立体观察与量测

一、航空像片的立体观察

（一）立体观察原理

人的双眼具有观察事物远近和产生立体感觉的能力，航空像片的立体观察就是模仿人眼观察立体时所需要的条件，使人们建立起立体的感觉。

1. 天然立体观察

人用一双眼睛来观察自然界物体，产生立体感觉的原因主要是在两眼的视网膜上产生了生理视差。如图 3-30 所示，当用双目注视 F 点时，两眼视轴交会于它。同时眼球水晶体本能地调节，使 F 点在视网膜中心清晰地构像为 f_1、f_2。与此同时，其他物体，如 A、B 点也会在视网膜上分别构像为 a_1、a_2 和 b_1、b_2。这些像点分别到相应视网膜中心的距离，在中心点左侧规定为正，右侧规定为负。我们把同一物体像点的左右距离之差叫做生理视差。如图 3-30 中 A、B 两点的生理视差分别为：

$$\eta_a = \widehat{f_1a_1} - \widehat{f_2a_2} \qquad \eta_b = \widehat{f_1b_1} - \widehat{f_2b_2} \tag{3-21}$$

式中　η_a——A 点的生理视差；

η_b——B 点的生理视差。

由此可知，注视点 F 的生理视差为零，而比注视点远的点（如 A 点）的生理视差小于零，比注视点近的点（如 B 点）的生理视差大于零。所以，不同远近的物体在视网膜上的生理视差是不相等的，这种不相等的生理视差一经由视神经传导到大脑皮层的视觉中心，便立即产生物体远近的感觉，所以说生理视差是产生立体感觉的根本原因。

除生理视差外，通常还以视线交会角 α 的大小来决定地物点的远近。如图 3-31 所示，F 为注视点，Ff_1、Ff_2 为视轴，$\angle f_1Ff_2$ 为 F 点的交会角 α。由图可知交会角大的物体近，交会角小的物体远。关系式如下：

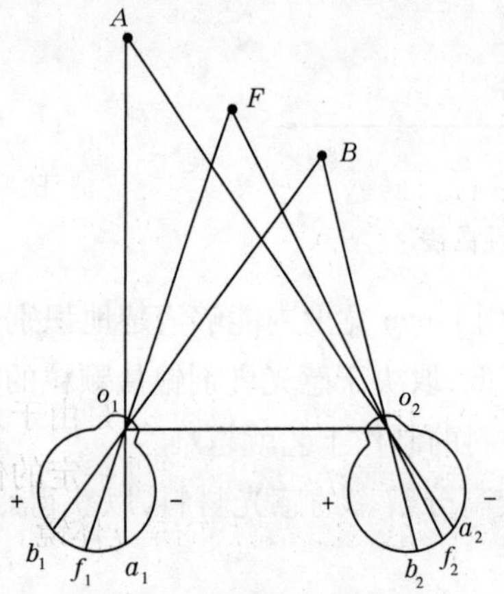

图 3-30　双眼的生理视差

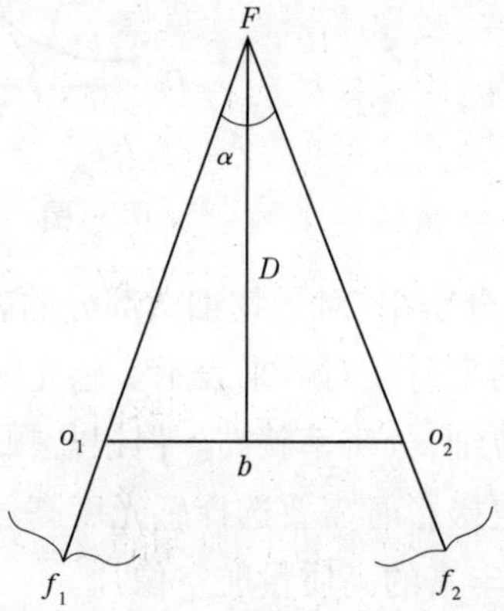

图 3-31　交会角与物点距离的关系示意

$$\tan\frac{\alpha}{2}=\frac{b}{2D} \tag{3-22}$$

式中　b——眼基线长度；

　　D——物点至眼基线的距离。

一般情况下，当 D 取 25 cm 时，眼睛感觉最舒服，该距离为明视距离，若 b 取 6.5 cm，则由式(3-22)得明视距离的交会角 α 等于 15°。当 α 小于 30′时，眼睛就逐渐失去辨别远近的能力，这时的距离一般为 450 m，所以 450 m 为人眼能看出立体的观察半径。

2. 人造立体观察原理

根据上述生理视差的原理，如图 3-32 所示，设空间有 A、B、C 三个圆球，我们用双眼观察时是根据三者不同的生理视差来辨别其空间位置的。如果这时在我们眼前放上一对玻璃板 P_1、P_2，并通过玻璃板观看球体，将左右两眼所看到的圆球形像分别记录在左右两块玻璃板上，然后把真实圆球拿走，以观察玻璃板上的圆球形像来代替观察实物，结果在我们眼内所构成的影像和直接观察实物一样。这种不观察实物而获取的立体感觉称为人造立体视觉。

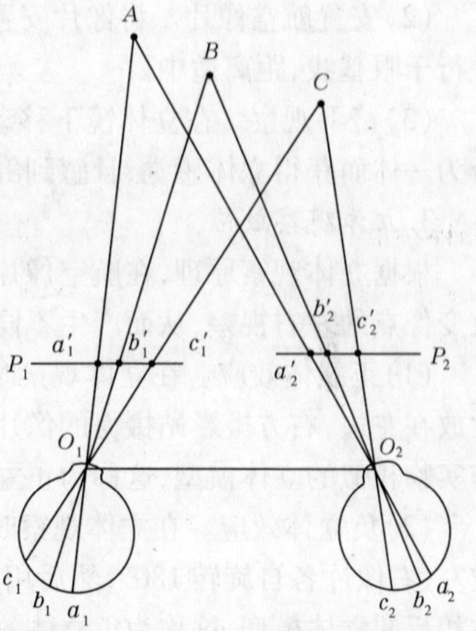

图 3-32　人造立体视觉产生的原理

同样，也可采用摄影的方法，在不同的摄影站，用同一焦距的摄影机对同一地物进行摄影，得到两张类似于玻璃板上物体像性质的像片，这两张像片称做立体像对，简称像对。它是具有相同地物的一对影像，这一对影像有着类似生理视差的一种视差，叫做左右视差。当用双眼去观察这一对像片时，像片影像的不同左右视差，反映到双眼就构成了不等的生理视差，由此便产生了与观察实物一样的立体感觉。一般将这种在人为的一定条件下，对立体像对进行观察，从而获取立体感觉的观察叫人造立体观察，这就是航空像片利用像对进行立体观察的基本原理。

3. 航空像片立体观察的条件

利用航空像片进行立体观察，必须满足下列条件：

(1) 观察两张相邻的具有一定重叠的像对。

(2) 两眼分别同时各看一张像片。

(3) 像片安放时，相应点的连线必须与眼基线平行，且两像片间的距离要适中。

(4) 两张像片的比例尺尽可能一致，最大差值不宜超过 16%。

(二) 立体观察方法和效应

1. 立体观察的工具

在进行航空像片立体观察时，如果满足上述四个条件，用肉眼也可进行，但是由于人眼的交会与调节总是相协调的，一般很难获得满意的效果，且损伤眼睛，所以要借助一定的仪器设备进行立体观察。目前，使用的仪器有立体镜、互补色镜和偏振镜，最常用的是立体镜。

2. 立体观察的步骤

在立体镜下进行航空像片立体观察应按下列步骤进行：

(1)确定像片方位线。在所需观察的立体像对上,分别找出像主点,并互相转刺到相邻像片上,连接像片的两个像主点,此直线即为该像片的方位线,如图3-33所示。

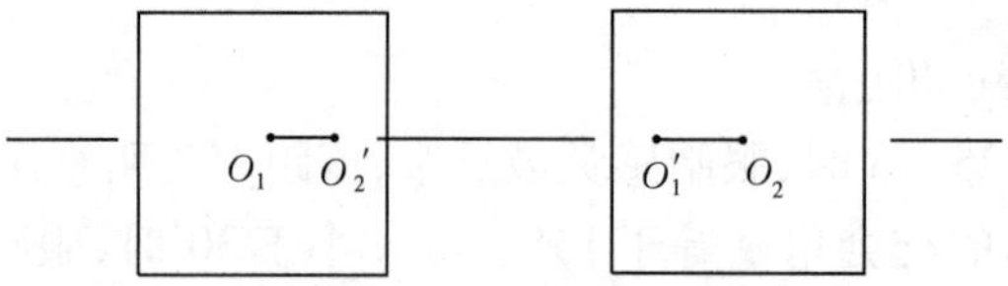

图3-33　确定像片方位线

(2)安置航空像片。将像片安置在立体镜下,使像对的方位线位于一条直线上,并且平行于眼基线,距离适中。

(3)镜下观察。在立体镜下移动像片间的距离,直到观察到同一地物的两个像点融合为一体而获得立体感觉,且感到舒服时为止。

3. 立体观察效应

根据立体观察原理,在航空像片立体观察时如果像片放置成不同的位置或方向,则会改变像点的左右视差,从而产生不同的立体效应,立体效应分如下三种:

(1)正立体效应。在立体观察时,将像对影像重叠部分向内,即左方摄影站摄得的像片放在左边,右方摄影站摄得的像片放在右边,并用左眼看左像片,右眼看右像片,则获得与实物相似的立体模型,这称为正立体效应。

(2)负立体效应。在立体观察时,将像对影像重叠的部分向外,即把左、右像片对调,或左、右像片各自旋转180°,然后用左眼看左像片,右眼看右像片,则获得与实物远近、左右相反的立体模型,这称为负立体效应。

(3)零立体效应。在立体观察时,将像对向同一方向旋转,并使两像片上的相应方位线平行且与眼基线成90°,则获得一平面图形,这种效应称为零立体效应。

4. 立体夸大

在立体镜下观察立体像对时,常感到地面的起伏比实际情况增大,这种现象称为立体模型的垂直夸大,这是由于立体模型的垂直比例尺大于水平比例尺。

常用夸大系数K来表示立体模型的垂直夸大,如果立体镜焦距为d,摄影机焦距为f,则:

$$K = d/f \tag{3-23}$$

二、航空像片的立体量测

(一)像点的视差

1. 像点坐标

为了表示像点在像对上的确切位置,一般建立以方位线为准的直角坐标系统。如图3-34所示,像主点为坐标系的原点,像片的方位线为X轴,并以右方向为正,Y轴是通过像主点且垂直于X轴的直线,以上方向为正,如图中的像点a_1和a_2,它们的坐标分别是(X_{a_1}, Y_{a_1})和(X_{a_2}, Y_{a_2}),又如像点c_1和c_2,其坐标分别是(X_{c_1}, Y_{c_1})和(X_{c_2}, Y_{c_2})。

2. 像点的视差

像点的视差是指像对上同名像点左右坐标之差。在理想像对上,像点的上下视差(纵视差)等于零,左右视差也即横视差一般不为零,常用P表示。根据图3-34中a、c两像点的坐标，可分别得到 a、c 两像点的左右视差：

$$P_a = X_{a_1} - X_{a_2} \qquad P_c = X_{c_1} - X_{c_2} \tag{3-24}$$

其中 X_{a2} 和 X_{c2} 因位于横坐标原点左侧，均为负数，故左右视差恒为正值。

在图 3-35 上，P_1、P_2 均为水平像片，o_1、o_2 分别为两张像片上的像主点，S_1、S_2 之间的距离 B 为摄影基线，地面点 A、C 的航高分别是 H_a、H_c，其间的高差是 Δh，它们在像片上的构像分别是 a_1、a_2 和 c_1、c_2。作 $S_2A' /\!/ S_1A$，S_2A' 与 P_2 相交于 a_1' 点，a_1' 必然在 a_2o_2 的延长线上，且 $o_2a_1' = o_1a_1$。

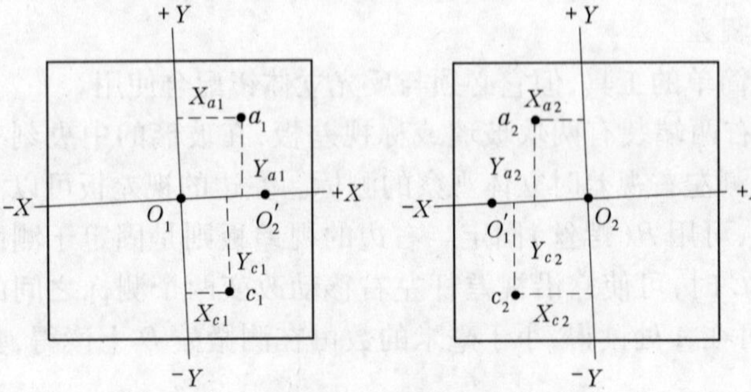

图 3-34　像点坐标

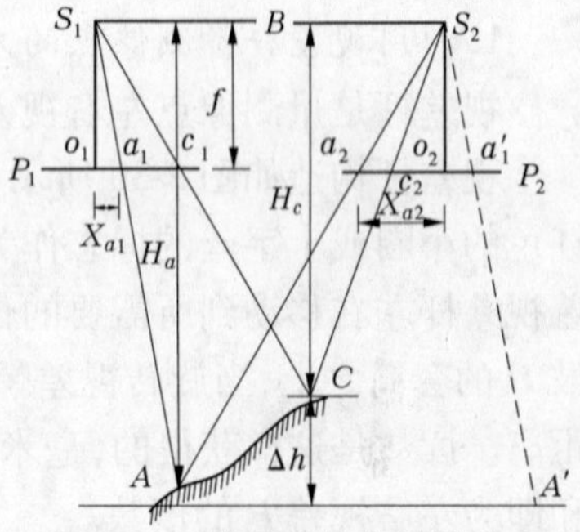

图 3-35　横视差与高差的关系

因为　$\triangle S_2a_2a'_1 \backsim \triangle S_2AA'$

所以　$\dfrac{H_a}{f} = \dfrac{B}{a_2a'_1}$，　即 $H_a = \dfrac{Bf}{a_2a'_1}$

又因为　$a_2a_1' = o_2a_1' + o_2a_2 = o_1a_1 + o_2a_2 = X_{a1} - X_{a2} = P_a$

所以

$$H_a = \frac{Bf}{P_a}\text{，即 } P_a = B\frac{f}{H_a} \tag{3-25}$$

同理，可以导出像点 c 的左右视差：

$$H_c = \frac{Bf}{P_c}\text{，即 } P_c = B\frac{f}{H_c} \tag{3-26}$$

上述左右视差公式表达了任一像点的左右视差就是该点的像片比例尺(f/H)乘以摄影基线(B)的长度。B、f 两值是确定的值，因此直接影响左右视差大小的只是该像点的航高。由于地面存在起伏，不同高程的地面点对应于不同的航高，因此它们相应像点的左右视差也不同，其间存在着一定的差值。应用航空像片量测地面高差，正是根据这个原理，通过比较左右视差的关系，计算出地面高差。

(二)地面高差的计算公式

为了推导出地面高差的计算公式，可假设图 3-35 上的 A 点为已知的地面起始点，H_a 为 A 点航高，C 点为所要求的地面点。如果 C 点航高为 H_c，那么，地面点 C 相对起始点 A 的高差为 Δh_{c-a}，计算公式为

$$\Delta h_{c-a} = H_a - H_c = B\frac{f}{P_a} - B\frac{f}{P_c} = Bf\frac{P_c - P_a}{P_aP_c} = H_a\frac{P_c - P_a}{P_c}$$

用 $\Delta P_{c-a} = P_c - P_a$ 代入上式得

$$\Delta h_{c-a} = H_a \frac{\Delta P_{c-a}}{P_a + \Delta P_{c-a}} \tag{3-27}$$

式(3-27)即为利用像片量算两像点间高差的计算公式,式中 ΔP_{c-a} 表示像点 c 对起始像点 a 的左右视差之差,称做左右视差较。

由高差公式可见,左右视差较 ΔP_{c-a} 是由地面高差引起的,其大小与高差成正比。因此,如要计算两像点间的高差,只要已知某像点的航高以及两像点的左右视差,便可代入高差公式计算出它们的高差。

(三)左右视差量测方法

1. 利用视差杆量测像点的左右视差

视差杆是量测像点左右视差最简单的工具,但它必须与反光立体镜配合使用。

视差杆构造如图 3-36 所示,左右两端装有两块玻璃或称视差板,在玻璃的中央刻有红色的小圈或十字丝的标志作为量测左右视差时立体观察的测标。左边的视差板可以沿着视差杆左右移动到所需要的位置,可用 B(螺丝)固定。右边的视差板则是固定于测微鼓 D 的套筒之上,当旋转视差螺丝 C 时,可使它沿视差杆左右移动改变两个测标之间的距离。读数是这样获得的,毫米数可在 A 处读得,小于毫米的数可在测微鼓 D 上读得,其和即为左右视差 P 的读数。

应用视差杆时,先将立体像对放在反光立体镜下进行定向,看出立体模型后,用胶布或重物使像对固定,并将视差杆置于像对上,使视差杆左边的测标同左边像片的像点(测高点)重合,然后转动右边的视差螺丝 C,使右边的测标与右边像片的像点重合。为了使立体测标的位置放得准确,最好先旋转右端的视差螺丝 C,缩短两个测标之间的距离,此时便见到测标悬于空中,再旋转视差螺丝 C,使右测标与立体模型表面的目标相切,这时读出的视差杆读数,即为该像点的左右视差。将两次测量的左右视差读数相减,便得出左右视差较。再将求出的像点左右视差较代入高差公式,即可计算出两像点间的实际高差。

2. 利用直尺量测像点的左右视差

直尺法量测像点的左右视差步骤简单,精度一般也能满足专业制图的要求。具体做法是:立体像对先按方位线定向,并予以固定(两像片间的距离是任意的);然后用直尺量取两像片像主点之间的距离和相应像点之间的距离,如图 3-37 所示。$o_1 o_2 = L_0$,$a_1 a_2 = L_a$,$b_1 b_2 = L_b$,代入下式计算像点的左右视差和左右视差较:

$$P_b = L_0 - L_b \qquad P_a = L_0 - L_a$$

$$\Delta P_{b-a} = L_a - L_b$$

如将上式代入高差公式,便可得到应用直尺量测计算高差的简单公式:

$$\Delta h_{b-a} = H_a \frac{L_a - L_b}{L_0 - L_b} \tag{3-28}$$

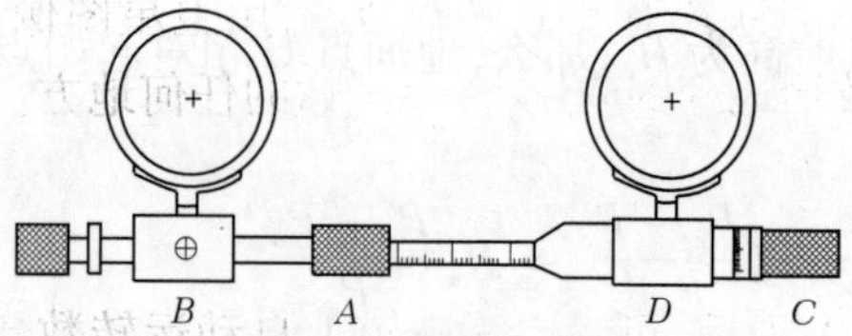

图 3-36 视差杆构造

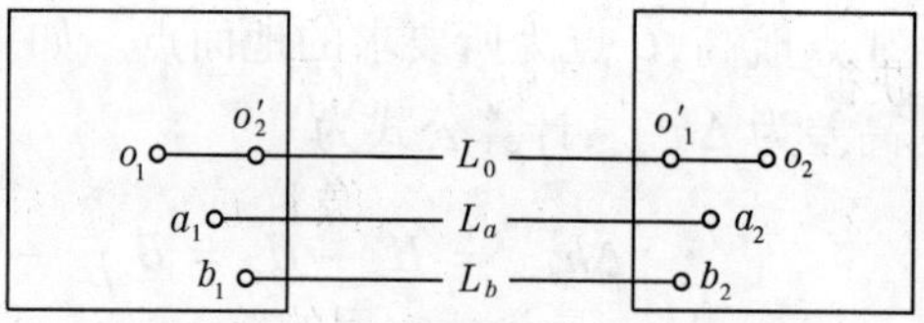

图 3-37 直尺测量像点左右视差

第四章　航天遥感

航天遥感是利用搭载在人造地球卫星、探测火箭、宇宙飞船和航天飞机等航天平台上的传感器对地表进行的遥感，是现代遥感技术的重要组成部分。航天遥感数据是资源调查、环境监测、灾害评价诸方面应用的主要数据源。与航空遥感相比，航天遥感具有以下特征。

一、探测范围大，具有宏观特性

从卫星上获取地面的图像比从地面上观察和航空遥感获取的图像，视域范围要大得多，为人们宏观地研究各种地面现象及其分布规律提供了条件。如 Landsat 卫星的 TM 图像的覆盖面积为 185 km × 185 km，中巴资源卫星的 CCD 图像覆盖面积为 113 km × 113 km。

二、能够周期性成像，有利于动态监测和研究

卫星不停地绕地球周期性运转，重复地获取最新颖、最实时的信息资料。通过不同时间成像资料的对比，可以研究地面物体的动态变化，为资源、环境监测及研究地物发展变化规律提供了有利条件。此外，还可以及时地发现作物病虫害、洪水、污染、地震、火山等灾害的前兆信息，为预报提供科学依据与资料。

三、探测波段从可见光向外延伸，扩大了对地物的研究

遥感技术的发展，使传感器不仅能获得可见光波段的电磁波信息，而且还可以获得紫外、红外、微波等波段的信息。这样，人眼观察不到或未被认识的地物的一些特性和现象，在不同波段的图像上可以观察到。这就扩大了人们观察的范围，加深了对事物的认识。

四、成图迅速

由于卫星离地面较远，卫星摄影接近正射投影，所以地表每一点似乎都在与卫星垂直的平面上，这就可以提高成图的工作效率。

五、收集资料方便，不受地形限制

对于高山冰雪、戈壁沙漠、海洋等一般方法不易获取有关资料的地区，用卫星图像可以获得大量有用的资料。卫星还可以不受任何政治地理的限制，探测地球的任何地方。

六、长远考虑，航天像片成本低廉

人造地球卫星是最常用的航天平台，它发射上天后，可在空间轨道上自动运转数年，不需供给燃料和其他物资，对于获取同样数量的遥感资料来说，航天遥感的费用要比航空

遥感低廉。

由于航天遥感平台远远大于航空遥感平台的航高，通常航天遥感的地面分辨率小于航空遥感的地面分辨率，航天遥感数据对地面细部的表现力逊于航空遥感数据，但随着新一代高分辨率传感器的研制成功，航天遥感数据的地面分辨率将有很大的提高。

第一节　遥感卫星的姿态与轨道参数

遥感卫星也称地球观测卫星，是航天遥感平台的一种主要类型，目前我们所应用的航天遥感资料多数是由遥感卫星搭载的传感器获取的。

一、遥感卫星的姿态

遥感卫星在太空中飞行时由于受各种因素的影响，其姿态是不断变化的，这使得它所搭载的传感器在获取地表数据时不能始终保持设定的理想状态，从而对所获取的数据质量有很大的影响。

因此，影像几何变形与卫星姿态角有直接的关系。为了进行几何校正，必须提供卫星姿态角参数。现定义卫星质心为坐标原点，沿轨道前进的切线方向为 x 轴，垂直轨道面的方向为 y 轴，垂直 xy 平面的方向为 z 轴，则卫星的姿态有三种情况：绕 x 轴旋转的姿态角（ω），称为滚动；绕 y 轴旋转的姿态角（φ），称为俯仰；绕 z 轴旋转的姿态角（κ），称为航偏（见图 4-1）。

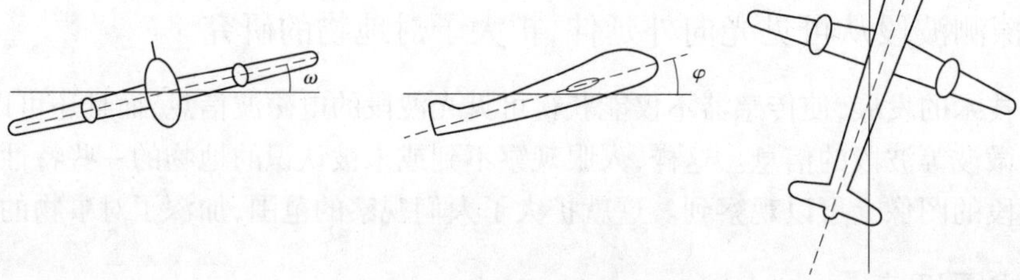

图 4-1　卫星的三轴倾斜

姿态角可以用姿态测量仪测定。用于空间的姿态测量仪有红外姿态测量仪、星相机、陀螺仪等。美国在 Landsat 卫星上使用的 AMS（Attitude Measurement Sensor）姿态测量传感器，就属于红外姿态测量。航天飞机则使用星相机测定姿态，也可用 3 个 GPS 测定姿态。

二、卫星轨道参数

（一）常用轨道参数

卫星轨道在空间的具体形状、位置可由六个轨道参数来确定。

1. 升交点赤经 Ω

如图 4-2 所示，升交点赤经 Ω 为卫星轨道的升交点与春分点之间的角距。升交点为卫星由南向北运行时，与地球赤道面的交点。反之，轨道面与赤道面的另一个交点称为降交点。春分点为黄道面与赤道面在天球上的交点。升交点赤经 Ω 确定了轨道面与太阳光线之间的夹角，即决定了星下点在成像时刻的太阳高度角。为了在成像时保持相应地面的光照度基本不变，即太阳光照角不变，就必须对卫星轨道加以修正。平均每天对升交点赤经修正量为 0.985 65°，若卫星每天运行 n 圈，则每圈的修正量 $\Delta\Omega = 0.98565°/n$。这就实现了卫星轨道与太阳同步，即卫星轨道面与太阳地球连线之间的夹角不随地球绕太阳公转而变化。

2. 近地点角距 ω

ω 是指卫星轨道的近地点与升交点之间的角距（见图 4-2）。

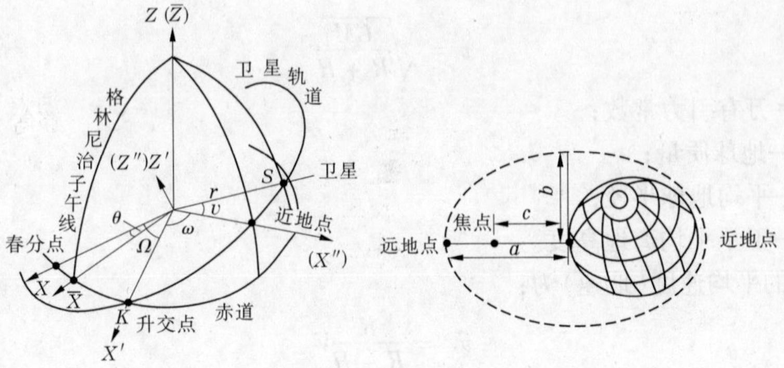

图 4-2 卫星的空间轨道

3. 轨道倾角 i

i 是指卫星轨道面与地球赤道面之间的二面角，也即升交点一侧的轨道面至赤道面的夹角。$i = 0°$时轨道面与赤道面重合；$i = 90°$时轨道面与赤道面垂直；$i \approx 90°$时轨道面接近地轴，这时的轨道称近极地轨道。轨道近极地有利于增大卫星对地球的观测范围。

4. 卫星轨道的长半轴 a

卫星轨道远地点到椭圆中心的距离为轨道长半轴 a（见图 4-2），它确定了卫星距离地面的高度。

5. 卫星轨道的偏心率（或称扁率）e

卫星轨道的偏心率（或称扁率）e 为：

$$e = \frac{c}{a} \tag{4-1}$$

式中 c——卫星椭圆轨道的焦距；

a——卫星轨道的短半轴；

e——确定了卫星轨道的形状。

对于大部分对地观测卫星，其轨道的偏心率接近于零，即为近圆形轨道。这样卫星近似于匀速运行，并且距地面的高度变化不大，有利于曝光时间的控制和在全球范围内获取比例尺基本一致的影像。

6. 卫星过近地点时刻 t

卫星过近地点的时间称为过近地点时刻 t。当卫星轨道形状和空间位置确定后，在某一时刻 τ 卫星所在位置与过近地点时刻满足开普勒方程：

$$E - e \times \sin E = \omega_0(\tau - t) \tag{4-2}$$

式中 E——偏近点角。

以上六个参数可以根据地面观测来确定。在六个轨道参数中，Ω、ω、i 和 t 决定了卫星轨道面与赤道面的相对位置，而 a 和 e 则决定了卫星轨道的形状。

（二）其他一些常用参数

1. 卫星速度

当轨道为圆形时，其平均速度为：

$$v = \sqrt{\frac{GM}{R + H}} \tag{4-3}$$

式中 G——万有引力常数；

M——地球质量；

R——平均地球半径；

H——卫星平均离地高度。

星下点的平均速度（地速）为：

$$v_N = \frac{R}{R + H}V \tag{4-4}$$

2. 卫星运行周期

卫星运行周期是指卫星绕地球一圈所需要的时间，即从升交点开始运行到下次过升交点时的时间间隔。

根据开普勒第三定律，卫星运行周期与卫星的平均高度有关。开普勒第三定律为：

$$\frac{T^2}{(R + H)^3} = C \tag{4-5}$$

则运行周期为：

$$T = \sqrt{C(R + H)^3} \tag{4-6}$$

式中 C——光速；

其他符号含义同上。

3. 卫星高度

依据开普勒第三定律，同样可解求卫星的平均高度，即

$$H = \sqrt[3]{\frac{T^2}{C}} - R \tag{4-7}$$

例如，地球同步静止卫星的运行周期与地球自转周期一致，则代入式(4-7)解算出卫星的平均高度为 35 786 km。

4. 同一天相邻轨道间在赤道处的距离

同一天相邻轨道间在赤道处的距离为：

$$L = 2\pi R_a \frac{T}{24 \times 60} \tag{4-8}$$

式中　R_a——地球长轴半径。

5. 每天卫星绕地圈数

每天卫星绕地圈数为：

$$n = \frac{2\pi R_a}{L} = \frac{24 \times 60}{T} \tag{4-9}$$

6. 重复周期 D

卫星重复周期 D 是指卫星从某地上空开始运行，经过若干时间的运行后，回到该地上空时所需要的天数。

三、卫星轨道类型

遥感卫星是在绕地球的轨道上运行的，其运行规律符合开普勒三大定律，即卫星运行的轨道是一个椭圆，地球位于该椭圆的一个焦点上；卫星在椭圆轨道上运行时，卫星与地球的连线在相等的时间内扫过的面积相等；卫星绕地球运转周期的平方与其轨道平均半径的立方成正比。

卫星运行的轨道按照卫星离地面的高度分为低轨道、中轨道、高轨道，按照轨道倾角的大小分为赤道轨道、极地轨道、倾斜轨道，按照人类视觉分为地球同步轨道和太阳同步轨道。常用的轨道有以下三种。

（一）地球同步轨道

运行周期与地球自转周期相同的顺行轨道。但其中有一种特殊的轨道，叫地球静止轨道，它的轨道倾角为 0°，在地球赤道上空 35 786 km。地面上的人看来，在这种轨道上运行的卫星是静止不动的。一般通信卫星、广播卫星、气象卫星选用这种轨道比较有利。地球同步轨道有无数条，但地球静止轨道只有一条。

（二）太阳同步轨道

轨道平面是绕地球自转轴旋转的，旋转方向与地球公转方向相同，旋转角速度等于地球公转的平均角速度（360°/年，即 0. 985 65°/天）。它距地球的高度不超过 6 000 km。在这条轨道上运行的卫星以相同的方向经过同一纬度的当地时间是相同的。一般地球资源卫星、气象卫星采用这种轨道。

（三）极地轨道

倾角为 90°的轨道，在这条轨道上运行的卫星每圈都要经过地球两极上空，可以俯视整个地球表面。气象卫星、地球资源卫星、侦察卫星常采用此种轨道。

第二节　陆地卫星系列

一、Landsat 卫星

（一）Landsat 概述

美国国家航空航天局（NASA）在 1967 年制订了一个地球资源技术卫星计划（ERTS 计划），预定发射六颗地球资源技术卫星，并分别命名为 ERTS－1、ERTS－2、ERTS－3

等。1972 年 7 月 NASA 成功地发射了第一颗地球资源技术卫星 ERTS－1。1975 年，在发射 ERTS－2 之前，NASA 将这一计划改名为陆地卫星计划（Landsat 计划），将六颗卫星（不论是否发射）都改名为"陆地卫星"（Landsat），分别称为 Landsat－1、Landsat－2 等。此后陆续成功发射了 Landsat－3、Landsat－4、Landsat－5。1993 年发射 Landsat－6 卫星，以替代 Landsat－4、Landsat－5 的工作，但因未能进入轨道而失败。目前 Landsat－1 ~ Landsat－4 已经停止使用，Landsat－5 至今仍在使用。由于美国政府的支持，1999 年发射了 Landsat－7 卫星，以保持对地球图像、全球变化的长期连续监测，一直运行到现在。在美国的 Landsat－7 计划中，以建立并定期更新全球陆地卫星存档数据库为目的，设计了长期数据获取计划（Long Term Acquisition Plan，即 LTAP 计划），计划在五年之内定期地获取每一景无云的陆地图像数据。为保证对地面数据的正常获取及对数据的充分利用，Landsat－7 对 ETM＋传感器的信号处理部分进行了重新设计，使其可以在两种状态下工作，即高增益状态和低增益状态。发射成功的六颗卫星记录了地球表面的大量数据，扩大了人类的视野，现已成为环境与资源调查、评价与监测的重要信息源。表 4-1 介绍了七颗卫星的具体情况。

表 4-1　Landsat 系列卫星参数一览表

卫星参数	Landsat－1	Landsat－2	Landsat－3	Landsat－4	Landsat－5	Landsat－6	Landsat－7
发射时间（年-月-日）	1972-07-23	1975-01-22	1978-03-05	1982-07-16	1984-03-01	1993-10-05	1999-04-15
卫星高度（km）	905.5/918	905.5/918	906/918	705.3	705.3	发射失败	705
轨道面倾角（°）	99.906	99.210	99.117	98.220	98.220		98.2
旋转周期（min）	103.143	103.155	103.150	98.9	98.9		98.9
经过赤道的时间（时:分）	08:50	09:03	09:31	09:45	10:00		10:00
覆盖周期（d）	18	18	18	16	16		16
扫幅宽度（km）	185	185	185	185	185		185
波段数	4	4	4	7	7		8
机载传感器	RBV、MSS	RBV、MSS	RBV、MSS	MSS、TM	MSS、TM		ETM＋
运行情况	1978 年退役	1976 年失灵，1980 年修复，1982 年退役	1983 年退役	2001 年退役	在役服务		在役服务

（二）轨道特征

卫星轨道及其运行特点：Landsat－1 ~ Landsat－3 卫星轨道平均高度 H 设计在约 915 km，Landsat－4 ~ Landsat－7 卫星轨道高度大约为 705 km，依据式（4-6）可以算出其运行周期，再依据式（4-9）可以算出其每天绕地球圈数等（数据见表 4-1）。这样的设计产生以下几个特点。

1. 近圆形轨道

轨道趋于圆形的主要目的是使在不同地区获取的图像比例尺一致。此外,近圆形轨道使得卫星的速度也近于匀速,便于扫描仪用固定扫描频率对地面扫描成像,避免造成扫描行之间不衔接的现象。

2. 近极地轨道

Landsat 系列卫星的轨道倾角设计为约 99°,因此是近极地轨道。轨道近极地有利于增大卫星对地面总的观测范围。卫星最北和最南分别能到达北纬 81°和南纬 81°,利用地球自转并结合轨道运行周期和图像刈幅宽度的设计,可以观测到南北纬 81°之间的广大地区。

3. 与太阳同步轨道

所谓卫星轨道与太阳同步,是指卫星轨道面与太阳地球连线之间在黄道面内的夹角,不随地球绕太阳公转而改变,如图 4-3 所示。

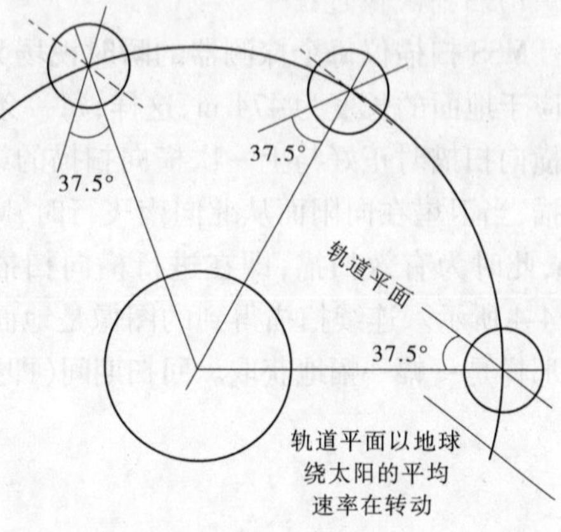

图 4-3 卫星轨道与太阳同步

对于一般轨道(除与黄道面重合的轨道外),地球绕太阳作公转时,这个角会随之改变,如图 4-3 中虚线所示。由于这个角与传感器观测地面时的太阳光照角有关,因此称为光照角。任一时刻的光照角等于起始光照角加上地球对太阳的进动角。地球对太阳的进动一年为 360°,因此平均每天的进动角为0.985 65°。为了使光照角保持固定不变,必须对卫星轨道加以修正,平均每圈的修正量为:

$$\Delta\Omega = \frac{0.985\ 65^\circ}{n} \tag{4-10}$$

式中 n——一天中卫星运行的轨道数。

与太阳同步轨道有利于卫星在相近的光照条件下对地面进行观测。但是由于季节和地理位置的变化,太阳高度角并不是任何时间都是一致的。

与太阳同步还有利于卫星在固定的时间飞临地面接收站上空,并使卫星上的太阳能电池得到稳定的太阳照度。

4. 可重复轨道

陆地卫星轨道是可重复轨道,重复周期为 18 天(Landsat-1、Landsat-2、Landsat-3)或16 天(Landsat-4、Landsat-5、Landsat-7)。时间分辨率的高低与回归周期呈负相关,即回归周期越长,时间分辨率越低;回归周期越短,时间分辨率越高。轨道的重复性有利于对地面地物或自然现象的变化作动态监测。

综上所述,陆地卫星的轨道特征可归纳为:中等高度、近圆形、近极地、太阳同步、可重复轨道。

(三)传感器类型及成像特点

Landsat 系列卫星搭载的传感器共四种:反束光导摄像机(RBV)、多光谱扫描仪(MSS)、专题制图仪(TM)和增强型专题制图仪(ETM+)。Landsat-1 ~ Landsat-3 上载有 RBV 和 MSS, Landsat-4、Landsat-5 装载 TM 和 MSS,Landsat-7 上装有 ETM+。目前,对于 Landsat 系列卫星来说,RBV 数据已经不用,所以本节只介绍多光谱扫描仪(MSS)、专题制图仪(TM)和增强型专题制图仪(ETM+)。

1. 多光谱扫描仪(MSS)

MSS 的结构在第二章中已经介绍过,这里不再重复。

1)扫描成像过程

MSS 扫描仪每个探测器的瞬时视场为 79 m×79 m。共用 6 个探测器排成一列,列长相应于地面的长度为 474 m,这样,每一条横向扫描线经过一个周期回扫至起点进行下一次横向扫描时正好与上一次横向扫描的第六条横向扫描线相邻连接,形成连续的对地面扫描,当卫星在向阳面从北向南飞行时,MSS 以星下点为中心自西向东在地面上扫描 185 km,此时为有效扫描,即在进行横向扫描的同时利用卫星的运行速度实现纵向扫描,如图 4-4 所示。连续扫描得到的图像是地面上 185 km 宽的一条连续的条带,而不是像照相机那样是一幅一幅地获取。回扫期间(即扫描镜从东向西摆动),为无效扫描,不获取信息。

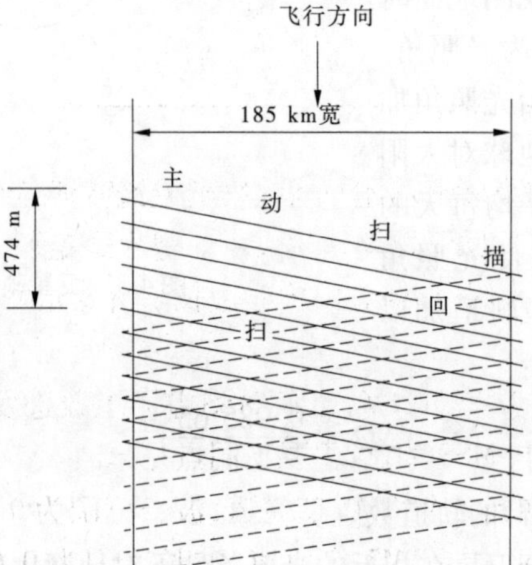

图 4-4 MSS 扫描示意图

2)MSS 影像特征

Landsat-1、Landsat-2 上各有一台 MSS,其 4 个通道(光谱段)分别称为 MSS4、MSS5、MSS6、MSS7,光谱段颜色分别为绿(0.5 ~0.6 μm)、红(0.6 ~0.7 μm)、近红外(0.7 ~0.8 μm)和近红外(0.8 ~1.1 μm)。Landsat-3 上装载的 MSS 在这 4 个波段的基础上又增加了一个热红外通道 MSS8,波长范围 10.4 ~12.6 μm。Landsat-4、Landsat-5 搭载的

MSS 为 4 个波谱段，即保留了 MSS4 ~ MSS7 通道，并将其改名为 MSS1、MSS2、MSS3、MSS4。Landsat－7 没有装载 MSS。MSS 所有的光谱段中，只有 MSS8 通道的地面分辨率为 240 m，其他 4 个通道的地面分辨率均为 79 m（表 4-2 为 Landsat－1 ~ Landsat－3 的 MSS 波段情况，表 4-3 为 Landsat－4、Landsat－5 的 MSS 波段情况）。

表 4-2　Landsat－1 ~ Landsat－3 的 MSS 波段情况

波段序号	波长（μm）	波段	地面分辨率（m）	辐射亮度级
4	0.5 ~ 0.6	绿色	79	64
5	0.6 ~ 0.7	红色	79	64
6	0.7 ~ 0.8	近红外	79	64
7	0.8 ~ 1.1	近红外	79	64
8	10.4 ~ 12.6	热红外	240	64

注：第 8 波段仅在 Landsat－3 上安装。

表 4-3　Landsat－4、Landsat－5 的 MSS 波段情况

波段序号	波长（μm）	波段	地面分辨率（m）	辐射亮度级
1	0.5 ~ 0.6	绿色	82	64
2	0.6 ~ 0.7	红色	82	64
3	0.7 ~ 0.8	近红外	82	64
4	0.8 ~ 1.1	近红外	82	64

MSS 图像以 64 级辐射亮度来描述不同地物的光谱特征；MSS 像片的每一行不同部位的影像比例尺都是不相同的，图像边缘比例尺小。像元是矩形，它在卫星前进方向上的边长由 MSS 瞬时视场角决定，在扫描线方向像元边长是由像元采样速率决定的。

2. 专题制图仪（TM）

专题制图仪（Thematic Mapper，TM）是在 MSS 基础上改进发展而成的，是第二代多光谱段光学—机械扫描仪。与 MSS 相比，主要不同点是：

（1）它的探测波段增加到 7 个，TM1 蓝通道，波长范围为 0.45 ~ 0.52 μm；TM2 绿通道，波长范围为 0.52 ~ 0.60 μm；TM3 红通道，波长范围为 0.63 ~ 0.69 μm；TM4、TM5、TM6、TM7 波段为红外波段（具体情况见表 4-4）；TM1 ~ TM5 和 TM7 每个波段有 16 个探测器，每个探测器的瞬时视场（IFOV）对应在地面为 30 m × 30 m；TM6 有 4 个探测器，每个探测器的瞬时视场（IFOV）为 120 m × 120 m。

（2）TM 采取双向扫描，正扫和回扫都有效，提高了扫描效率，缩短了停顿时间，提高了检测器的接收灵敏度。

3. 改进型增强专题制图仪（ETM＋）

改进型增强专题制图仪（ETM＋）是安装在 Landsat－7 上的传感器，由 Raytheon 公司制造，它比 Landsat－4、Landsat－5 上的专题制图仪（TM）敏感度更高。ETM＋是一台 8 波

段的多光谱扫描辐射计,其探测器技术指标见表4-4。工作于可见光、近红外、短波红外和热红外波段。

ETM + 与 TM 相比的优点已经在第二章中进行叙述。

美国地质调查局地球资源观测系统数据中心(USGS EROS)产生的图像分3个等级:最基本的是OR级;对OR级图像进行了辐射校正,但未经系统级几何校正的称为1 R级;经过辐射校正和系统级几何校正的称为1 G级。

表4-4 TM与ETM + 波段情况及主要应用领域

波段号	波长范围(μm)	波段	分辨率(m)	主要应用领域
1	0.45~0.52	蓝色	30	对水体有透射能力,能够反射浅水水下特征,可区分土壤和植被、编制森林类型图、区分人造地物类型
2	0.52~0.60	绿色	30	探测健康植被绿色反射率,可区分植被类型和评估作物长势,区分人造地物类型,对水体有一定透射能力
3	0.63~0.69	红色	30	可测量植物绿色素吸收率,并依次进行植物分类,可区分人造地物类型
4	0.76~0.90	红外	30	测定生物量和作物长势,区分植被类型,绘制水体边界、探测水中生物的含量和土壤湿度
5	1.55~1.75	红外	30	用于探测植物含水量及土壤湿度,区别云与雪
6	10.40~12.50	热红外	*120或60	探测地球表面不同物质的自身热辐射的主要波段,可用于热分布制图、岩石识别和地质探矿等方面
7	2.08~2.35	红外	30	探测高温辐射源,如监测森林火灾、火山活动等,区分人造地物类型
8	0.50~0.90	全色	15	适用于农业、林业和草场资源调查,土地利用制图和土地分类,城市扩展监测,地貌制图与区域构造分析,水资源与海岸资源调查等

注:第6波段,TM分辨率为120 m,ETM + 分辨率为60 m;第8波段只在ETM + 上有。

二、SPOT系列卫星

(一)概述

SPOT卫星是法国空间研究中心(CNES)研制的一种地球观测卫星系统。“SPOT”系法文 Systeme Probatoired'Observation dela Tarre 的缩写,意即地球观测系统。法国于1986年2月22日发射了第一颗高性能的地球观测卫星SPOT-1,其外形如图4-5所示。到目前为止,已经发射了5颗SPOT卫星(表4-5为SPOT系列卫星发射时间表),SPOT-1~SPOT-3上搭载的传感器是两台高分辨率可见光成像系统HRV(High Resolution Visible Imaging System),SPOT-4上搭载的传感器是高分辨率可见光和中红外成像系统HRVIR(High Resolution Visible and Middle Infrared Imaging System),SPOT-5上装载2台高几何分辨率遥感器HRG(High Resolution Geometry),其影像分辨率设计为全色波段5 m,多光谱 10 m。SPOT－1 卫星发射以来，SPOT 卫星数据具有较高的分辨率，可侧视观测并生成立体像对和在短时间内重复获取同一地区数据的优点，获取了大量的图像数据，在土地利用与管理、森林覆盖监测、土壤侵蚀和土地沙漠化的监测及城市规划等人与环境的关系研究方面，都发挥了重要的作用。

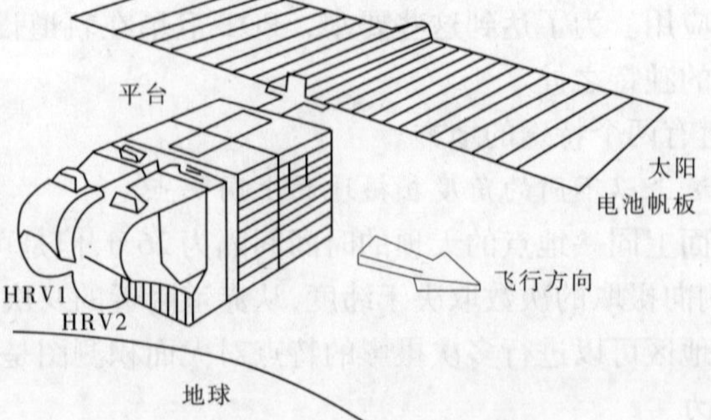

图 4-5　SPOT 卫星

表 4-5　SPOT 系列卫星发射时间表

SPOT	SPOT－1	SPOT－2	SPOT－3	SPOT－4	SPOT－5
发射日期（年-月-日）	1986-02-22	1990-01-22	1993-09-26	1998-03-24	2002-05-03
终止日期（年-月-日）	1990-12-31	运行	1996-11-14	运行	运行
传感器	HRV	HRV	HRV	HRVIR VI POAM3	HRG/S VI

（二）轨道特征

SPOT－4 的主要轨道参数见表 4-6，SPOT－1、SPOT－2、SPOT－3、SPOT－5 的轨道特征和主要轨道参数与 SPOT－4 基本相同。

表 4-6　法国 SPOT－4 卫星轨道参数

轨道高度（km）	832
轨道倾角（°）	98.721
轨道周期（min/圈）	101.469
重复周期（d）	26（369 圈）
降交点时间	10:30
扫描带宽度（km）	60
两侧侧视（°）	±27
扫描带宽（km）	950

与 Landsat 系列卫星的轨道特征相同，SPOT 系列卫星的轨道是中等高度、近圆形、近极地、太阳同步、可重复轨道。白天卫星自北向南（略偏西）航行，夜晚自南向北（略偏东）航行。

SPOT 卫星比 Landsat 系统的优越之处是，SPOT 卫星图像的分辨率可达 10～20 m，超过了 Landsat 系统，加之 SPOT 卫星可以拍摄立体像对，因而在绘制基本地形图和专题图方面将会有更广泛的应用。为了达到这些要求，SPOT 卫星在轨道设计、飞行平台和传感器等方面都有它自己的独特之处。

SPOT 卫星的轨道有两个特殊的地方。

1. 可以从不同轨道上以不同的角度拍摄地面上同一点

卫星两次飞越地面上同一地点的天顶的时间间隔为 26 d，但是可以从侧向摄取该点。在一个周期内，可以侧向摄取的次数取决于纬度，从赤道附近的 9 次到南北纬 70°处的 28 次不等。这种对同一地区可以进行多次摄影的特点对大面积测图是非常有利的。

2. 有立体观测能力

SPOT 卫星从不同角度对同一地区摄影形成了立体像对，从而提供了立体观测地面、描绘等高线或建立数字地面模型的可能性。卫星提供的旁向立体像对是从两个不同轨道上获得的，而且两张图像拍摄日期也是不同的。不过轨道设计能使大部分地区的立体像对两次摄影的间隔时间缩短为一天。两次摄影角之差在纬度 45°地区约为 30°（基线与航高比为 0.5）。在 26 d 的一个周期内，也有取得三度重叠（三天内拍摄三次）的机会，这时得到一张垂直图像、两张倾斜图像，基线与航高比为 1。

SPOT 卫星的这两个特点为测图提供了方便条件，也是区别于 Landsat 系统的地方。

（三）传感器类型及成像特点

第一颗 SPOT 卫星上有两台同样的高分辨率可见光传感器（HRV）。其地面采样间隔为 10～20 m。为了这一指标，设计一开始就没有考虑使用机械扫描系统，HRV 没有任何运动的机械部件。图像的获取以“推扫式扫描”进行（HRV 结构见图 4-6）。它的成像原理是在传感器望远镜的焦平面上，有一种叫做电荷耦合器件（CCD）的线性阵列，它可以记录地面景像的一条线，随着卫星沿垂直于景像的轨道向前方飞行，CCD 扫过整个景像，从而产生一个图像。同时，由于它的机械部件大大简化，图像几何精度比较高。HRV 的灵敏度很高，在良好光照条件下，可以探测到低于 0.5% 的地面反射变化。

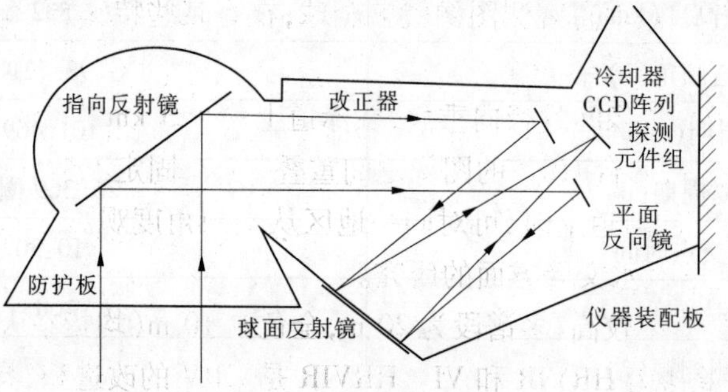

图 4-6　HRV 结构示意图

SPOT 卫星的 HRV 传感器的另一特点是:它可以进行垂直摄影。每台传感器同时对地面 60 km 的区域进行逐点扫描,两台仪器覆盖地面的重叠部分为 3 km。每台 HRV 都带有一个可定向的反射镜,这是 HRV 的一大创新,因为这样可以使仪器进行倾斜摄影,其倾角为 ±27°。在卫星轨道两侧 475 km 的观测范围内,每台 HRV 可获取 60 km 宽的图像,两台 HRV 加起来,观测视场可达 950 km。

每台 HRV 都可以分别用两种方式工作,即:全色波段(0.51 ~ 0.73 μm),地面分辨率为 10 m;多光谱方式(0.50 ~ 0.59 μm、0.61 ~ 0.68 μm、0.78 ~ 0.89 μm),地面分辨率为 20 m。

在光谱段选择方面,主要考虑以下几方面:

(1)在光谱反射和植被特性之间,建立一致的关系。

(2)能很好地区分有植被的地区和不同的土壤类型。

(3)使 Landsat 的专题制图仪和 SPOT 取得的光谱信息一致。

(4)为了对地表水进行研究,必须提高仪器的灵敏度和分辨率,而且至少要保证有一个光谱段对水深有一定穿透性。

因此,SPOT 卫星各谱段的选择见表 4-7。

表 4-7　SPOT－1 ~ SPOT－3 上 HRV 的波段特征

波段序号	波长(μm)	波段	地面分辨率(m)	主要应用领域
XS1	0.50 ~ 0.59	绿色	20	能探测水的浑浊度和 10 ~ 20 m 的水深
XS2	0.61 ~ 0.68	红色	20	用来提供作物识别、裸露土壤和岩石表面的情况
XS3	0.78 ~ 0.89	近红外	20	能穿透大气层,用来识别植被、水体,对植被和生物的研究是相当有利的
PA	0.51 ~ 0.73	全色	10	高空间分辨率,提高对地物的分辨能力

HRV 图像具有以下特点:

(1)垂直图像每幅为近于正方形的菱形,各边对应地面长度为 60 km;倾斜图像横向宽度对应于地面舷向宽度 60 ~ 80 km。

(2)在正常情况下以垂直观测图像覆盖全球;在有某些特殊要求时,也可以调整瞄准轴而获得一些倾斜观测图像。

(3)相邻轨道垂直图像间的旁向重叠,在赤道上是 4.3 km 左右,越向两极走,这种重叠越大;在垂直观测时,两台 HRV 的图像之间重叠 3 km,固定不变。

(4)SPOT 处在不同轨道上时,可对同一地区从不同角度观测成像,得到立体像对,这有利于摄影测量、地学及水文等方面的研究。

(5)地面几何分辨率较高,多谱段为 20 m,全色为 10 m(均指在天底点附近)。

SPOT－4 的传感器为 HRVIR 和 VI。HRVIR 是 HRV 的改进型,具体体现在以下两个方面:

(1)在 HRVIR 中增加了 1 个波长 1.58 ~ 1.75 μm,地面分辨率为 20 m 的近红外波段

(SWIR),对水分和植被比较敏感,常用于土壤含水量监测、植被长势调查、地质调查中的岩石分类,对于城市地物特征也有较强的突出效应。

(2)原10 m分辨率的全色通道改为0.61~0.68 μm的红色通道。(SPOT-4上HRVIR的波段特征见表4-8)。

"植被"(Vegetation)成像装置(VI),是一个高辐射分辨率和1 km的空间分辨率,扫描宽度约为2 250 km的宽视场扫描仪,VI有4个波段,其中3个波段与HRVIR的XS2、XS3、XS4相同,主要用于监测全球耕地、森林和草地的状态;此外,它还有1个B0(0.43~0.47 μm)波段,主要用于海洋制图和大气校正。红和近红外波段的综合使用对植被和生物的研究相当有利,全色数据可与多光谱数据配合使用。

表4-8　SPOT-4上HRVIR的波段特征

波段序号	波长(μm)	波段	地面分辨率(m)	主要应用领域
XS1	0.50~0.59	绿色	20	能探测水的浑浊度和10~20 m的水深
XS2	0.61~0.68	红色	20	用来提供作物识别、裸露土壤和岩石表面的情况
XS3	0.78~0.89	近红外	20	能穿透大气层,用来识别植被、水体,对植被和生物的研究是相当有利的
XS4	1.58~1.75	短波红外	20	能进行农业和森林资源调查、地表积雪覆盖的监测及地质矿产资源勘探等
PA	0.61~0.68	全色	10	高空间分辨率,提高对地物的分辨能力

SPOT-5卫星用HRG传感器,替代SPOT-4的HRVIR传感器,HRG有以下新的特征:

(1)更高的地面分辨率:以5 m或3 m的分辨率替代全色波段10 m分辨率的数据,以10 m分辨率替代多光谱波段20 m的数据;而对短波红外波段,仍维持20 m的地面分辨率。

(2)采用12 000像元的CCD探测器,以维持60 km的地面数据宽度。

(3)保留传感器的侧视功能,以增强重复观测能力。

(4)增加沿轨道方向的立体成像功能。

(5)保留SPOT-4的波段组成,但应大多数用户的要求,将全色波段的波谱范围恢复到SPOT-1、SPOT-2、SPOT-3的设置上。

(6)采用新的技术,提高图像的几何精度。

SPOT-5采用了新的技术来实现以上特征,例如采用新的数据压缩方法,并利用150 Mbit/s的速率传输下行数据,选用新型材料以保持传感器性能的稳定,装备大容量存储器以满足数据存储的需要等。

根据法国SPOT IMAGE公司对SPOT数据产品的定义,及中国科学院遥感卫星地面站预处理系统的功能设计,中国科学院遥感卫星地面站的SPOT卫星数据产品可分为Level-0级、Level-1级和Level-2级产品。

(1)Level-0级产品:是SPOT数据未经任何辐射校正和几何校正处理的原始图像数

据产品，它包含了用以进行后续的辐射及几何校正处理的辅助数据，主要用于地面站与法国 SPOT IMAGE 公司之间的数据交换。

(2) Level－1 级产品：又分为 Level－1A 级和 Level－1B 级产品。

Level－1A 级产品：是 SPOT 数据经辐射校正处理后的产品，包含了用以进行后续的几何校正处理的辅助数据。Level－1A 产品是针对那些仅要求进行最小数据处理的用户而定义的，特别是进行辐射特征和立体解析研究的用户。

Level－1B 级产品：是 SPOT 数据经过了 Level－1A 级辐射校正和系统级几何校正的产品。在处理中，由于卫星轨道、姿态及地球自转等因素造成的数据几何畸变得到了纠正，数据经重采样得到的图像像元尺寸分别为 10 m（全色模式）和 20 m（多光谱模式）。

(3) Level－2 级产品：是在 Level－1 级产品的基础上，引入大地测量参数，将图像数据投影在选定的地图坐标下，进而生成有一定几何精度的图像产品。依照引入参数的类型，Level－2 级产品也可分为 Level－2A 级和 Level－2B 级产品。

Level－2A 级产品：将图像数据投影到给定的地图投影坐标系下，地面控制点参数不予引入。

Level－2B 级产品：引入地面控制点 GCP，生成高几何精度的图像产品。

三、中巴地球资源卫星

（一）概述

1986 年国务院批准航天工业部《关于加速发展航天技术报告》，确定了研制资源一号卫星的任务。1988 年中国和巴西两国政府联合议定书批准，在中国资源一号卫星原方案基础上，由中、巴两国共同投资，联合研制中巴地球资源卫星（代号 CBERS），并规定 CBERS 投入运行后，由两国共同使用。

中巴资源一号卫星（CBERS－01）经过方案、初样和正样等研制阶段，于 1998 年 8 月完成了全部研制工作。随后，进行了力学和空间环境的地面模拟试验，于 1999 年 10 月 14 日由 CZ－4B 运载火箭在太原卫星发射中心顺利发射升空，中巴资源一号卫星是一颗三轴稳定、太阳同步轨道卫星。卫星包括有效载荷和服务系统两部分，共由 15 个分系统组成。卫星总质量为 1 540 kg。星体为长方体，采用单翼太阳能电池阵，本体外形尺寸为 2 000 mm × 1 800 mm × 2 250 mm。飞行状态尺寸为 2 000 mm × 8 440 mm × 3 215 mm（见图 4-7）。2003 年 10 月 21 日由 CZ－4B 运载火箭在太原卫星发射中心将 CBERS－02 卫星发射升空，它接替 CBERS－01 卫星继续为中巴两国提供卫星遥感数据服务。CBERS－02 卫星目前在轨运行稳定。2007 年 9 月 19 日 11 时 26 分在太原卫星发射中心用“长征四号乙”运载火箭将 CBERS－02B 成功送入太空。

（二）轨道特征

卫星的轨道倾角是 98.5°，高度是 778 km，相邻地面轨道间隔时间为 3 天，属于太阳同步轨道，重复周期为 26 天，卫星设计寿命为 2 年。详细参数见表 4-9。

（三）传感器类型及成像特点

CBERS 搭载的传感器包括电荷耦合器件相机（CCD 相机）、广角成像仪（WFI）和红外多谱段扫描仪（IR－MSS）。

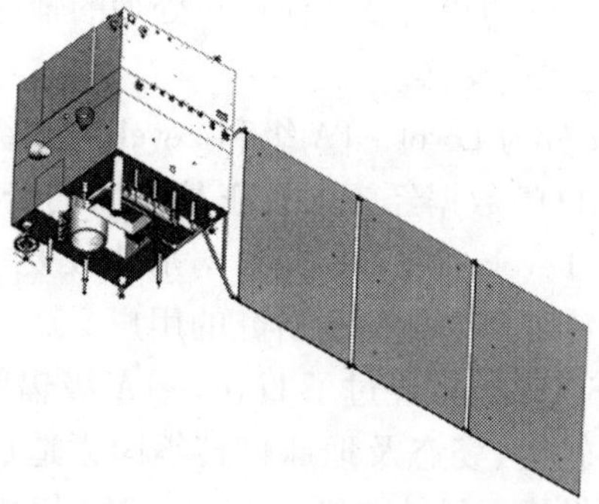

图 4-7　中巴资源卫星

表 4-9　中巴资源卫星轨道参数

卫星	CEERS－01
类型	标称圆形太阳同步
高度(km)	778
倾角(°)	98.5
降交点时间	10:30
周期(min)	100.26
重复周期(d)	26(相邻地面轨迹间隔时间 3)
姿态控制	三轴

1. CCD 相机

CCD 相机是 CBERS 卫星的主要传感器，分 5 个波段：B1:0.45～0.521 μm，B2:0.52～0.59 μm，B3:0.63～0.691 μm，B4:0.77～0.891 μm，B5:0.51～0.731 μm，地面覆盖宽度为 113 km，天底点空间分辨率为 19.5 m，侧视能力：±32°，具体指标见表 4-10。

该相机的主要特点是：

(1)波段 1、2、3、4 与美国陆地卫星 4 号、5 号的专题制图仪(TM)和 7 号的增强型专题制图仪(ETM＋)的波段 1、2、3、4 基本相同，但地面分辨率优于陆地卫星。

(2)波段 5 与法国的 SPOT 卫星全色波段相同，也具有侧视能力，可以获得立体图像数据；与美国的陆地卫星 7 号 ETM＋全色波段相近，但地面分辨率低于 SPOT 和 ETM＋。

(3)相机推扫幅宽 113 km，侧视范围可达 1 100 km。

2. 红外多光谱扫描仪(IR－MSS)

IR－MSS 分 4 个波段：B6:0.50～1.10 μm，B7:1.55～1.75 μm，B8:2.08～2.35 μm，B9:10.4～12.5 μm。地面覆盖宽度为 119.5 km，空间分辨率在波段 B6～B8 为 77.8 m，在波段 B9 为 156 m。红外多谱段扫描仪的主要技术指标见表 4-10。

该扫描仪的主要特点是：

(1)B7、B8、B9 和美国陆地卫星 TM、ETM＋的波段 5、6、7 相同。

(2)地面分辨率低于 TM、ETM＋有关波段。

3. 广角成像仪(WFI)

广角成像仪的波段为:0.63 ~0.69 μm,0.77 ~0.89 μm。覆盖地面宽度 885 km,分辨率为 256 m。广角成像仪(WFI)主要技术指标见表 4-10。

该传感器的特点为:

(1)地面覆盖宽。当卫星高度为 778 km 时,视场垂直对地时,提供地面覆盖宽度至少为 890 km。

(2)地面分辨率低。当卫星高度为 778 km 时,对两个谱段应提供星下点方向的地面分辨率为 256 m。

表 4-10　中巴资源卫星 01、02 星主要技术指标

探测器	波段(μm)	空间分辨率(m)	刈幅(km)	其他
CCD	B1: 0.45 ~0.521 B2:0.52 ~0.59 B3:0.63 ~0.691 B4:0.77 ~0.891 B5:0.51 ~0.731	19.5	113	具有侧视功能 −32° ~ +32°
IR − MSS	B6:0.51 ~1.10 B7:1.55 ~1.75 B8:2.08 ~2.35 B9:10.4 ~12.5	77.8 156	119.5	
WFI 广角成像仪	B10:0.63 ~0.69 B11:0.77 ~0.89	256	885	
下行频道 数据率(Mbit/s)	X 113.23			

(四)中巴地球资源卫星的数据产品

1. 中巴地球资源 1 号卫星的数据产品级别

(1)0 级产品(Level 0):原始图像数据,是只经过分幅的图像数据产品。

(2)一级产品(Level 1):原始图像数据,是只经过辐射校正的图像数据产品。

(3)二级产品(Level 2):经辐射校正和系统几何校正,并将校正后的图像映射到指定的地图投影坐标下的产品数据。

(4)三级产品(Level 3):经过辐射校正和几何校正,同时采用地面控制点改进产品的几何精度的产品数据。

(5)四级产品(Level 4):经过辐射校正、几何校正和几何精校正,同时采用数字高程模型(DEM)纠正了地势起伏造成的视差的产品数据。

(6)五级产品(Level 5):深加工的遥感专题制图和影像图。

2. 中巴资源卫星数据特点

中巴资源一号卫星是我国第一代传输型地球资源卫星,卫星上三种遥感相机可昼夜观察地球，利用高速率数传系统将获取的数据传输回地面接收站，经加工、处理成各种所需的图片，供各类用户使用。

由于卫星设置多光谱观察、对地观察范围大、数据信息收集快，并宏观、直观，因此特别有利于动态和快速观察地面信息。

(1)中巴资源卫星图像的分辨率达到了设计的 19.5 m 的指标，在地物细节的空间特征表达及其可分析性方面均优于美国陆地卫星 TM 相应波段的数据。

(2)经处理纠正的图像信息产品，具有较好的清晰度和较高的几何精度，可满足 1∶10 万比例尺的制图要求。

(3)经与现有数据库的综合分析，可为我国重要的国家和地方资源环境数据库的更新提供信息基础，其制图最大比例尺可达到 1∶5万。

(4)该卫星数据已经完全可以在农业、林业、土地、城市、环境、灾害、地质、海洋、测绘等领域广泛应用，发挥我国自主的空间应用效应。

(5)图像尚存在一定程度的条纹，数据错位，信噪比和动态范围不够等缺陷，因此在综合图像处理上与美国陆地卫星 TM 数据相比仍有一定的差距，有待于今后改进和提高。

该卫星在我国国民经济中的主要用途是：其图像产品可用来监测国土资源的变化，每年更新全国利用图；测量耕地面积，估计森林蓄积量，农作物长势、产量和草场载蓄量及每年变化；监测自然灾害和人为灾害；快速查清洪涝、地震、林火和风沙等破坏情况，估计损失，提出对策；对沿海经济开发、滩涂利用、水产养殖、环境污染提供动态情报；同时勘探地下资源，圈定黄金、石油、煤炭和建材等资源区，监督资源的合理开发。它将在我国国民经济中发挥强有力的作用。

由于提供了从 20～256 m 分辨率的 11 个波段、不同幅宽的遥感数据，其成为资源卫星系列中有特色的一员。

第三节　小卫星

一、小卫星简介

小卫星指目前设计质量小于 1 000 kg 的小型近地轨道卫星，其空间分辨率为 0.5～3 m(全色)和 4～15 m(多波段)，小型战术成像卫星的地面分辨率已达到 0.5 m 以内，覆盖几百千米的宽度。为满足制图的需要，小卫星均采用在轨 GPS 定位系统，水平精度为 12 m，高程精度为 8 m，若提供地面控制点，水平精度可达 2 m，高程精度可达 3 m，能满足 1∶2.4 万甚至 1∶1万比例尺的制图精度要求。小卫星可在 30°～45°，任意方向多角度成像，可获得较大的基高比，能进行立体测图。

小卫星的主要特点如下：

(1)质量轻，体积小。由于采用了轻型材料和新器件，尤其是应用了超大规模的集成电路，采用有效载荷与卫星平台一体化的设计技术等，卫星的结构产生了根本变化，大多数小卫星的体积不超过 1 m^3，质量最轻的仅几十千克，最重的在 500 kg 以下，非常便于储运和发射。

(2)研制周期短,成本低。由于采用成熟的先进技术和廉价的运载工具(如搭载或一箭多星等),小卫星的研制周期大大缩短(仅2年左右),成本下降。通常小卫星每千克成本只有大卫星的1/2 ~ 1/100,这样偶然失败的风险压力相对于大卫星要小得多。

(3)发射灵活,启用速度快,抗毁性强。现代小卫星可采用多种形式的运载和发射工具,从准备到发射乃至启用仅需短短的几天时间,而且组成星座的小卫星可以以备份的形式代替被损坏的某颗小卫星,抗毁性大大增强。

(4)技术性能高。这主要体现在小卫星各分系统本身和有效载荷两方面。

二、几种主要的对地观测商用小卫星

(一)IKONOS 卫星

IKONOS 卫星于1999 年9 月24 日在美国加利福尼亚范登堡空军基地发射成功,是世界上第一颗提供高分辨率卫星影像的商业遥感卫星。IKONOS 卫星的成功发射不仅实现了提供高清晰度(分辨率达1 m)的卫星影像,而且开拓了一个新的、更快捷、更经济获得最新基础地理信息的途径,更是创立了崭新的商业化卫星影像的标准。

1. 轨道特征

IKONOS 卫星轨道高度 681 km,轨道倾角 98.2°,是太阳同步轨道。卫星每天绕地球飞行 14 圈,98 min 绕地球一圈,轨道运行速度为6.5 ~11.2 km/s,重复周期为3 d。

2. 影像特征

IKONOS 卫星所接收的数字图像可以分为三类:

(1)全色(Panchromatic)影像即黑白图像。全色波段范围0.45 ~0.90 μm。其空间分辨率为1 m(观测角26°以内),因此凡地面上大于1 m 的物体,在卫星影像中都可以清楚地被判读。

(2)多光谱(Multispectral)影像即彩色影像。其地面分辨率为4 m,包括了蓝色可见光(波段1,0.45 ~0.52 μm)、绿色可见光(波段2,0.52 ~0.60 μm)、红色可见光(波段3,0.63 ~0.69 μm)和近红外(波段4,0.76 ~0.90 μm)4 个波段。

(3)1 m 彩色影像。即将1 m 全色影像与4 m 多光谱影像合成后,制作成分辨率1 m的彩色合成影像。

IKONOS 卫星的全景图像为11 km×11 km,实际图像的大小可以根据用户的要求拼接和调整。时至今日 IKONOS 已采集超过2.5 亿 km^2 涉及每个大洲的影像,许多影像被广泛用于国家防御、军队制图、海空运输等领域,如地图绘制、道路规划、无线通信、土地利用、自然资源管理、森林监测、土地估价等领域。

(二)QuickBird 卫星

QuickBird 卫星指的是美国的快鸟遥感卫星,它于2001 年10 月由美国 Digital Globe公司应用波音公司的 DELTA Ⅱ运载火箭在范登堡空军基地发射升空,是目前世界上最先提供亚米级分辨率的商业卫星,具有引领行业的地理定位精度,海量星上存储,单景影像比同时期其他的商业高分辨率卫星高2 ~10 倍,而且 QuickBird 卫星系统每年能采集7 500万 km^2 的卫星影像数据,存档数据以很高的速度递增。在中国境内每天至少有2 ~3 个过境轨道,采集约500 万 km^2 的卫星影像数据。

1. 轨道特征

QuickBird 质量约 1 029 kg，采用太阳同步轨道，轨道高度为 450 km，轨道倾角 98°。绕地球一周需 93.4 min，轨道重复周期为 1 ~6 d(0.70 m 分辨率，因不同纬度各异)，对地观测幅宽 16.5 km。

2. 影像特征

QuickBird 的图像包括两种：

(1)全色波段：波长为 0.45 ~0.9 μm，产品分辨率为 0.61 ~0.72 m，星下点地面分辨率为 0.61 m。

(2)多光谱图像：有蓝(0.45 ~0.52 μm)、绿(0.52 ~0.60 μm)、红(0.63 ~0.69 μm)、近红外(0.76 ~ 0.90 μm) 4 个波段，地面分辨率为 2.44 m。

QuickBird 单景图像为 16.5 km×16.5 km，条带图像为 16.5 km×165 km，被广泛地应用在地形图的绘制、军事侦察、农作物长势监测、森林监测、海岸带测绘与自然灾害灾情评估等领域。

(三) WorldView－2 介绍

WorldView－2 卫星是 2009 年 10 月 8 日继 WorldView－1 卫星后，由 DELTA Ⅱ运载火箭携带在美国加利福尼亚州范登堡空军基地发射升空，WorldView－2 卫星性能均优于 WorldView－1 卫星，设计使用寿命 7.25 年，是世界首颗能够提供 8 个波段多光谱数据的高分辨率的商业卫星，其多光谱波段地面分辨率为 1.8 m，全色波段达到 0.41 m。由于是全球第一批使用了控制力矩陀螺的商业卫星，运转更加灵活，可以更精确地瞄准和扫描目标。同时 WorldView－2 卫星凭借其独有的大容量系统，便于实现卫星更高容量、更快回访。

1. 轨道特征

轨道高度为 770 km，倾角为 98°，是太阳同步轨道，绕地球一周需 93.4 min，轨道重复周期为 1.1 d，0.5 m 分辨率(取决于纬度范围)，对地观测幅宽 16.4 km。

2. 影像特征

WorldView－2 的图像包括两种。

1) 全色波段

波长为 0.450 ~1.040 μm，产品分辨率 0.5 m(星下点)。

2) 多光谱图像

WorldView－2 卫星能提供独有的 8 波段高清晰商业卫星影像。除了四个常见的波段外(蓝色波段：0.45 ~0.52 μm；绿色波段：0.52 ~0.60 μm；红色波段：0.63 ~0.69 μm；近红外波段：0.76 ~0.90 μm)，WorldView－2 卫星还能提供以下新的彩色波段的分析：

(1)海岸波段(0.400 ~0.450 μm)。这个波段支持植物鉴定和分析，也支持基于叶绿素和渗水的规格参数表的深海探测研究。由于该波段经常受到大气散射的影响，已经应用于大气层纠正技术。

(2)黄色波段(0.585 ~0.625 μm)。过去经常被说成是 yellow-ness 特征指标，是重要的植物应用波段。该波段将被作为辅助纠正真色度的波段，以符合人类视觉的欣赏习惯。

(3)红色边缘波段(0.705 5~0.745 μm)。辅助分析有关植物生长情况,可以直接反映出植物健康状况有关信息。

(4)近红外2 波段(0.860~1.040 μm)。这个波段部分重叠在 NIR 1 波段上,但较少受到大气层的影响。该波段支持植物分析和单位面积内生物数量的研究。

(四)北京一号小卫星

北京一号小卫星于2005 年10 月27 日在俄罗斯普列谢斯克(Plesetsk)卫星发射场成功发射,并在11 月9 日成功获取了第一幅境内多光谱遥感影像。星上装有32 m 中分辨率多光谱遥感器和4 m 全色遥感器,多光谱遥感器由两组线性 CCD 推扫式成像仪构成,而全色遥感器则是由一个线性 CCD 推扫式成像仪担任。北京一号小卫星地面系统已经建立了功能齐全、运行稳定的数据接收和任务控制系统,遥感数据地面预处理系统,增值应用处理系统和用户服务与数据分发系统,能够长期、及时地向国内外遥感用户提供辐射校正产品、系统几何校正产品、几何精校正产品、正射校正产品、多光谱和全色影像融合产品、镶嵌产品和三维立体可视化产品。

北京一号小卫星的技术指标如下。

1. 轨道特征

卫星质量166 kg,在轨寿命5 年,轨道高度为686 km,倾角为98.172 5°,是三轴稳定太阳同步轨道。

2. 影像特征

北京一号小卫星的图像包括全色图像和多光谱图像两种。

(1)全色图像:星下点地面分辨率为4 m,影像幅宽24.2 km,波段范围0.500~0.800 μm。

(2)多光谱图像:星下点地面分辨率为32 m,影像幅宽600 km,波段范围有绿波段(0.523~0.605 μm)、红波段(0.630~0.690 μm)和近红外波段(0.774 ~0.900 μm)。

卫星在运行初期,已经在土地利用现状调查及地形图更新、农作物种植面积遥感监测和估产、森林类型识别与评价、水资源遥感应用、洪涝灾害监测与评估、城市规划、长城考古、地质找矿监测等应用领域取得成功的应用示范成果。

(五)环境与灾害监测预报小卫星

2008 年9 月6 日11 时25 分,环境与灾害监测预报小卫星星座 *A*、*B* 两颗卫星在太原卫星发射中心用“长征二号丙”运载火箭发射升空。它是我国第一个多星多载和民用对地观测系统,由可见光、红外与微波遥感等观测手段的光学卫星和合成孔径雷达卫星(“2+1”星座)组成,具有中高空间分辨率(5~300 m)、高时间分辨率(48~96 h)、高光谱分辨率(100 多谱段)、宽观测幅宽(大于700 km)的特点,可有效地应用于我国灾害监测与预报。

该系统具有大范围、全天候、全天时、动态的环境与灾害监测能力。此次发射的 *A*、*B* 星为两颗中分辨率光学小卫星,是星座系统建设的第一部分。考虑到我国现有的技术基础、未来的技术发展和财政支撑能力,星座建设拟采用分步实施战略:第一步,在2008 年陆续发射两颗光学小卫星和一颗合成孔径雷达小卫星(即“2+1”方案),初步形成对我国灾害和环境进行监测的能力;第二步,在未来5 年内实现由4 颗光学小卫星和4 颗合成孔径雷达小卫星组成的“4 + 4”星座方案,形成利用空间技术支持灾害和环境监测与预报的业务运行能力。星座完全建成后,将与航空观测、地面调查等手段以及其他遥感数据资源相结合,建立起稳定高效的环境与灾害监测预警业务系统和服务网络,在更高水平上促进国家环境保护和防灾减灾体系的进一步健全和完善。

第四节　高光谱遥感

一、概述

遥感是建立在电磁辐射理论基础上,综合了电磁波理论、光谱学与色度学、物理/几何光学、固体理论、电子工程、信息学、地理学、地球科学、地质学、林学、农学、大气科学、海洋学等多门基础知识的一门新兴的应用学科,在国民经济的各个领域有着广泛的应用和深远的意义。在遥感技术的发展上经历了全色(黑白)、彩色摄影、光谱扫描成像阶段之后,20 世纪 80 年代初期成像光谱概念的出现,使光学遥感进入了一个崭新的阶段——高光谱遥感(Hyperspectral Remote Sensing)。高光谱遥感指具有高光谱分辨率的遥感科学和技术,它的基础是测谱学(Spectroscopy)。测谱学早在 20 世纪初就被用于识别分子和原子及其结构,20 世纪 80 年代才产生成像光谱仪。成像光谱技术能在电磁波谱的紫外、可见光、近红外和中红外区域,获取许多非常窄且光谱连续的图像数据。成像光谱仪为每个像元提供数十至数百个窄波段(通常波段宽度 < 10 nm)的光谱信息,能产生一条完整而连续的光谱曲线。图 4-8(童庆禧等主编《高光谱遥感的多学科应用》)展示了高光谱遥感技术的基本概念。成像光谱仪将视域中观测到的各种地物以完整的光谱曲线记录下来。这种记录的光谱数据能用于多学科的研究和应用。在可见光到短波红外波段其光谱分辨率高达纳米数量级。在遥感的发展历史上,高光谱遥感的出现可以说是一个概念上和技术上的创新。

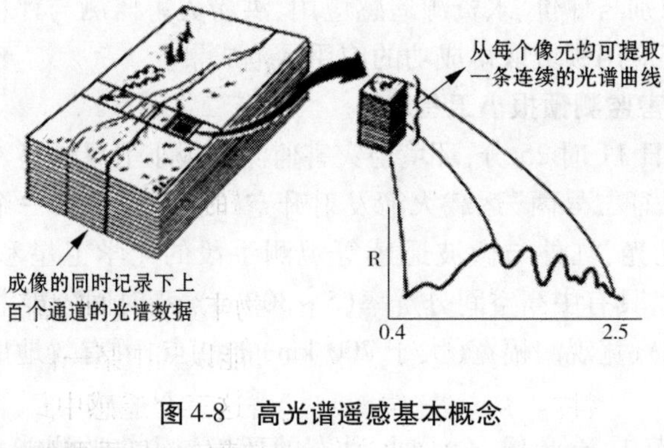

图 4-8　高光谱遥感基本概念

二、高光谱遥感成像特点

与传统的多光谱扫描仪相比,成像光谱仪(Imaging Spectrometer)能够得到上百个通道、连续波段的图像,每个图像像元可以提取一条光谱曲线。成像光谱仪的出现解决了传统科学领域“成像无光谱”和“光谱不成像”的历史问题。高光谱遥感有以下突出特点。

(一)高光谱分辨率

常规的多光谱遥感器(如 Landsat 的 TM 和 SPOT 的 HRV)只有几个波段,其光谱分辨率一般大于 100 nm。高光谱遥感器——成像光谱仪能获得整个可见光、近红外、短波红外、热红外波段的多而窄的连续光谱,波段数多至几十甚至数百个,光谱分辨率可以达到纳米级以内,一般为 10~20 nm,个别达 2.5 nm(如加拿大的 FLI/PMI、CASI),德国的 ROSIS 和中国的 PHI 光谱分辨率都不大于 5 nm。

由于光谱分辨率高,数十、数百个光谱图像就可以获得影像中每个像元的精细光谱。地物波谱研究表明,地表物质在 0.4~2.5 μm 光谱区间内均有可以作为识别标志的光谱吸收带,其带宽为 20~40 nm,成像光谱仪的高分辨率可以捕捉到这一信息。图 4-9 是水铝矿在不同光谱分辨率情况下的光谱反射曲线,从图中可以看出,利用宽波段遥感器(如 TM)就不可能探测到水铝矿的吸收、发射诊断性光谱特征,只有在较高的光谱分辨率情况下,水铝矿的诊断性光谱特征才能被探测到。

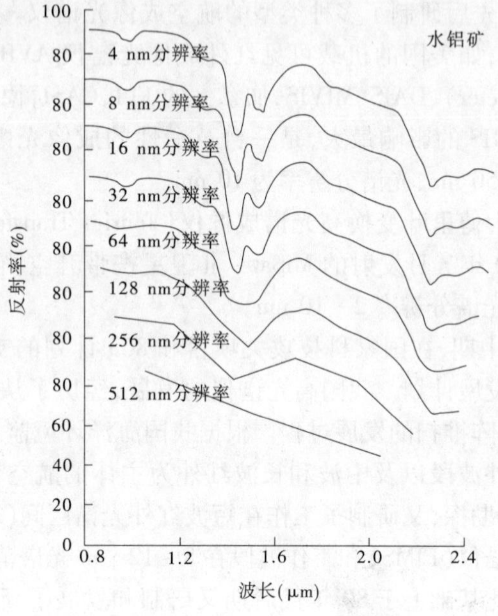

图 4-9 光谱分辨率对水铝矿反射光谱的影响(Cloutis,1996)

(二)图谱合一

高光谱遥感获取的地球表面的图像包含了地物丰富的空间、辐射和光谱三重信息,这些信息表现了地物空间展布的影像特征,同时也可能以其中某一像元或像元组为目标,获得它们的辐射强度及光谱特征。影像、辐射与光谱这三个遥感中最重要的特征的合一就成为了高光谱成像,且成像光谱是成像光谱辐射遥感信息最重要的特点。

(三)光谱通道多,在成像范围内连续成像

传统的全色和多光谱遥感器在光谱通道数上非常有限,在可见光和反射红外区,其光谱分辨率通常在 100 nm 数量级。而成像光谱仪的光谱通道多,一般是几十个或者几百个,有的甚至高达上千个,而且这些光谱通道一般在成像范围内都是连续成像的,因此成像光谱仪能够获得地物在一定范围内连续的、精细的光谱曲线。

三、高光谱遥感的发展

20 多年来,高光谱遥感已发展成一个颇具特色的前沿技术,并孕育形成了一门成像光谱学的新兴学科门类。它的出现和发展将人们通过遥感技术观测和认识事物的能力带入了又一次飞跃,续写和完善了光学遥感从全色经多光谱到高光谱的全部影像信息链。由于高光谱遥感影像提供了更为丰富的地球表面信息,因此受到国内外学者的很大关注,并有了快速发展。高光谱遥感的发展主要表现为成像光谱仪的发展,成像光谱仪主要经历了三个时期的发展。

1983 年,世界第一台成像光谱仪 AIS - 1(Airborne Imaging Spectrometer - 1)在美国研制成功,AIS 具有 64 个通道,光谱覆盖范围为 990 ~ 2 400 nm,光谱分辨率为 9. 3 nm。它被应用在矿物填图、植被生化特征等方面并取得了成功,初显了高光谱遥感的魅力,这是第一代成像光谱仪。

在 AIS 后,许多国家先后研制了多种类型的航空成像光谱仪。主要特点均为航空可见光、近红外成像光谱仪,如美国的机载可见红外成像光谱仪 AVIRIS (Airborne Visible/Infrared Imaging Spectrometer)、DAIS、MIVIS,加拿大的 FLI、CASI,德国的反射式成像光谱仪 ROSIS 等。其中 AVIRIS 的影响最大,是一台革命性的成像光谱仪,它具有 224 个通道,光谱范围为 410 ~ 2 450 nm,光谱分辨率为 10 nm。

第三代成像光谱仪为傅里叶变换高光谱成像仪(Fourier Transform Hyperspectral Imager, FTHSI),由美国 2000 年 7 月发射的 MiSat - Ⅱ卫星携带升空,它具有 256 个波段,光谱范围 400 ~ 1 050 nm,光谱分辨率 2 ~ 10 nm。

20 世纪 80 年代初、中期,在国家科技攻关项目和 863 计划的支持下,我国亦开展了高光谱成像技术的独立发展计划。我国高光谱仪的发展,经历了从多波段到成像光谱扫描,从光学机械扫描到面阵推扫的发展过程。根据我国海洋环境监测和森林探火的需求,研制发展了以红外和紫外波段以及中波和长波红外为主体的航空专用扫描仪。80 年代中期,面向地质矿产资源勘探,又研制了工作在短波红外光谱区间(2. 0 ~ 2. 5 μm)的 6 ~ 8 个波段细分红外光谱扫描仪(FIMS)和工作波段在 8 ~ 12 μm 光谱范围的航空热红外多光谱扫描仪(ATIMS)。在此基础上于 80 年代后期又研制和发展了新型模块化航空成像光谱仪(MAIS)。这一成像光谱系统在可见—近红外—短波红外具有 64 个波段,并可与 6 ~ 8个波段的热红外多光谱扫描仪集成使用,从而使其总波段达到 70 ~ 72 个。这一系列高光谱仪器的研制成功,为中国遥感科学家提供了新的技术手段。通过在我国西部干旱环境下的地质找矿试验,证明这一技术对各种矿物的识别及矿化蚀变带的制图十分有利,成为地质研究和填图的有效工具。

此后,中国又自行研制了更为先进的推扫式成像光谱仪(PHI)和实用型模块化成像光谱仪(OMIS)等,并在国内外得到多次应用,成为世界航空成像光谱仪大家庭中的一员。PHI 成像光谱仪在可见到近红外光谱区具有 244 个波段,其光谱分辨率优于 5 nm;OMIS 则具有更宽泛的光谱范围,如 OMIS - 1 具有 128 个波段,其中可见—近红外光谱区(0. 46 ~ 1. 1 μm)32 个波段,短波红外区(1. 06 ~ 1. 70 μm 及 2. 0 ~ 2. 5 μm)48 个波段,中波红外区

(3.0 ~ 5.0 μm) 8 个波段，热红外区(8.0 ~ 12.5 μm) 6 ~ 8 个波段。新的成像光谱系统不仅继续在地质和固体地球领域研究中发挥作用，而且在生物地球化学效应研究、农作物和植被的精细分类、城市地物甚至建筑材料的分类和识别方面都有很好的结果。

在航空高光谱技术取得成功的基础上，2002 年 3 月在我国载人航天计划中发射的第三艘试验飞船“神舟三号”中，搭载了一台我国自行研制的中分辨率成像光谱仪。这是继美国 EOS 计划 MODIS 之后，几乎与欧洲环境卫星（ENVISAT）上的 MERIS 同时进入地球轨道的同类仪器。它在可见光到热红外波长范围（0.4 ~ 12.5 μm）内具有 34 个波段。2007 年 10 月 24 日我国发射的“嫦娥 - 1”探月卫星上，成像光谱仪也作为一种主要载荷进入月球轨道。这是我国的第一台基于傅里叶变换的航天干涉成像光谱仪，它具有光谱分辨率高的特点。在我国 2008 年发射的环境与减灾小卫星（HJ - 1）星座中，也搭载了一台工作在可见—近红外光谱区（0.45 ~ 0.95 μm）内具有 128 个波段、光谱分辨率优于 5 nm 的高光谱成像仪。它对广大陆地及海洋环境和灾害进行不间断的业务性观测。我国“风云 - 3”气象卫星也将中分辨率光谱成像仪作为基本观测仪器，纳入大气、海洋、陆地观测体系，为对地球的全面观测和监测提供服务。高光谱遥感系统在我国的普遍应用，标志着我国的高光谱遥感已逐步走向成熟。

第五章　遥感图像校正与增强

由于遥感图像成像过程的复杂性,传感器接收到的电磁波能量与目标本身辐射的能量是不一致的。传感器输出的能量包含了由于太阳位置和角度条件、大气条件、地球自转、地形影响和传感器本身的性能等所引起的各种失真,这些失真不是地面目标本身的辐射,因此对图像的使用和理解造成影响,必须加以校正和消除。

图像增强是数字图像处理的基本内容。遥感图像增强是为特定目的,突出遥感图像中的某些信息,削弱或除去某些不需要的信息,使图像更易判读。图像处理的实质是增强感兴趣的目标和周围背景图像间的反差。它不能增加原始图像的信息,有时反而损失一些信息。它是计算机自动分类的一种预处理方法。

第一节　数字图像基础知识

图像是对客观对象的一种相似性的、生动性的描述和写真,或者说图像是客观对象的一种表示,它包含了被描述对象的有关信息,它是人们的最主要的信息源。

地物的光谱特性一般以图像的形式记录下来。地面反射或发射的电磁波信息经过地球大气到达遥感传感器,传感器根据地物反射强度的不同,以不同的亮度表示在遥感像片上。遥感传感器记录地物电磁波的形式有两种:一种是以胶片或其他光学成像载体的形式;另一种是以数字形式记录下来,也就是所谓的光学图像(模拟图像)和数字图像的方式记录地物的遥感信息。

与光学图像处理相比,数字图像的处理简捷、快速,并且可以完成一些光学处理方法所无法完成的各种特殊处理。随着数字图像处理设备的成本越来越低,数字图像处理变得越来越普遍。

一、数字图像和图像数字化

(一)连续图像的描述

一个光学图像,如像片或透明正片、负片等,可以看成是一个二维连续的光密度(或透过率)函数。像片上的密度随空间的变化而变化,是一条连续的曲线。我们用函数 $f(x,y)$ 来表示,这个函数的特点是:它是连续变化的,其值是非负的和有界的,用下式表示:

$$0 \leqslant f(x,y) < \infty \tag{5-1}$$

一般在光学密度仪上,量测光学图像某一点的密度值 D 为 0~3 或 0~4 中的某一值,或用透过率 F 表示为 1~1/1 000 或 1~1/10 000,它们的关系为:

$$D = \lg(1/F) \tag{5-2}$$

式中　D——密度;

F——透过率。

以上描述的是单一图像，如果对同一地区不同时间获取的图像，则可用下标来区分其时间特性：

$$0 \leqslant f_t(x,y) < \infty \tag{5-3}$$

同样，对于多光谱图像则可用下标 λ 来区分其光谱特性，写成 $f_\lambda(x,y)$。

综合来看，一幅图像可以被看做是空间上的各点光强度的集合。它随图像的空间坐标 (x,y,z)、光线的波长 λ 和时间 t 的变化而变化。其数学表达式又可表达为：

$$g = f(x,y,z,\lambda,t) \tag{5-4}$$

对于二维平面图像而言，其表示为：

$$g = f(x,y,\lambda,t) \tag{5-5}$$

若只考虑光的能量而不考虑其波长，图像视觉上则表现为灰色影像，称之为灰度图像或单色图像，其图像函数为：

$$g = f(x,y,t) = \int_0^\infty f(x,y,\lambda,t)V_s(\lambda)\mathrm{d}\lambda \tag{5-6}$$

式中　$V_s(\lambda)$——相对视敏函数。

若考虑不同波长光的彩色效应，则图像在视觉上表现为彩色图像，其图像函数为：

$$g = \{f_r(x,y,t),f_g(x,y,t),f_b(x,y,t)\} \tag{5-7}$$

式中：

$$\begin{aligned} f_r(x,y,t) &= \int_0^\infty f(x,y,\lambda,t)R_s(\lambda)\mathrm{d}\lambda \\ f_g(x,y,t) &= \int_0^\infty f(x,y,\lambda,t)G_s(\lambda)\mathrm{d}\lambda \\ f_b(x,y,t) &= \int_0^\infty f(x,y,\lambda,t)B_s(\lambda)\mathrm{d}\lambda \end{aligned} \tag{5-8}$$

$R_s(\lambda)$、$G_s(\lambda)$、$B_s(\lambda)$ 依次为红、绿、蓝三原色视敏函数。

图像的内容随时间变化的图像称为运动图像，而图像内容不随时间变化的图像，则称为静止图像。静止图像是本书重点研究的对象，用 $f(x,y)$ 表示。在每天的视觉活动中，人眼看到的图像一般都是由物体反射的光组成的。$f(x,y)$ 可被看成由两个分量组成：一个分量是所见场景的入射光量；另一分量是场景中物体反射光量的能力，即反射率。这两分量被称为照射分量和反射分量，分别表示为 $i(x,y)$ 和 $r(x,y)$，则两者形成 $f(x,y)$，即：

$$f(x,y) = i(x,y)r(x,y) \tag{5-9}$$

式中，$0 < i(x,y) < \infty$，并且 $0 < r(x,y) < 1$。

式(5-9)表示反射分量在极限0(全吸收)和1(全反射)之间。$i(x,y)$ 的性质由光源确定，而 $r(x,y)$ 则由场景中物体的特性而定。

(二)数字图像的表达

数字图像是一个二维离散的光学密度(或亮度)函数。相对于光学图像，它的空间坐标 (x,y) 和密度都已离散化，空间坐标 x,y 仅取离散值：

$$\begin{aligned} x &= x_0 + m\Delta x \\ y &= y_0 + m\Delta y \end{aligned} \tag{5-10}$$

式中,$m=0,1,2,\cdots,m-1$;Δx、Δy 为离散化的坐标间隔。同时 $f(x,y)$ 也仅取离散值,一般取值区间为 0,1,2,…,127 或 0,1,2,…,255 等。

数字图像可用一个二维矩阵表示,即

$$f(x,y)=\begin{bmatrix} f(0,0) & f(0,1) & \cdots & f(0,n-1) \\ f(1,0) & f(1,1) & \cdots & f(1,n-1) \\ \vdots & \vdots & & \vdots \\ f(m-1,0) & f(m-1,1) & \cdots & f(m-1,n-1) \end{bmatrix} \tag{5-11}$$

矩阵中每个元素称为像元。图 5-1 直观地表示了一幅数字图像,实际上是由每个像元的密度值排列而成的一个数字矩阵。

	0	1	2	3	4	5	6		…			$n-1$
0	16	14	10	8	2	3	1	…	30	22	24	18
1	16	16	6	12	8	6	4	…	32	40	45	45
2	16	16	14	11	11	15	17	…	24	24	32	34
3	16	16	16	16	14	14	8	…	16	22	24	28
4	15	9	4	16	15	17	17	…	14	12	10	12
5	13	7	12	15	16	19	18	…	16	14	12	14
6	12	10	11	14	13	8	7	…	16	10	8	14
	⋮	⋮	⋮	⋮	⋮	⋮	⋮		⋮	⋮	⋮	⋮
⋮	36	30	28	28	30	30	30	…	16	16	26	24
	36	36	32	24	22	22	22	…	28	24	24	20
$m-2$	34	32	20	20	26	28	26	…	26	22	24	20
$m-1$	36	34	18	20	25	28	26	…	28	26	24	22

↓ x

图 5-1　数字图像

(三)图像数字化

光学图像变换成数字图像就是把一个连续的光密度函数变成一个离散的光密度函数。图像函数 $f(x,y)$ 不仅在空间坐标上离散化,并且在幅度(光密度)上都要离散化,其离散后的值用数字表示,整个过程称为图像数字化。图像空间坐标 x,y 的数字化称为图像采样,幅度(光密度)数字化则称为灰度级量化。

具体地说,就是在成像过程中把一幅图画分割成一个个小区域(像元或像素),并将各小区域灰度用整数来表示,这样便形成一幅数字图像。小区域的位置和灰度称为像素的属性。

1. 采样

将空间上连续的图像变换成离散点的操作称为采样。采样间隔和采样孔径的大小是两个很重要的参数。当进行实际的抽样时,怎样选择各抽样点的间隔是个非常重要的问题。图像要包含何种程度的细微的浓淡变化，取决于希望真实反映图像的程度。严格地说，这是一个需要根据抽样定理加以讨论的问题。

如果把包含于一维信号 $g(s)$ 中的频率限制在 ν 以下，根据下式，用间距 $T=\frac{1}{2\nu}$ 进行采样的抽样值 $g(iT)$，能够完全把 $g(t)$ 恢复。

$$g(t) = \sum_{t=-\infty}^{\infty} g(iT)s(t-iT) \tag{5-12}$$

$$s(t) = \frac{\sin(2\pi\nu t)}{2\pi\nu t} \tag{5-13}$$

在抽样时行数为 M，列数为 N，则图像总像素为 $M \times N$，采样孔径的形状和大小与采样方式有关。采样孔径通常有圆形、正方形、矩形和椭圆形四种。采样方式是指采样间隔确定后，相邻像素间的位置关系。通常有有缝、无缝和重叠采样三种情况。

2. 量化

经采样后的图像被分割成空间上离散的像素，但其灰度是连续的，还不能用计算机进行处理。将像素灰度转换成离散的整数值的过程叫量化。当像元的灰度处于两个相邻的划分值之间时，用所对应的最靠近的一个灰度级值代替。输出的量化值按灰度级数表示，一般用二进制位数(bit)来编码。若用 8 bit 二进制数编码，灰度取值范围是 0～255 的整数，即 256 个等级(2^8)，也可以用 7 bit 甚至 16 bit 编码。

例如：航空负片的灰度范围为 0.3～1.8，将其量化成 256 个等级，可用下式来完成，量化后的灰度值为：

$$g_i = \mathrm{Int}\left\{\frac{255}{1.8-0.3}(D_i - 0.3)\right\} \tag{5-14}$$

反转片灰度值为：$l_i = 255 - g_i$。

3. 转换

数字图像转换为光学图像一般有两种方式：一种是通过显示终端设备显示出来，这些设备包括显示器、电子束或激光成像记录仪等；另一种是通过照相或打印的方式输出。

（四）图像的频谱表示

前面讨论的光学图像或数字图像是一种空间域的表示形式，它是空间坐标 x,y 的函数。图像还可以以另一种坐标空间来表示，即用频率域的形式来表示。这时图像是频率坐标 ν_x,ν_y 的函数，用 F 表示，通过将图像从空间域变入频率域是采用傅里叶变换，反之，则采用傅里叶逆变换。

傅里叶变换：

$$\begin{aligned} F(\nu_x,\nu_y) &= \mathscr{F}\{f(x,y)\} \\ &= \frac{1}{MN}\sum_{x=0}^{M-1}\sum_{y=0}^{N-1} f(x,y)\exp[-j2\pi(\nu_x x/M + \nu_y y/N)] \end{aligned} \tag{5-15}$$

傅里叶逆变换：

$$\begin{aligned} f(x,y) &= \mathscr{F}^{-1}\{F(\nu_x,\nu_y)\} \\ &= \frac{1}{MN}\sum_{x=0}^{M-1}\sum_{y=0}^{N-1} F(\nu_x,\nu_y)\exp[j2\pi(\nu_x x/M + \nu_y y/N)] \end{aligned} \tag{5-16}$$

二、图像处理系统与处理内容

（一）图像处理的概念

对图像进行一系列的操作，以达到预期目的技术称为图像处理。图像处理可分为模拟图像处理和数字图像处理。

利用光学、照相的方式对模拟图像的处理称为模拟图像处理。光学图像的处理方法已有很长的历史，在激光全息技术出现后，它得到了进一步的发展。尽管光学图像处理理论日臻完善，且处理速度快，信息容量大，分辨力高，又非常经济，但处理精度不高，稳定性差，设备笨重，操作不方便和工艺水平不高等原因限制了它的发展速度。从 20 世纪 60 年代起，随着电子计算机技术的进步，数字图像处理获得了飞跃的发展。

所谓数字图像处理，就是利用计算机对数字图像进行系列操作，从而获得某种预期结果的技术。数字图像处理离不开计算机，因此又称为计算机图像处理。

（二）数字图像处理的内容

数字图像处理所包含的内容是相当丰富的，根据抽象程度不同，数字图像处理可分为三个层次：狭义图像处理、图像分析和图像理解。

狭义图像处理是对输入图像进行某种变换得到输出图像，是一种图像到图像的过程。狭义图像处理主要指对图像进行各种操作以改善图像的视觉效果，或对图像进行压缩编码以减少所需存储空间或传输时间、传输通路的要求。

图像分析主要是对图像中感兴趣的目标进行检测和测量，从而建立对图像的描述。图像分析是一个从图像到数值或符号的过程。

图像理解则是在图像分析的基础上，基于人工智能和认知理论，研究图像中各目标的性质和它们之间的相互联系，对图像内容的含义加以理解以及对原来客观场景加以解译，从而指导和规划行动。如果说图像分析主要是以观察者为中心研究客观世界，那么图像理解在一定程度上以客观世界为中心，借助知识、经验等来把握整个客观世界。

可见，三者是相互联系又相互区别的。狭义图像处理是低层操作，它主要在图像像素级上进行处理，处理的数据量非常大；图像分析进入了中层，经分割和特征提取，把原来以像素构成的图像转变成比较简洁的非图像形式的描述；图像理解是高层操作，它是对描述中抽象出来的符号进行推理，其处理过程和方法与人类的思维推理有许多类似之处。

（三）遥感图像处理系统的软件功能

大型的遥感图像处理软件系统，如 PCI、ER Mapper、ERDAS 等，每一个系统都具有以下基本的处理功能。

1. 图像文件管理

图像文件管理包括各种格式的遥感图像或其他格式的输入、输出、存储等功能。

2. 图像处理

图像处理包括影像增强、图像滤波及空间域滤波、纹理分析及目标检测等。

3. 图像校正

图像校正包括辐射校正和几何校正。

4. 多影像处理

多影像处理包括图像运算、图像变换及信息融合。

5. 图像信息获取

图像信息获取包括图像直方图统计、多波段图像的相关系数矩阵、协方差矩阵、特征值和特征向量的计算、图像分类的特征统计、多波段图像的信息量及最佳波段组合分析等。

6. 图像分类

图像分类包括分类前的样区分析,训练样区合并及非监督法分类(如 ISODATA 聚类法、K－均值聚类法)和监督法分类方法(最大似然法、最小距离法),分类后的处理(类别合并、类别统计、面积统计、边缘跟踪等)等。

7. 遥感专题地图制作

如黑白正射影像图,彩色正射影像图,基于影像的线画图制作,真实感三维景观图,其他类型的遥感专题图(土地利用分类图、植被分类图、洪水淹没状况图、水土保持状况图等)。

8. 与 GIS 系统的接口

与 GIS 系统的接口包括 GIS 数据的输入及输出,栅格—矢量转换,GIS 图形层数据与影像的叠加等。

以上所列的功能是比较基础的,一般遥感软件中都包含。现在的遥感软件功能越来越多,不仅包含以上所列功能,还包含与 DEM 结合的分析等。

第二节　图像辐射校正

图像辐射校正即遥感图像的预处理,又有学者称为影像恢复(Marsh et al.,1983)。由于传感器响应特性和大气的吸收、散射以及其他随机因素影响,导致图像模糊失真,造成图像的分辨率和对比度相对下降,因此对图像的使用和理解造成影响,必须加以校正或消除。辐射定标和辐射校正是遥感数据定量化的最基本环节。辐射定标是指传感器探测值的标定过程方法,用以确定传感器入口处的准确辐射值。辐射校正是指消除或改正遥感图像成像过程中附加在传感器输出的辐射能量中的各种噪声的过程。

一、系统辐射校正

(一)传感器辐射定标

辐射定标分为绝对定标和相对定标。绝对定标对目标作定量的描述,要得到目标的辐射绝对值;相对定标只得出目标中某一点辐射亮度与其他点的相对值。绝对定标要建立传感器测量的数字信号与对应的辐射能量之间的数量关系,即定标系数,在卫星发射前后都要进行。

卫星发射前的绝对定标是在地面实验室或试验场,用传感器观测辐射亮度值已知的标准辐射源以获得定标数据。卫星发射后由于各种因素会影响传感器的响应,因此在卫星运行过程中要定期进行定标。其方法是将传感器内部设置的电光源有关参数测量后下传到地面，包含在卫星下传的辅助数据内。

在实际定标过程中，设传感器入口处波段 i 的辐射度 L_i 和传感器输出的亮度值 DN_i 之间存在线性关系

$$DN_i = A_i L_i + C_i \tag{5-17}$$

或

$$L_i = \frac{DN_i}{A_i} + B_i$$

式中 L_i——波段 i 的等效辐射度；

DN_i——传感器输出波段 i 的亮度或经过相对校正后的亮度值；

A_i——绝对定标增益系数；

B_i——绝对定标偏置值，且 $B_i = -C_i/A_i$，C_i 为常数。

对波段 i，如果已知动态范围的上下限和量化范围，如 Landsat TM 的量化范围为 0 ~ 255，则

$$A_i = \frac{255}{R_{\max} - R_{\min}}, \qquad B_i = R_{\min}$$

式中 $R_{\max}$——$DN_i = 255$ 时的光谱辐射度；

$R_{\min}$——$DN_i = 0$ 时的光谱辐射度，为确保在亮度为正值时存在零辐射度，$R_{\min}$ 可以为负值。

卫星运行时，传感器的辐射灵敏度将随时间而变化，故传感器的绝对辐射定标中的增益和偏置值要不断更新。这一更新利用卫星上的太阳标定器和地面标定场来完成。

相对辐射定标又称为传感器探测元件归一化，是为了校正传感器中各个探测元件响应度差异而对卫星传感器测量到的原始亮度值进行归一化的一种处理过程。由于传感器中各个探测元件之间存在差异，使传感器探测数据图像出现一些条带。相对辐射定标的目的就是降低或消除这些影响。当相对辐射定标方法不能消除影响时，可以用一些统计方法如直方图均衡化、均匀场景图像分析等来消除。

（二）辐射误差校正

1. 传感器的辐射校正

传感器的辐射校正有几种方法，如简化理论计算方法和基于图像数据本身的方法等。

1）简化理论计算方法

该方法针对可见光和近红外波段主要是求反射率；而针对热红外波段主要在于求出地物的辐射亮度后，以普朗克公式求出地物温度。

对可见光和近红外波段，若传感器入口处的辐射亮度值为 $L_{s\lambda}$，则地面反射率为

$$\rho = \frac{\pi L_{s\lambda}}{E_0(\lambda)\cos\theta_2} \tag{5-18}$$

式中 $E_0(\lambda)$——大气层外相应波长的太阳光谱辐射照度；

θ_2——太阳天顶角。

式(5-18)没有考虑像元间的多次散射及地形因素。为求解上述方程，已有不同的大气传输模型，如 5 s、6 s、Lowtran 系列和 Modtran 等。其主要目的是对大气气溶胶含量、大气吸收和大气散射特性等进行描述与求解。

对热红外波段,为获得传感器入口处的辐射亮度,常用的步骤是:选择一处温度均匀、稳定的大面积表面作为测量区,同步测量水面的温度和比辐射率,由普朗克方程计算出等效黑体光谱辐射亮度;同步测量当时大气条件下光学厚度和水蒸气含量,利用探空测量垂直线上的压强、温度及相关湿度;利用辐射传输模型,根据以上同步测量的数据,计算出传感器入口处的光谱辐射亮度;通过图像处理定位出目标区,读取传感器输出的亮度值;根据传感器入口处的光谱辐射亮度、传感器输出的亮度值求得绝对辐射定标系数。

2)基于图像数据本身的方法

该方法从图像数据本身出发,很少需要其他辅助数据,基本属于归一化范畴。常用方法有内部平均法、平场域法和对数残差法。内部平均法是以图像某一波段的灰度值除以该波段的平均值得到相对发射率。该方法要求地物具有多种类型,整幅图像的均值光谱曲线没有明显的强吸收特征。平场域法是在图像中找一块亮度高、光谱响应变化小和地形起伏小的区域,用图像灰度值除以该区域的光谱响应值,该方法能减小大气影响和仪器引入的残留效应等。对数残留法考虑了大气效应和地形影响。

2. 太阳高度角引起的辐射误差校正

太阳高度角引起的误差校正是将太阳光线倾斜照射时获取的图像校正为太阳光线垂直照射时获取的图像。太阳的高度角 θ 可根据成像时刻的时间、季节和地理位置来确定:

$$\sin\theta = \sin\varphi \cdot \sin\delta \pm \cos\varphi \cdot \cos\delta \cdot \cos t \tag{5-19}$$

式中　φ ——图像对应地区的地理纬度;

δ ——太阳赤纬(成像时太阳直射点的地理纬度);

t ——时角(地区经度与成像时太阳直射点地区经度的经差)。

太阳高度角的校正是通过调整一幅图像内的平均灰度来实现的,在太阳高度角求出后,太阳以高度角 θ 斜射时得到的图像 $g(x,y)$ 与直射时得到的图像 $f(x,y)$ 有如下关系:

$$f(x,y) = \frac{g(x,y)}{\sin\theta} \tag{5-20}$$

如果不考虑天空光的影响,各波段图像可采用相同的 θ 角进行校正。

太阳方位角的变化既改变光照条件,也随季节、地理纬度的变化而变化。太阳方位角引起的图像辐射值误差通常只对图像细部特征产生影响,它可以采用与太阳高度角校正相类似的方法进行处理。在多光谱图像上,阴影的影响在比值图像上可以部分消除,对于图像的定量分析和自动识别是非常重要的。

3. 地面地形影响引起的辐射误差校正

太阳光线和地表作用以后再反射到传感器的太阳光的辐射亮度和地面倾斜度有关。如果光线垂直入射时的水平地表受到的光照强度为 I_0,则光线垂直入射时倾斜角为 α 的坡面上入射点处的光强度 I 为

$$I = I_0\cos\alpha \tag{5-21}$$

因此,若处在坡度为 α 的倾斜面上的地物影像为 $g(x,y)$,则校正后的图像 $f(x,y)$ 为

$$f(x,y) = \frac{g(x,y)}{\cos\alpha} \tag{5-22}$$

由式(5-22)看出,地形坡度引起的辐射校正方法需要有图像对应地区的 DEM 数据,

校正比较麻烦，一般情况下对地形坡度引起的误差不做校正。另外，此项校正也可采用比值图像来消除地形坡度所产生的辐射量误差。

（三）地面辐射校正场

当遥感数据进行辐射定标和辐射校正后，如何评价其精度，需要通过地面辐射校正场来对计算结果进行验证和修正。因此，通过地面辐射校正场来提高辐射定标和校正的精度具有特别重要的意义。

（1）建立地面辐射校正场符合遥感数据定量化的需要。

（2）建立地面辐射校正场可以弥补星上定标的不足。

（3）满足多种传感器和多时相遥感资料的应用需要。

通过建立地面辐射校正场，对卫星传感器进行绝对辐射定标，能够实现卫星传感器之间数据的相互匹配，符合一个统一的标准，进行有效的比较和综合应用。地面辐射校正场已经成为各种新型传感器实现质量控制和相互比对的重要部分。一个完整的地面试验场对地理环境和技术准备有极高的要求。目前，世界上比较典型的地面辐射场有：1979 年美国在新墨西哥州白沙建立的地面辐射定标场，1987 年法国在马赛西北 La Crau 建立的地面辐射定标场，对有关传感器进行定标取得预期效果。我国根据需要选择了敦煌西戈壁作为可见光和红外波段的辐射校正场，青海湖作为热红外波段和红外低发射率的辐射校正场。

二、大气校正

大气校正就是指消除由大气散射引起的辐射误差的处理过程。太阳光在到达地面目标之前，大气会对其产生吸收和散射作用。同样，来自目标物的反射光和散射光在到达传感器入瞳处之前也会被吸收和散射。进入传感器入瞳处的能量除地物本身的辐射外还有大气引起的散射光，要消除这些影响，必须进行大气校正。大气校正的主要方法如下。

（一）利用辐射传递方程进行大气校正

若地面目标的辐射能量为 E_0，它通过高度为 H 的大气层后，传感器接收系统所能收集到的电磁波能量为 E，则由辐射传递方程可得：

$$E = E_0 e^{-T(0,H)} \tag{5-23}$$

式中　$e^{-T(0,H)}$——大气的衰减系数。

如果对式(5-23)能够给出适当的近似解，就可以解求出地面目标的真实辐射能量。在可见光和近红外区，大气的影响主要是由气溶胶引起的散射造成的。在热红外区，大气的影响主要是由水蒸气的吸收造成的。为了消除大气的影响，需要测定可见光和近红外区气溶胶的密度及红外区的水蒸气浓度。但是，仅从图像数据中很难正确测定这些数据，因此在利用辐射传递方程时，通常只能得到近似解。

（二）利用公式法进行大气校正

在遥感成像的同时，同步获取成像目标的反射率，或通过预先设置已知反射率的目标，把地面实况数据与传感器的输出数据进行比较，来消除大气的影响。本方法假定地面目标发射率与传感器所获得的信号属于线性关系。

与卫星扫描同步进行野外波谱测试，将地面测量结果与卫星影像对应像元亮度值进

行回归分析，回归方程为

$$L_{Ai} = a + bR_i \tag{5-24}$$

式中　L_{Ai}——卫星观测值；

R_i——地面反射率；

a、b——回归系数。

系数 a 为大气散射引起对辐射的干扰部分

$$a = S_i L_{Bi} \tag{5-25}$$

式中　S_i——系统增益因素；

L_{Bi}——大气路径辐射率。

式(5-24)中的系数 b 表示辐射率 L_{Ai} 随地面反射率 R_i 递增而增长的程度大小。从数学意义上说，它是表达式(5-24)所描述的直线的斜率。在计算卫星遥感辐射率的过程中，它应该为

$$b = \frac{S_i T_i H_i \cos\theta}{\pi} \tag{5-26}$$

式中　T_i——大气透射率；

H_i——太阳辐照度；

θ——太阳天顶角。

由于这个公式计算方法是对各个波段分别进行的，所以以上各参数都带有 i，代表各波段的序号。将式(5-25)、式(5-26)代入式(5-24)，得

$$L_{Ai} = S_i L_{Bi} + \frac{S_i T_i H_i \cos\theta}{\pi} R_i \tag{5-27}$$

式(5-27)说明决定 L_{Ai} 的因素比较复杂，用这一公式计算 L_{Ai} 时需要获得当时具体气象参数，例如大气路径辐射率、大气透射率等。由式(5-24)可得

$$bR_i = L_{Ai} - a \tag{5-28}$$

令 $L'_{Ai} = bR_i = L_{Ai} - a$，$L'_{Ai}$ 即为校正后图像灰度值，a 为大气附加辐射部分。

(三)回归分析法

一般情况下，散射主要发生在短波图像处，对近红外几乎没有影响，如 MSS－7 几乎不受大气辐射的影响，把它作为无散射影响的标准图像，通过对不同波段图像的对比分析来计算大气影响。这也是利用波段的特性进行的大气校正。

在不受大气影响的波段图像和待校正的某一波段图像中，选择从最亮到最暗的一系列目标，对每一目标的两个波段亮度值进行回归分析，如 MSS 第 4 和第 7 波段(见图 5-2)，其亮度值分别为 L_4 和 L_7，回归方程为：

$$y = a_4 + b_4 x \tag{5-29}$$

式中　x、y——两个波段图像灰度均值 $\bar{L}_7$、$\bar{L}_4$。

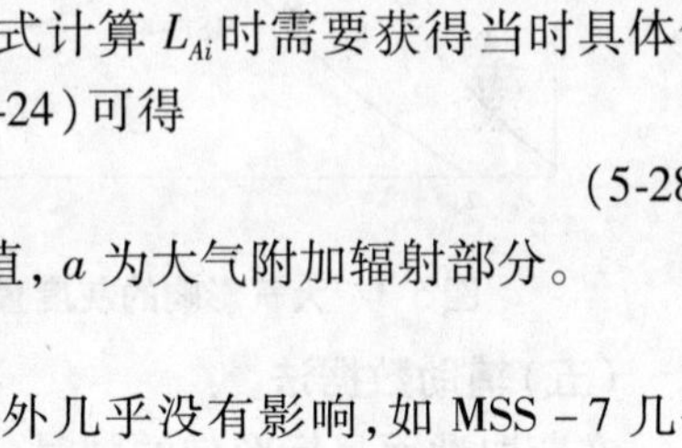

图 5-2　大气改正截距 a_4

根据线性回归方程的推导可以求得回归系数：

$$b_4 = \frac{\sum_{i=1}^{n}[(L_{7i} - \bar{L}_7)(L_{4i} - \bar{L}_4)]}{\sum_{i=1}^{n}(L_{7i} - \bar{L}_7)^2} \tag{5-30}$$

所以

$$a_4 = \bar{L}_4 - b\bar{L}_7 \tag{5-31}$$

则大气校正公式为

$$L'_4 = L_4 - a_4 \tag{5-32}$$

L'_4 为第四波段校正后的图像亮度值。对任一波段 i，其大气影响为 a_i，它是第 i 波段图像回归分析得到的截距，即 i 波段大气校正值。

（四）直方图校正法（波段对比分析）

这种简单的方法是通过灰度直方图对比找出校正量。如图 5-3 所示，由于大气散射影响只作用于短波段，对可见光以外的红外波段几乎没有影响（如 7 波段），因此如果影像范围内存在灰度值为 0 的地物（例如深水体、高山背阴处等），其灰度直方图往往从原点开始，而其他波段灰度直方图离原点有一段距离（如图 5-3 中 a_4），这段距离即为大气散射引起的灰度直方图漂移值。以此为改正量进行校正，相当于从每个像元灰度值中减去这个数值。大气影响校正后的灰度直方图如图 5-4 所示。其他波段的校正量可以由此类推求得。

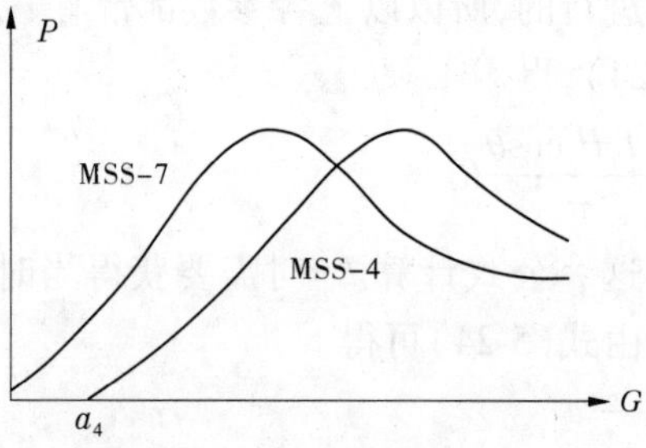

图 5-3　大气影响的灰度直方图

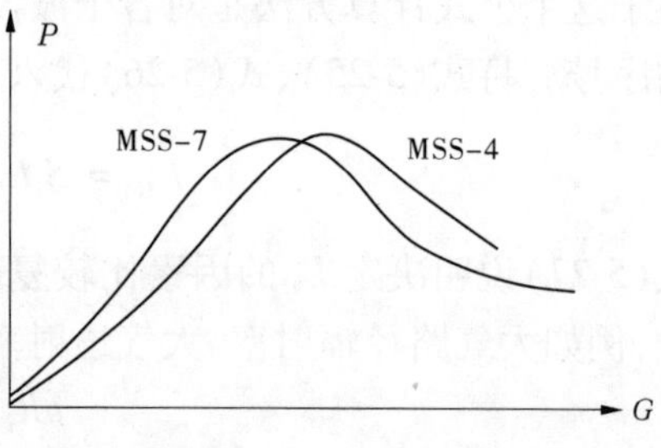

图 5-4　大气影响校正后的灰度直方图

（五）辅助数据法

在获取地面目标图像的同时，利用搭载在同一平台上测量气溶胶和水蒸气浓度的传感器获取气溶胶和水蒸气的浓度数据，利用这些数据可以进行大气校正。

在 Landsat 4、Landsat 5 的 MSS 数据处理中，采用了一种简单的大气散射补偿方法：从全部图像像元亮度值中减去一个辐射偏置量，辐射偏置量等于图像直方图中最小的亮度值。这种偏置量随不同的景像而有所差异，同一景像的不同波段也很可能有不同的偏置量，因为景像辐射中的大气散射成分与波长成反比，第一波段的偏置量最大，第四波段的偏置量最小。

在 SPOT 的数据处理中，由于瑞利散射（分子散射）在 0.89 μm 处（近红外区）比在可见光的 0.5 μm 处要低 10 倍，所以由瑞利散射引起的辐射改正只涉及 SPOT HRV 的多光谱数据中的第一、第二波段和全色波段的一部分，多数情况下分子散射的影响可以得到满意的改正，而米氏散射（悬浮微粒散射）只随波长逐渐变化，因此所有成像的光谱段都受到微粒散射的影响。要想正确改正米氏散射对辐射量的影响，需要知道米氏散射的 3 个特征:视觉上的微粒密度(与水平可见度有关)、微粒类型和米氏散射的相位函数。米氏散射的影响比瑞利散射的影响要难改正些。大气吸收对辐射量的影响只发生在第三波段(主要是由水蒸气的吸收造成的)和第一波段(由臭氧的吸收造成的),而水蒸气和臭氧含量可从与观测地区的季节和地理位置有关的统计资料中估算出来,水蒸气的含量也可以通过查阅气象资料来估算,利用这些数据可按辐射传递方程改正大气吸收对辐射量的影响。

三、噪声消除

所谓噪声,就是妨碍人的视觉器官或系统传感器对所接收的图像信息进行理解或分析的各种因素。一般噪声是不可预测的随机信号,它只能用概率统计的方法去认识。由于噪声影响图像的输入、采集、处理的各个环节及输出的全过程,尤其是图像输入、采集中的噪声必然影响处理全过程以至最终结果,因此抑制噪声已成为图像处理中极重要的步骤。

任何一幅原始图像在获取和传输等过程中,会受到各种噪声的干扰,使图像质量下降,图像模糊,特征淹没,对图像分析十分不利。为了抑制噪声,改善图像质量,所进行的处理称为图像平滑或去噪。它可以在空间域进行,也可以在频率域进行。

设图像中的噪声是随机不相关的加性噪声,窗口内各点噪声是独立分布的,用邻域平均法平滑后,信号与噪声的方差比可提高 M 倍(M 是这集合内像素的总数)。同邻域平均法相比,超像素平滑法去椒盐噪声效果更好。在频率域使用低通滤波器,也达到去噪的效果。

第三节　几何校正的原理与方法

遥感图像的几何变形有两层含义:一是指卫星在运行过程中,由于姿态、地球曲率、地形起伏、地球旋转、大气折射及传感器自身性能所引起的几何位置偏差;二是指图像上像元的坐标与地图坐标系统中相应坐标之间的差异。

几何粗校正:这种校正是针对引起几何畸变的原因进行的,地面接收站在提供给用户资料前,已按常规处理方案与图像同时接收到的有关运行姿态、传感器性能指标、大气状态、太阳高度角对该幅图像几何畸变进行的校正。

几何粗校正是针对卫星运行和成像过程中引起的几何畸变进行的校正,即卫星姿态不稳、地球自转、地球曲率、地形起伏、大气折射等因素引起的变形。

几何精校正:利用地面控制点进行的几何校正称为几何精校正。

一、遥感图像几何畸变来源

我们从遥感图像的形成过程知道,影响图像的因素非常多,如卫星的姿态、高度、速度的变化及前进运动,扫描镜扫描速度不均匀,检测器采样延迟误差;谱段间配准误差及全景畸变;地球的自转、曲率、高程的影响等。这些都引起图像的几何位置发生变化,造成几何失真。在进行图像的识别、分类、解译前必须努力消除这些影响,恢复图像原来应有的

本来面目。归纳起来,主要为三个方面:

(1)传感器方面。如:MSS 扫描镜线速度不均匀、开始与结束采样时刻不同造成扫描行长度不一致、检测器采样延迟造成各波段间的不配准和同一波段扫描间的错动、全景畸变等。

(2)卫星方面。高度、速度、前进运动等姿态变化造成的影像歪斜。

(3)地球方面。自转、高程、曲率。

另外,卫星透视投影成像与通常所要求的对地球切平面上的垂直投影成像的不同、卫星上可动机构带来卫星结构的"颤动"等也将造成几何畸变。几何畸变的类型可以从不同的方面进行划分。

(一)从几何畸变的性质进行划分

(1)系统畸变。指大小事先能够预测的几何畸变。

(2)非系统畸变。指大小事先不能预测、带有随机性质的畸变。所有带有其他原因引起的畸变都属于这种类型的畸变。

(二)从几何校正时处理方面来划分

(1)沿扫描行方向的畸变。如:扫描镜线速度不均匀引起的畸变、扫描行长度不一致、检测器采样延迟误差、波段与检测器配准误差、卫星高度变化、地球自转、地球曲率、透视投影和全景畸变误差等都属于这一类型。

(2)垂直于扫描行的畸变或兼有沿扫描行方向和垂直扫描方向的畸变。如:卫星姿态的变化、卫星结构"颤动"等引起的畸变。

卫星图像常以 SOM、PS 或 UTM 投影给出,我国地形图习惯用高斯-克吕格投影,虽然地图投影引起的图像差异不是几何畸变,但其处理方法与几何校正方法相同。

二、遥感图像几何校正原理

传感器的成像方式有中心投影、全景投影、斜距投影和平行投影等几种。中心投影可分为点中心投影、线中心投影和面中心投影三种。由于中心投影图像在垂直摄影和地面平坦的情况下,地面物体与其影像具有相似性,可根据摄影测量的原理来讨论其他方式投影图像的变形规律。

(一)传感器成像方式引起的图像变形

1. 全景投影变形

全景投影的影像面不是一个平面,而是一个圆柱面 MON(见图5-5)。地物点 P 在全景面上的像点 p 在扫描面上的坐标为

$$y_p = f\frac{\theta}{\rho} \tag{5-33}$$

式中 f——焦距;

θ——成像角(″);

$\rho = 180°/\pi = 57.295\ 7°/\text{rad}$。

设 L 是一个等效的中心投影成像面,P 点在 L 上的像点 p' 的坐标为

$$y'_p = f\tan\theta \tag{5-34}$$

从而可以得到全景横向投影变形为：

$$d_y = y_p - y'_p = f\left(\frac{\theta}{\rho} - \tan\theta\right) \tag{5-35}$$

2. 斜距投影变形

侧视雷达属于斜距投影类型传感器。如图 5-6 所示，s 为雷达天线中心，sy 为雷达成像面，地物点 P 在斜距投影图像上影像坐标 y_P 取决于斜距 R_P 和成像比例尺分母 m，由于有

$$\frac{1}{m} = \frac{f_y}{H} \tag{5-36}$$

$$R_P = \frac{H}{\cos\theta} \tag{5-37}$$

式中　H——传感器航高；

f_y——等效焦距。

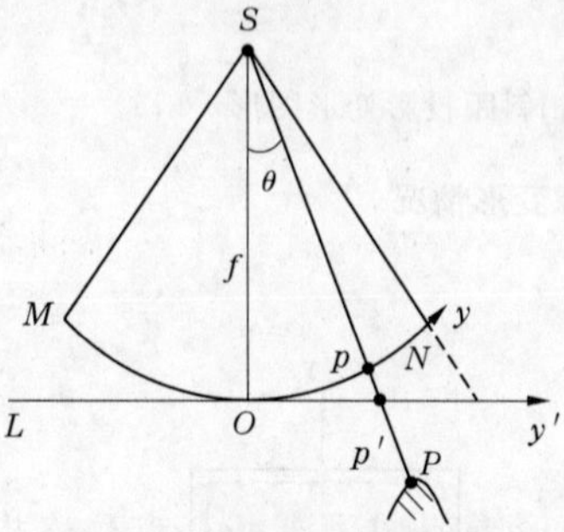

图 5-5　全景投影时物点与像点关系

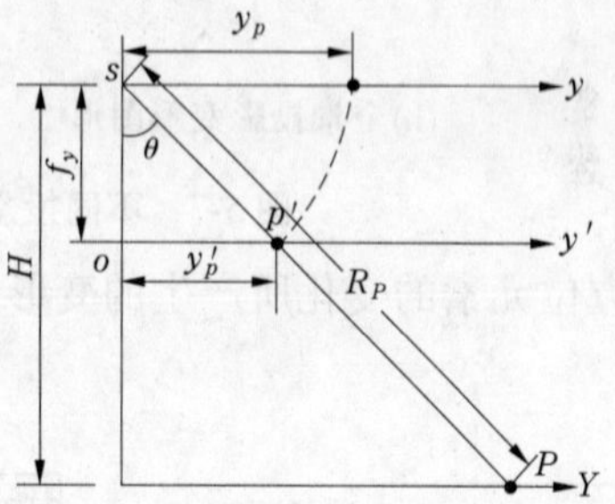

图 5-6　斜距投影时物点与像点关系

因此，斜距投影图像上的影像坐标 y_p 为

$$y_p = \frac{R_P}{m} = \frac{f_y H}{H\cos\theta} = \frac{f_y}{\cos\theta} \tag{5-38}$$

而地面点 P 在等效中心投影影像 oy' 上的像点 p' 的坐标可表达为

$$y'_p = f_y\tan\theta \tag{5-39}$$

地物点在横向上的投影坐标取决于斜距及成像比例尺，形成的投影变形为：

$$d_y = y_p - y'_p = f(\sec\theta - \tan\theta) \tag{5-40}$$

不同的投影方式引起的图像变形情况如图 5-7 所示。

（二）传感器外方位元素变化的影响

根据摄影测量原理可知，常规的框幅式摄影机的构像可用共线方程式来表达，在竖直摄影的条件下，三转角都近似等于 0，可得到外方位元素变化所产生的像点位移：

$$\begin{aligned} dx &= -\left(\frac{f}{H}\right)dX_S - \left(\frac{x}{H}\right)dZ_S - \left[f\left(1 + \frac{x^2}{f^2}\right)\right]d\varphi - \left(\frac{xy}{f}\right)d\omega + y\,d\kappa \\ dy &= -\left(\frac{f}{H}\right)dY_S - \left(\frac{y}{H}\right)dZ_S - \left(\frac{xy}{f}\right)d\varphi - \left[f\left(1 + \frac{y^2}{f^2}\right)\right]d\omega - x\,d\kappa \end{aligned} \tag{5-41}$$

式中　X_S、Y_S、Z_S——传感器成像时的位置；

φ、ω、κ——姿态角；

H——航高。

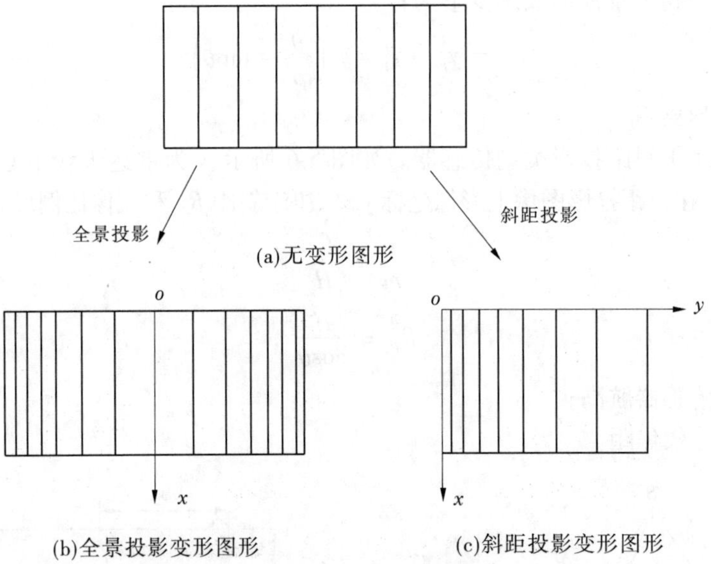

图 5-7　不同投影方式引起的图像变形情况

各外方位元素的变化所产生的变形如图 5-8 所示。

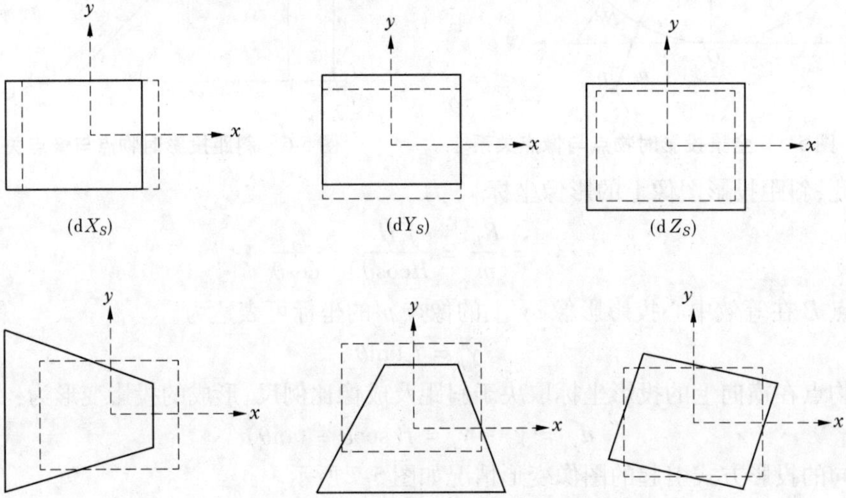

图 5-8　各外方位元素引起的图像变形

动态扫描时的构像方程都是对应于一个扫描瞬间(相应于某一像素或某一扫描线)而建立的,以多光谱扫描图像为例,地面方格成像后将出现如图 5-9(a)所示的综合变形。可见,与框幅式摄影机的情况不同,它的每一个外方位元素的变化都可能使整幅图像产生非线性的变形,而且这种变形不能由常规的航测光学纠正仪来得到严格的纠正,只有数字纠正法才能满足解析上的严密性要求。在动态扫描情况下各外方位元素变化引起的图像变形如图 5-9 所示。

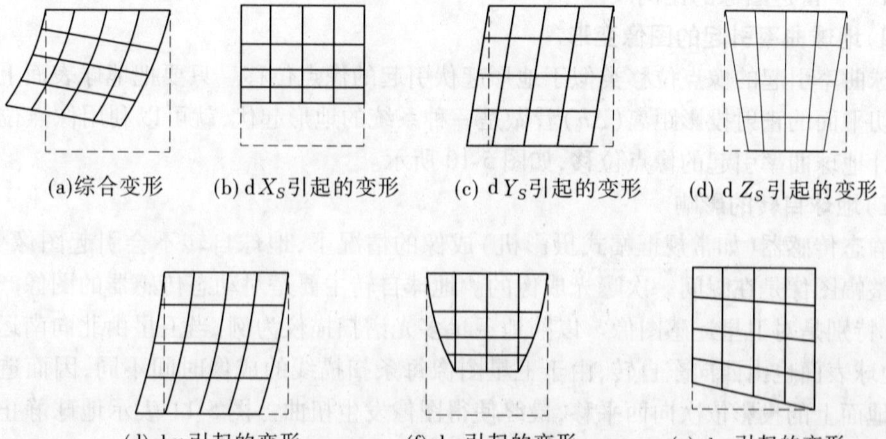

图 5-9　外方位元素引起的动态扫描图像的变形

(三)地形起伏引起的像点位移

1. 地形起伏对框幅式像片的影响

$$\left.\begin{aligned} dx &= \frac{x}{H}h \\ dy &= \frac{y}{H}h \end{aligned}\right\} \tag{5-42}$$

式中　dx、dy——像点在 x 方向和 y 方向的位移；
x、y——像点的坐标；
h——对应地面点相对于基准面的高差；
H——航高。

2. 地形起伏对光机扫描图像的影响

$$\left.\begin{aligned} dx &= 0 \\ dy &= \frac{f\sin\theta_t\cos\theta_t}{H}h \end{aligned}\right\} \tag{5-43}$$

式中　dx、dy——像点在 x 方向和 y 方向的位移；
x、y——像点的坐标；
h——对应地面点相对于基准面的高差；
H——航高；
θ_t——扫描角。

3. 地形起伏对侧视雷达图像的影响

$$\left.\begin{aligned} dx &= 0 \\ dy &\approx -\lambda h\cos\theta \end{aligned}\right\} \tag{5-44}$$

式中　dx、dy——像点在 x 方向和 y 方向的位移；
h——对应地面点相对于基准面的高差；

θ——侧视角；

λ——雷达图像的比例尺因子。

（四）地球曲率引起的图像变形

地球曲率引起的像点位移类似于地形起伏引起的像点位移。只要把地球表面上的点到地球切平面的正射投影距离（Δh）看做是一种系统的地形起伏，就可以利用像点位移公式来估计地球曲率引起的像点位移，如图 5-10 所示。

（五）地球自转的影响

在静态传感器（如常规框幅式摄影机）成像的情况下，地球自转不会引起图像变形，因为其整幅图像是在瞬间一次曝光成像的。地球自转主要是对动态传感器的图像产生变形影响，特别是对卫星遥感图像。以陆地卫星多光谱扫描仪为例，当卫星由北向南运行的同时，地球表面也由西向东自转，由于卫星图像每条扫描线的成像时间不同，因而造成扫描线在地面上的投影依次向西平移，最终使得图像发生扭曲。图 5-11 表示地球静止时的图像（$oncba$）与地球自转时的图像（$onc'b'a'$）在地面上的投影情况。由图可见，由于地球自转的影响，产生了图像底边位移 Δx 和 Δy，以及平均航偏角 θ。显然

$$\left.\begin{aligned} \Delta x &= bb'\sin\alpha \frac{1}{m_x} \\ \Delta y &= bb'\cos\alpha \frac{1}{m_y} \\ \theta &= \frac{\Delta y}{l} \end{aligned}\right\} \tag{5-45}$$

式中　bb'——由地球自转引起的影像底边中点的地面偏移；

α——卫星运行到影像中心点位置时的航向角；

l——影像 x 方向或 y 方向的边长；

$\frac{1}{m_x}$、$\frac{1}{m_y}$——影像 x 方向和 y 方向的比例尺。

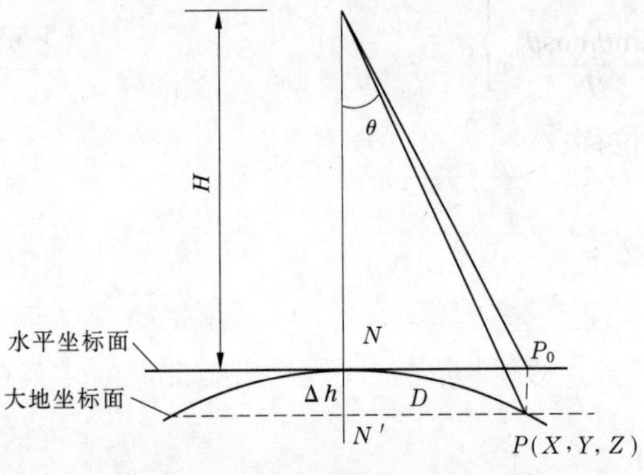

图 5-10　地球曲率的影响

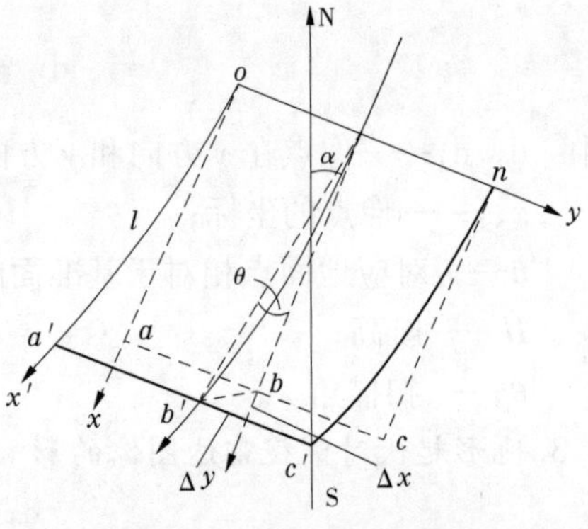

图 5-11　地球自转的影响

除上述原因引起遥感图像几何畸变外，还有大气折光、传感器内部结构和工作方式等

引起的畸变。

三、数字图像几何校正方法

遥感图像的粗加工处理也称为粗纠正，它是做系统误差改正（如前面所讲述的各项改正）。数字图像几何校正也称图像纠正，其目的是改正原始影像的几何变形，产生一幅符合某种地图投影或图形表达要求的新图像，也就是精纠正处理。它包含的基本环节有两个：一是像素坐标变换，二是像素亮度重采样。遥感图像纠正主要处理过程如下：

(1) 根据图像的成像方式确定影像坐标和地面坐标之间的数学模型。

(2) 根据所采用的数学模型确定纠正公式。

(3) 根据地面控制点和对应像点坐标进行平差计算，变换参数，评定精度。

(4) 对原始影像进行几何变换计算，像素亮度值重采样。

目前的纠正方法有多项式法、共线方程法和随机场内插法等，这里从略。

（一）像素坐标变换

当用适当的方法解求变换参数后，就可以对遥感图像进行几何校正。

1. 纠正后数字图像的边界范围的确定

纠正后图像的边界范围，指的是在计算机存储器中为输出图像所开出的储存空间大小，以及该空间边界（首行和首列，末行和末列）的地图（或地面）坐标定义值。如图 5-12 所示，左侧为原始图像（$abcd$），右侧是地图坐标系 $O-XY$，$a'b'c'd'$为纠正后的图像，$ABCD$ 表示在计算机中为纠正图像开出的储存范围及相应的地面位置。若图像边界定义不恰当，会造成纠正后图像未被全部包括，以及出现过多空白图像空间的不合理现象。

2. 直接法和间接法纠正方案

在输出图像边界及坐标系统确立后，就可以按照选定的纠正变换函数把原始的数字图像逐个像素变换到图像储存空间中去。这里有两种方法可供选择，即直接法方案和间接法方案，如图 5-12 所示。

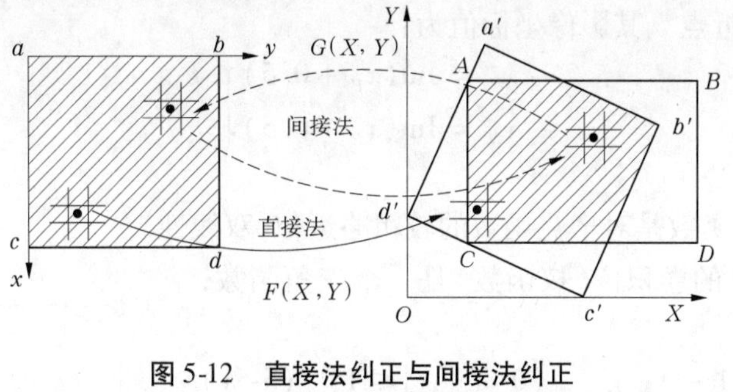

图 5-12 直接法纠正与间接法纠正

所谓直接法，是从原始图像阵列出发，按行列的顺序依次对每个原始像素点位求其在地面坐标系（也是输出图像坐标系）中的正确位置。

$$\left.\begin{aligned} X &= F_x(x,y) \\ Y &= F_y(x,y) \end{aligned}\right\} \tag{5-46}$$

式中 F_x、F_y——直接纠正变换函数。

同时，把该像素的亮度值移置到相应的点位上去。

所谓间接法，是从空白的输出图像阵列出发，亦按行列的顺序依次对每个输出像素点位反求其原始图像坐标中的位置：

$$\left.\begin{aligned} x &= G_X(X,Y) \\ y &= G_Y(X,Y) \end{aligned}\right\} \tag{5-47}$$

式(5-47)是间接纠正变换函数。在算得的原始图像上的点位处重采样，获取的亮度值取出填回到空白图像点阵中相应的像素点位上去。

这两种方案本质上并无差别，主要不同在于：首先，所用的纠正函数不同，二者互为逆变换；其次，纠正后像素获得亮度值的办法，对于直接法来讲，称为亮度配置，而对于间接法，称为亮度重采样。由于直接法纠正方案要进行像元的重新排列，要求存储空间大一倍，计算时间也长，所以实践中通常使用间接法方案。

(二)像素灰度内插

当投影点位的坐标计算值不为整数时，原始图像阵列中该非整数点位上并无现成的亮度存在，于是就必须采用适当的方法把该点位周围邻近整数点位上亮度值对该点的亮度贡献累积起来，构成该点位的新亮度值。这个过程即称为数字图像亮度(或图像灰度)值的重采样。

理想的重采样函数是辛克(SINC)函数，但由于辛克函数是定义在无穷域上的，又包括三角函数的计算，实际使用时不方便，因此人们采用了一些近似函数代替它，据此产生了三种常用的重采样算法。

1. 最邻近像元法

最邻近像元法是取离重采样点位置最近的像元(N)的灰度值作为重采样点的亮度(灰度)值，采样函数为：

$$W_c(x_c, y_c) = 1 \quad (x_c = x_N, y_c = y_N) \tag{5-48}$$

采样亮度为：

$$I_P = W(x_c, y_c) I_N = I_N \tag{5-49}$$

式中　N——最邻近点。其影像坐标值为：

$$\left.\begin{aligned} x_N &= \text{Int}(x_P + 0.5) \\ y_N &= \text{Int}(x_P + 0.5) \end{aligned}\right\} \tag{5-50}$$

2. 双线性内插法

该法的重采样函数是对辛克函数的较粗略近似，双线性插值法(见图5-13)的卷积核(权函数)是一个三角函数，即：

$$W(x_c) = 1 - |x_c| \quad (0 \leqslant |x_c| \leqslant 1) \tag{5-51}$$

此时，需要待重采样点 P 周围 4 个已知像素的亮度值参加计算。

$$I_P = W_x I W_y^{\mathrm{T}} = [W_{x_1} \quad W_{x_2}] \begin{bmatrix} I_{11} & I_{12} \\ I_{21} & I_{22} \end{bmatrix} \begin{bmatrix} W_{y_1} \\ W_{y_2} \end{bmatrix} \tag{5-52}$$

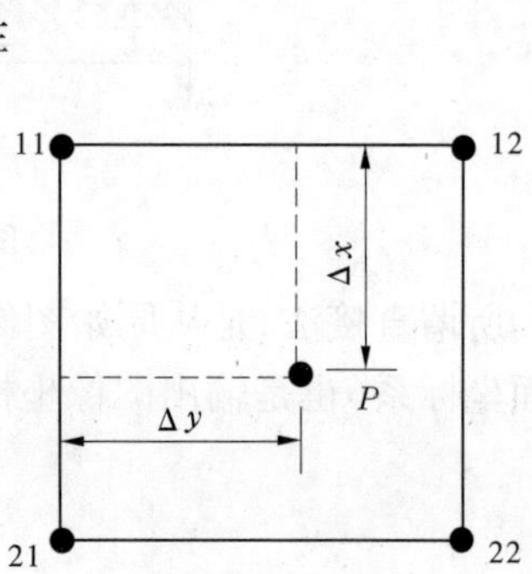

图 5-13　双线性内插法

其中，$W_{x_1} = 1 - \Delta x$；$W_{y_1} = 1 - \Delta y$；$W_{x_2} = \Delta x$；$W_{y_2} = \Delta y$。

如像元间隔为 1 个单位，则 P 点亮度值写为：

$$I_P = (1-\Delta x)(1-\Delta y)I_{11} + (1-\Delta x)\Delta y I_{12} + \Delta x(1-\Delta y)I_{21} + \Delta x\Delta y I_{22} \quad (5\text{-}53)$$

由于该法的计算较为简单，并具有一定的亮度采样精度，所以它是实践中常用的方法，但图像略模糊。

3. 双三次卷积法

该法用一个三次重采样函数来近似表示辛克函数：

$$\left.\begin{aligned} W(x_c) &= 1-2x_c^2+|x_c|^3 & (0\leqslant|x_c|\leqslant 1)\\ W(x_c) &= 4-8|x_c|+5x_c^2-|x_c|^3 & (1<|x_c|\leqslant 2)\\ W(x_c) &= 0 & (|x_c|>2)\end{aligned}\right\} \quad (5\text{-}54)$$

式中，x_c 定义为被采样点 P 为原点的邻近像素 x 坐标值，其像素间隔为 1，对于 y 方向，将式(5-54)中 x 换为 y 即可。

如图 5-14 所示，设 P 点为被采样点，它距离左上方最近像素 22 的坐标差是一个小值，即：

$$\left.\begin{aligned} \Delta x &= x_P - \mathrm{Int}(x_P) = x_P - x_{22}\\ \Delta y &= y_P - \mathrm{Int}(y_P) = y_P - y_{22}\end{aligned}\right\} \quad (5\text{-}55)$$

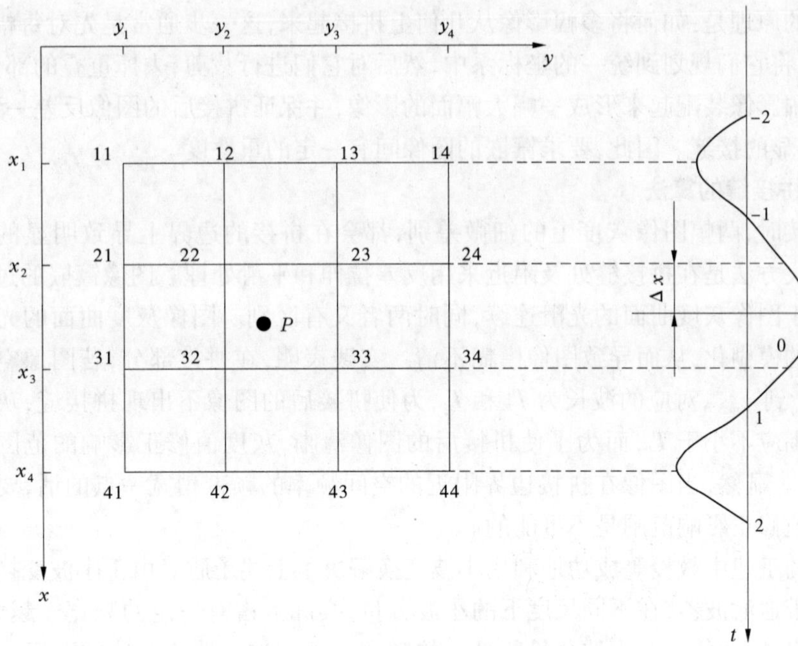

图 5-14　双三次卷积法亮度重采样

当利用三次函数对 P 点亮度重采样时，需要 P 点邻近的 16 个已知像素的亮度值参与计算。内插点 P 的亮度值为：

$$I_P = W_x I W_y^{\mathrm{T}} \quad (5\text{-}56)$$

其中：$W_x = [W_{x_1} \quad W_{x_2} \quad W_{x_3} \quad W_{x_4}]$

$W_y = [W_{y_1} \quad W_{y_2} \quad W_{y_3} \quad W_{y_4}]$

$$I = \begin{bmatrix} I_{11} & I_{12} & I_{13} & I_{14} \\ I_{21} & I_{22} & I_{23} & I_{24} \\ I_{31} & I_{32} & I_{33} & I_{34} \\ I_{41} & I_{42} & I_{43} & I_{44} \end{bmatrix}$$

$$W_{x_1} = -\Delta x + 2\Delta x^2 - \Delta x^3 \qquad W_{y_1} = -\Delta y + 2\Delta y^2 - \Delta y^3$$

$$W_{x_2} = 1 - 2\Delta x^2 + \Delta x^3 \qquad W_{y_2} = 1 - 2\Delta y^2 + \Delta y^3$$

$$W_{x_3} = \Delta x + \Delta x^2 - \Delta x^3 \qquad W_{y_3} = \Delta y + \Delta y^2 - \Delta y^3$$

$$W_{x_4} = -\Delta x^2 + \Delta x^3 \qquad W_{y_4} = -\Delta y^2 + \Delta y^3$$

双三次卷积的内插精度较高，但计算量大。

四、遥感图像数字镶嵌

数字影像镶嵌（Mosaicking）是将两幅或多幅数字影像（它们有可能是在不同的摄影条件下获取的）拼在一起，构成一幅整体图像的技术过程。在遥感应用中，影像镶嵌有着重要的应用。

（一）数字影像镶嵌原理

影像镶嵌的原理是：如何将多幅影像从几何上拼接起来，这一步通常是先对每幅图像进行几何校正，将它们规划到统一的坐标系中，然后对它们进行裁剪，去掉重叠的部分，再将裁剪后的多幅影像装配起来形成一幅大幅面的影像，并保证拼接后的图像反差一致，色调相近，没有明显的接缝。因此，要求镶嵌的图像间有一定的重叠度。

（二）消除拼接缝的算法

在图像拼接时，两幅图像灰度上的细微差别，都会在拼接的边界上导致明显的拼接缝。传统的解决方法是在拼接缝处及附近采用反差拉伸和平滑处理。图像镶嵌的过程从数学上讲相当于图像灰度曲面的光滑连续，同时两者又有区别。图像灰度曲面的光滑化表现为对图像的模糊化，从而导致图像模糊不清。实践表明，在拼接部分，若图像空间频率的改变由 $\gamma_{\min}$ 到 $\gamma_{\max}$，对应的波长为 T_l 和 T_s，为使拼接后的图像不出现拼接缝，灰度值修改影响的范围应不小于 T_l，而为了使拼接后的图像清晰，灰度值修正影响的范围又要大于 T_s 的两倍。显然，当图像在拼接边界附近的空间频率的频带稍宽一点的话，要找一个合适的灰度值修正影响范围是不可能的。

武汉大学的王建中教授等成功地利用小波变换解决了上述矛盾。由于小波变换函数实际上是一个带通滤波器，在不同尺度下的小波分量，实际上占有一定的频宽，j 越大，该分量的频率越高，因此每一个小波分量所具有的频宽是不大的。把待拼接的两幅图像先按小波分解的方法，将它们分解为不同频带的小波分量。然后在不同的尺度下选择不同的灰度值修正影响范围，把两幅图像按不同尺度下的小波分量先拼接起来。再用灰度算法，恢复整个图像，这样拼接的结果可以很好地兼顾清晰度和光滑度两个方面的要求。具体做法如下：

设图像 A 与图像 B 是需要拼接或镶嵌的两幅图像，它们的数据分别是 $C_A^0 = C_A^0(n,m)$、$C_B^0 = C_B^0(n,m)$，利用正交小波变换，可以得到各小波分量如下：

$$(d_A^{l1},d_A^{l2},d_A^{l3}),\cdots,(d_A^{N1},d_A^{N2},d_A^{N3}),C_A^N$$
$$(d_B^{l1},d_B^{l2},d_B^{l3}),\cdots,(d_B^{N1},d_B^{N2},d_B^{N3}),C_B^N$$

现假设要把图像 B 中的一部分 Ω_B 镶嵌到图像 A 中，如图 5-15 所示，则令

$$K(x,y)=\chi\Omega_A(x,y)=\begin{cases}1 & if(x,y)\in\Omega_A\\0 & if(x,y)\in\Omega_B\end{cases} \tag{5-57}$$

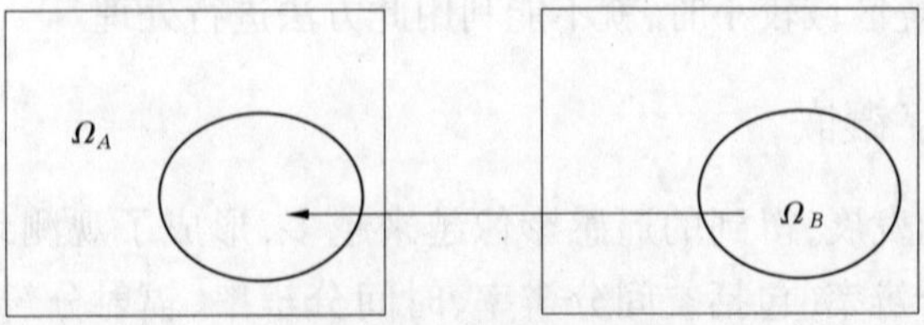

图 5-15　图像镶嵌示意图

如果令 $K(x,y)$ 的样本值为 C_Ω^0，它在各个尺度下的光滑化分量为 $C_\Omega^1,C_\Omega^2,\cdots,C_\Omega^N$，令

$$\left.\begin{aligned}d^{ij}(k,l)&=C_\Omega^{ij}(k,l)d_A^{ij}(k,l)+[1-C_\Omega^{ij}(k,l)]d_B^{ij}(k,l)\\C^N(k,l)&=C_\Omega^N(k,l)C_A^N(k,l)+[1-C_\Omega^N(k,l)]C_B^N(k,l)\end{aligned}\right\} \tag{5-58}$$

式中，$i=1,2,\cdots,N;j=1,2,3$。

取 $\{(d^{11},d^{12},d^{13}),\cdots,(d^{N1},d^{N2},d^{N3}),C^N\}$ 为拼接后图像的正交小波变换，则由恢复算法可以得到拼接图像。值得注意的是，在做小波变换时要对图像边界进行处理，否则会产生信息丢失。

（三）消除拼接缝的强制改正方法

先统计拼接缝上任意位置两侧的灰度差，然后将灰度差在该位置两侧的一定范围内强制改正掉。如图 5-16 所示，$abcdef$ 是裁剪线，由于多种因素的影响，在裁剪线位置会形成明显的拼接缝。强制改正法首先统计裁剪线上任意位置在其法线方向上的两侧一定范围内的灰度差 Δg，为了避免改正结果出现条纹效应，每个位置的灰度差 Δg 应在该位置前后的多个位置上统计得到。然后将灰度差 Δg 在该位置法线方向上的两侧一定范围 w 内改正掉，参数 w 称做改正宽度，它的大小与灰度差 Δg 成正比，Δg 越大，改正宽度 w 也越大。灰度改正时，离拼接缝越近的像点，灰度值改正得越多，离拼接缝越远，改正得越少。

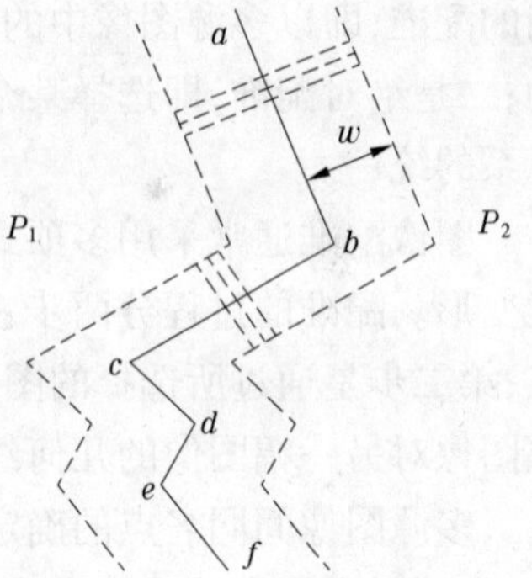

图 5-16　拼接缝的强制改正

另一种拼接缝的强制改正方法是基于重叠区影像的拼接缝平滑算法，该算法对拼接点两侧的灰度按如下公式进行处理：

$$\left.\begin{aligned}IN_i&=IA_i+(IB_i-IA_i)K\\K&=\frac{i}{W}\qquad 0\leqslant i\leqslant W-1\end{aligned}\right\} \tag{5-59}$$

式中　IN_i——平滑处理后得到的像元灰度值；

IA_i、IB_i——重叠区上相同位置两幅被镶嵌图像的像元灰度值；

W——平滑范围宽度；

K——权数。

W 由用户给出,其值应小于重叠区的宽度,K 在平滑范围内呈线性反向变化。

该算法在图像拼接的几何精度方面较高,一般拼接误差在一个像元以内。对于遥感图像,由于多种因素的影响,如控制点的误差、DEM 误差、计算过程中的重采样误差等,几何拼接精度很难保证在一个像元以内,在此情况下这种方法的效果也不是十分理想。此外,当拼接图像的重叠区域较小时,就不能利用此方法进行处理。

五、多图像数字镶嵌

随着遥感技术的发展,得到的遥感影像越来越多,形成了观测地球空间的影像金字塔。遥感传感器的分辨率(包括空间分辨率、时间分辨率、辐射分辨率和光谱分辨率)得到进一步的提高。在许多遥感图像处理中,需要对这些多源数据进行比较和分析,如进行对图像的融合、镶嵌、变化检测、统计模式识别、三维重构和地图修正等,都要求多源图像间必须保证在几何上是相互配准的。这些多源图像包括不同时间同一地区的图像、不同传感器同一地区的图像及不同时段的图像等,它们一般存在相对的几何差异和辐射差异。多图像的数字镶嵌问题,首先是解决多图像间的自动配准问题。

(一)图像间自动配准

图像配准的实质就是前述的遥感图像的几何纠正,根据图像的几何畸变特点,采用一种几何变换将图像归化到统一的坐标系中。图像之间的配准一般有两种方式:一是图像间的配准,即以多源图像中的一幅图像为参考图像,其他图像与之配准,其坐标系是任意的;二是绝对配准,即选择某个地图坐标系,将多源图像变换到这个地图坐标系,来实现坐标系的统一。

图像配准通常采用多项式纠正法,直接用一个适当的多项式来模拟两幅图像间的相互变形。配准的过程分两步:第一步是确定多源图像上分布均匀、数量足够的图像同名点;第二步是通过所选择的图像同名点解算几何变换的多项式系数,通过纠正变换完成一幅图像对另一幅图像的几何纠正。

多源图像间同名点的确定是图像配准的关键。图像同名点的获取可以用目视判读方式,亦可用图像自动配准方式——通过图像相关的方法自动获取同名点。

图像相关是利用两个信号的相关函数,评价它们的相似性,以确定同名点。

1. 数字图像相关的过程

(1)先在参考图像上选取以目标点(最好是明显地物点)为中心,大小为 $m \times n$ 的区域作为目标区域 T_1(m、n 为像元个数,为奇数,如 5×5,7×7 等),目标点在这个区域的中间。然后确定搜索图像的搜索区域 S_1,其大小为 $k \times l$,显然 $k > m$,$l > n$,S_1 的位置和大小选择必须合理,使得 S_1 中能完整地包容一个模板 T_1(即也包含了目标点的同名点)。其位置可以是大致估计或根据粗加工以后坐标的相对位移来确定。

(2)将模板 T_1 放入搜索区 S_1 内搜索同名点。从左到右、从上到下,逐像素地移动搜索区来计算目标区和搜索区之间的相关系数。取最大者为同名区域,其中心为同名点。

(3)选取下一个目标区,重复(1)、(2)以得到其在搜索区的同名点。

2. 图像匹配的算法

根据数字摄影测量学的原理和方法，数字影像相关算法常用的有相关函数法、协方差函数法、相关系数法和最小二乘影像匹配等。下面简介一下相关系数法。

相关系数是标准化的协方差函数，协方差除以两信号的方差即为相关系数。对信号 f、g，其相关系数为

$$\rho(f,g) = \frac{C_{fg}}{(C_{ff}C_{gg})^{\frac{1}{2}}} \tag{5-60}$$

式中　C_{fg}——两信号的协方差；

C_{ff}——信号 f 的方差；

C_{gg}——信号 g 的方差。

而对于离散的数字图像，其灰度数据 f、g 的相关系数表达式为：

$$\rho(c,r) = \frac{\sum_{i=1}^{m}\sum_{j=1}^{n}(f_{i,j}-\bar{f})\cdot(g_{i+r,j+c}-\bar{g})}{\sqrt{\sum_{i=1}^{m}\sum_{j=1}^{n}(f_{i,j}-\bar{f})^2\cdot\sum_{i=1}^{m}\sum_{j=1}^{n}(g_{i+r,j+c}-\bar{g})^2}} \tag{5-61}$$

其中，$\bar{f}=\frac{1}{mn}\sum_{i=1}^{m}\sum_{j=1}^{n}f_{i,j}$，$\bar{g}=\frac{1}{mn}\sum_{i=1}^{m}\sum_{j=1}^{n}g_{i+r,j+c}$。

f 为目标区 T_1 的灰度窗口，g 为搜索区 S_1 内大小为 $m\times n$ 的灰度窗口，(i,j) 为目标区中的像元行列号，(c,r) 为搜索区中心的坐标，搜索区移动后 (c,r) 随之变化，$m\times n$ 为目标区和搜索区的列数和行数，$\rho(c,r)$ 为目标区 f 和搜索区 g 在 (c,r) 处的相关系数。当 T_1 在 S_1 中搜索完后，ρ 最大者对应的 (c,r) 即为 T_1 的中心点的同名点。

当找到足够数量的同名点后，就可以用多项式拟合法，将一个图像与另一个图像配准。

图像配准后，即可用上一节的方法进行多图像间的镶嵌。

（二）基于小面元微分纠正的图像间自动配准

遥感图像配准融合系统软件 CyberLand 采用的图像配准方法：采用遥感图像间相互配准的小面元微分纠正算法。该算法利用了摄影测量中图像匹配的研究成果，即图像特征提取与基于松弛法的整体图像匹配，全自动地获取密集同名点对作为控制点，由密集同名点对构成密集三角网（小面元），利用小三角面元进行微分纠正，实现图像精确配准。通过小面元微分纠正，实现不同遥感图像间的精确相对纠正，检测中误差完全能够满足精度要求，可以解决山区因图像融合后出现的图像模糊与重影问题，同时适用于平坦地区和丘陵地区图像的配准和镶嵌问题。

小面元微分纠正的算法步骤如下：

1. 图像特征点提取

将目标图像中的明显点提取出来作为配准的控制点，这些特征点的提取是利用兴趣算子提取的。

2. 预处理

当图像的差异较大时，需要人工选取 1～3 对同名点的概略位置，根据这些同名点解

算图像间的概略的平移、旋转与缩放等预处理参数。通过预处理可以使低分辨率图像的比例尺和方位与目标图像基本接近,使图像匹配容易进行。

3. 粗匹配

以特征点为中心,取一矩形窗口作为目标窗口。根据先验知识的预测,把较大的矩形窗口作为搜索窗口。将目标窗口的灰度矩阵和搜索窗口中等大的子窗口灰度矩阵进行比较,其中最相似的子窗口的中心为该特征点的同名点。

粗匹配的结果将作为控制,用于后续的精匹配,因此具有较高的可靠性,其分布应尽量均匀。为检测其粗差,可对同名点的位置之差进行多项式拟合,将拟合残差大的点剔除。为了提高可靠性,可以用由粗到细的匹配方法,特征提取与粗匹配按分层多级图像金字塔结构进行。

4. 几何条件约束的整体松弛匹配

地面坡度产生不同的畸变是图像间最重要的差别,在评价相似性之前,先将搜索子窗口重采样,使其与目标窗口等大,然后评价其相似性,这样可以克服坡度引起的畸变差对匹配的不利影响。

大部分的地表是连续光滑的,因此在匹配的过程中应先考虑连续光滑的几何条件,包括目标点的顺序与其同名点顺序一致,同名点左右横坐标差不应有突变、相差不大且它们离一拟合曲面的距离都不大。

传统的图像匹配是孤立的单点匹配,它是以相似性测度最大或最小为评价标准,取该测度为其唯一的结果,且不考虑周围点匹配结果的一致性。由于图像变形的复杂性,相似性测度最大者有时不是对应的同名点。根据相关分析,互相关是一多峰值函数,其最大值不一定对应着同名点,而非峰值则有可能是同名点,因此同名点的判定必须借助其邻近点,且它们的影响是相互的。利用整体松弛匹配法能较好地解决这个问题。

5. 小面元纠正

由以上方法可知,在一幅图像中,通常可以提取数十万对同名点,这些点分布在山脊、山谷等特征线上,或者它们本身就是明显的特征点。将其构成相互对应的三角网。因为点数多,所以三角网的三角形面积都较小。对三角网的每一对三角形,设为$\triangle P_1P_2P_3$ 和$\triangle P'_1P'_2P'_3$,利用其三顶点的对应坐标(x_i,y_i),(x'_i,y'_i),$i=1,2,3$,解求仿射变换:

$$\left.\begin{aligned} x' &= a_0 + a_1x + a_2y \\ y' &= b_0 + b_1x + b_2y \end{aligned}\right\} \tag{5-62}$$

解求式(5-62)的系数 a_0,a_1,a_2,b_0,b_1,b_2。然后按式(5-62),将待纠正图像上的$\triangle P'_1P'_2P'_3$ 纠正成与目标图像对应的$\triangle P_1P_2P_3$。

该方法所用的控制点沿图像密集分布,对不同的遥感图像的几何变形进行了精确的相对纠正,因而能很好地解决山区遥感图像的配准问题。

第四节　遥感图像增强处理

目前,常用的遥感图像增强处理主要有彩色合成、灰度变换、直方图变换、密度分割、灰度颠倒、图像间运算、邻域增强处理、主成分分析、K－T变换、信息融合等。

一、彩色增强处理

(一)彩色合成

人眼对黑白密度的分辨能力有限,大致只有20个灰度级,而对彩色影像的分辨力则要高得多。人辨别颜色的能力叫色觉,它是指视网膜对不同波长光的感受特性,即在一般自然光线下分辨各种不同颜色的能力。只要可见光波长相差3~5 nm,人眼即可分辨。正常人色觉光谱的范围为380~760 nm,以此推算,人眼可察觉出近百种颜色的差别来。如果加上颜色的其他两个要素:饱和度和亮度,人眼能够辨别彩色差异的级数要远远大于黑白差异的级数。为了充分利用色彩在遥感图像判读和信息提取中的优势,常常利用彩色合成的方法对多光谱图像进行处理,以得到彩色图像。

彩色图像可以分为真彩色图像和假彩色图像。真彩色图像上影像的颜色与地物颜色基本一致,假彩色图像是指图像上影像的色调与实际地物色调不一致的图像。利用数字技术合成真彩色图像时,是把红色波段的影像作为合成图像中的红色分量、把绿色波段的影像作为合成图像中的绿色分量、把蓝色波段的影像作为合成图像中的蓝色分量进行合成的结果。

遥感中最常见的假彩色图像是彩色红外合成图像,它是在彩色合成时,把近红外波段的影像作为合成图像中的红色分量、把红色波段的影像作为合成图像中的绿色分量、把绿色波段的影像作为合成图像中的蓝色分量进行合成的结果。由图5-17可知:植被在近红外波段有较高的反射率,其次是绿色波段。按上述真彩色合成的方法进行合成时,绿色分量在此三分量中占的比重最大,所以该像素表现为绿色;而按上述的假彩色红外图像合成时,红色分量占的比重最大,所以该像素表现为红色。假彩色红外图像可以有效地突出植被要素,有利于植被的判读。

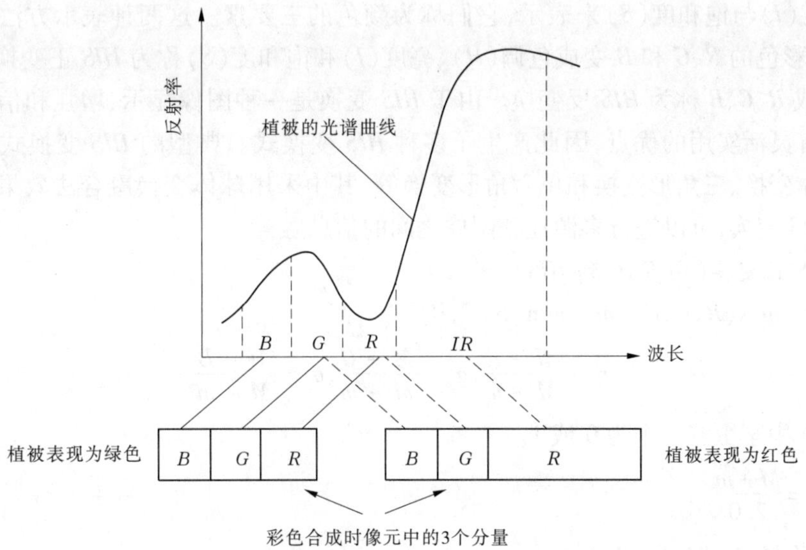

图5-17　真彩色和假彩色时像元中3个分量的颜色分配情况

(二)假彩色密度分割

密度分割也是彩色增强的一种方法，其做法是将原始图像的灰度值分成等间隔的离散灰度级。对每一层(级)赋以新的灰度级或颜色,就可以得到一幅密度分割图像。密度分割可以看成是线性变换的一种,用下式计算:

$$d'_{ij} = \frac{d_{ij} - d_{\min}}{d_{\max} - d_{\min}} n \tag{5-63}$$

其中,n 为密度分割的层数,其分割过程如图 5-18 所示。密度分割也可以用非线性分割方法。

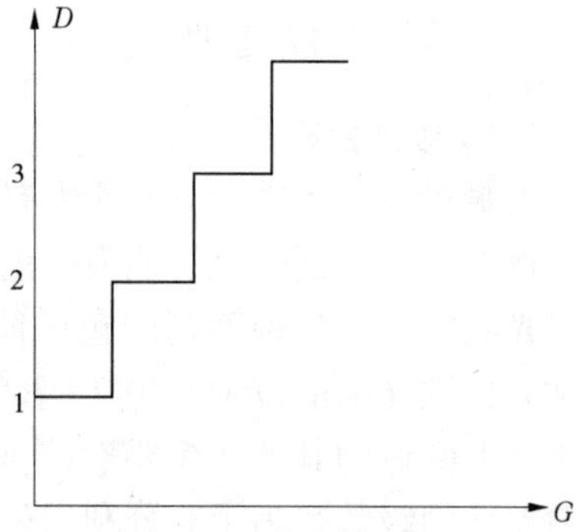

图 5-18 密度分割

单波段黑白遥感图像可按亮度分层,对每层赋予不同的彩色,使之成为一幅彩色图像。如:利用上述公式,当按 3 层分割时, $n=3$,新的灰度值小于等于 1 时,为第一层,赋给值 1;新的灰度值大于 1 而小于等于 2 时,为第二层,赋给值 2;其余的为第三层,赋给值 3。再给 1、2、3 分别赋予不同的颜色,于是就生成一幅彩色图像。

对于遥感图像而言,将黑白单波段图像赋上彩色总是有一定目的的,如果分层方案与地物光谱差异对应得好,可以区分地物的类别。当地物光谱的规律性在某一图像上表现不太明显时,也可以简单地对每一层亮度值赋色,以得到彩色图像,也会较一般黑白图像的效果好。

(三)彩色变换及其应用

在色度学中,红(Red)、绿(Green)、蓝(Blue)光称为色光的最佳三原色,用 R、G 和 B 表示。将 R、G 和 B 按不同比例组合可以构成自然界中的任何色彩。颜色也可以用色调(H)、亮度(I)与饱和度(S)来表示,它们称为颜色的三要素。这两种表示方法可以相互转换。把彩色的 R、G 和 B 变成色调(H)、亮度(I)和饱和度(S)称为 *HIS* 正变换,而由 H、I、S 变换成 R、G、B 称为 *HIS* 反变换。由于 *HIS* 变换是一种图像显示、增强和信息综合的方法,具有灵活实用的优点,因此产生了多种 *HIS* 变换式。典型的 *HIS* 变换式有球体变换、圆柱体变换、三角形变换和单六角形变换等,其中采用球体变换融合法效果最佳。利用球体 *HIS* 变换,可以进行多源遥感图像之间的信息融合。

1. *HIS* 正变换(由 *RGB* 到 *HIS*)

令 $M = \max(R,G,B)$, $m = \min(R,G,B)$

$$r = \frac{M-R}{M-m}, g = \frac{M-G}{M-m}, b = \frac{M-B}{M-m}$$

r、g、b 中至少有一个为 0 或 1。

(1) $I = \frac{M+m}{2.0}$。

(2)当 $M = m$ 时,$S = 0$;

当 $M \neq m$, $I \leqslant 0.5$ 时,$S = \frac{M-m}{M+m}$;

当 $M \neq m, I > 0.5$ 时，$S = \dfrac{M - m}{2.0 - M - m}$。

(3) 当 $S = 0$ 时，$H = 0$；

当 $S \neq 0, R = M$ 时，$H = 60(2 + b - g)$；

当 $S \neq 0, G = M$ 时，$H = 60(2 + r - b)$；

当 $S \neq 0, B = M$ 时，$H = 60(2 + g - r)$。

2. *HIS* 逆变换(由 *HIS* 到 *RGB*)

当 $I \leqslant 0.5$ 时，令 $M = I(1.0 + S)$；

当 $I > 0.5$ 时，令 $M = I + S - IS$。

令 $m = 2.0I - M$，则：

(1) $R = f(m, M, H) \times 255$。

(2) $G = f(m, M, H - 120) \times 255$。

(3) $B = f(m, M, H - 240) \times 255$。

上面三式的右端可以写成函数 $f(m, M, H)$ 的形式，当 H 为负数时，可加上360使之为正，f 的具体形式为

当 $0 \leqslant H < 60$ 时，$f = m + \dfrac{(M - m)H}{60}$；

当 $60 \leqslant H < 180$ 时，$f = M$；

当 $180 \leqslant H < 240$ 时，$f = m + \dfrac{(M - m)(240 - H)}{60}$；

当 $240 \leqslant H < 360$ 时，$f = m$。

3. *HIS* 变换在遥感影像信息融合中的应用

利用 *HIS* 变换，可以实现不同空间分辨率的遥感图像之间几何信息的叠加。例如，对于 SPOT 全色波段的图像(空间分辨率为 10 m，图像大小为 6 000 像元 ×6 000 像元)和多光谱图像(空间分辨率为 20 m，图像大小为 3 000 像元 ×3 000 像元)，可先对二者进行图像配准，再对多光谱图像进行重采样，使其在图像大小方面和全色波段的图像相一致。然后对 3 个波段的多光谱实施 *HIS* 正变换，并用 10 m 分辨率的全色图像替换经 *HIS* 正变换以后得到的亮度分量 I，最后进行 *HIS* 逆变换可得到 10 m 分辨率的多光谱图像，整个过程如图 5-19 所示。

二、空间域增强处理

空间域是指图像平面所在的二维空间，空间域图像增强是指在图像平面上应用某种数学模型，通过改变图像像元灰度值达到增强效果，这种增强并不改变像元的位置。空间域增强处理最常用的方法是反差增强。反差增强又称对比度增强，是计算机图像处理中最基本、最常用的增强技术。反差增强主要通过改变图像灰度分布态势，扩展灰度分布区间，达到增强反差的目的。由于反差增强处理是按像元逐次进行的，有时又称点增强。空间域图像增强的主要内容如图 5-20 所示。

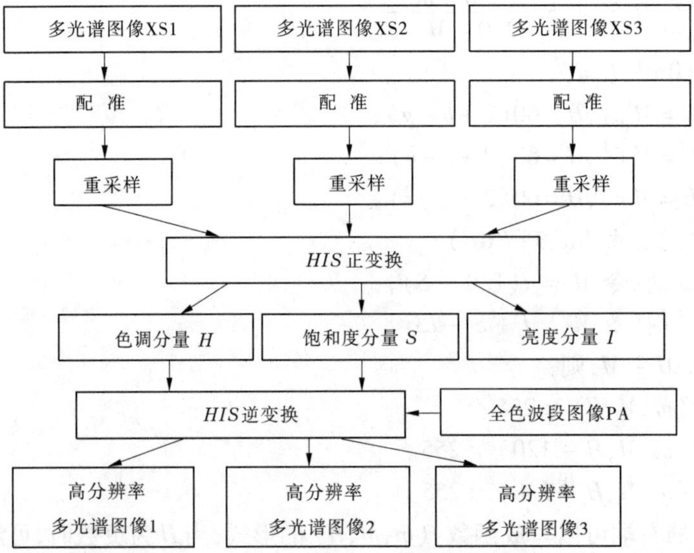

图 5-19　SPOT 全色波段和多光谱图像的信息融合

- 空间域图像增强
  - 点运算
    - 灰度变换
    - 直方图修改法
      - 均衡化
      - 规定化
    - 局部统计法
  - 局部运算
    - 图像平滑
    - 图像锐化

图 5-20　空间域图像增强的主要内容

(一)灰度级校正

在成像过程中,扫描系统、光电转换系统中的很多因素,如光照强弱、感光部件灵敏度、光学系统不均匀性、元器件特性不稳定等均可造成图像亮度分布的不均匀,导致某些部分亮,某些部分暗。灰度级校正就是在图像采集系统中对图像像素进行修正,使整幅图像成像均匀。

令理想输入系统输出的图像为 $f(i,j)$,实际获得的降质图像为 $g(i,j)$,则有

$$g(i,j) = e(i,j)f(i,j) \tag{5-64}$$

其中,$e(i,j)$ 为降质函数或观测系统的灰度失真系数。标定失真系数时采用一幅灰度级为常数 C 的图像成像,若经成像系统的实际输出为 $g_c(i,j)$,则有

$$g_c(i,j) = e(i,j)C \tag{5-65}$$

从而可得到降质函数

$$e(i,j) = g_c(i,j)C^{-1} \tag{5-66}$$

将式(5-66)代入式(5-64),就可得降质图像 $g(i,j)$ 经校正后所恢复的原始图像 $f(i,j)$。

$$f(i,j) = C\frac{g(i,j)}{g_c(i,j)} \tag{5-67}$$

值得注意的是,经灰度级校正后的图像为连续图像,乘了一个系数后,$f(i,j)$ 有可能出

现"溢出"现象,即灰度级值可能超过某些记录器件或显示器的灰度输出许可范围,因此需再作适当修正。最后对修正后的图像进行量化。

(二)灰度变换

灰度变换可使图像动态范围增大,图像对比度扩展,图像变清晰,特征明显,是图像增强的重要手段之一。

1. 线性增强

令原图像 $f(i,j)$ 的灰度范围为 $[a,b]$,线性变换后图像 $g(i,j)$ 的灰度范围为 $[a',b']$,则 $g(i,j)$ 与 $f(i,j)$ 之间的关系式为:

$$g(i,j) = a' + \frac{b'-a'}{b-a}[f(i,j)-a] \tag{5-68}$$

在曝光不足或过度的情况下,图像灰度可能会局限在一个很小的范围内。这时在显示器上看到的将是一个模糊不清、似乎没有灰度层次的图像。采用线性变换对图像每一个像素灰度作线性拉伸,将有效地改善图像的视觉效果。

用线性增强的方法亦可进行分段线性变换,来突出感兴趣的目标或灰度区间,相对抑制那些不感兴趣的灰度区间。通过细心调整折线拐点的位置及控制分段直线的斜率,可对任一灰度区间进行拉伸或压缩。

2. 非线性增强

当用某些非线性函数如对数函数、指数函数等作为映射函数时,可实现图像的非线性变换。对数函数的一般表达式为

$$g(i,j) = a + b\ln[cf(i,j) + d] \tag{5-69}$$

这里 a,b,c,d 是为了调整曲线的位置和形状而引入的参数。当希望对图像的低灰度区进行较大拉伸而对高灰度区压缩时,可采用这种变换,它能使图像灰度分布与人的视觉特性相匹配。若需对图像的高灰度区给予较大拉伸,可采用指数变换式

$$g(i,j) = a + b^{[cf(i,j)+d]} \tag{5-70}$$

另外,还有平方根变换等。其式如下

$$g(i,j) = a + b[cf(i,j) + d]^{\frac{1}{2}} \tag{5-71}$$

(三)图像灰度反转

灰度反转是指对图像灰度范围进行线性或非线性取反,产生一幅与输入图像灰度相反的图像,其结果是原来亮的地方变暗,原来暗的地方变亮。灰度变换有两种算法:

一种是条件反转,它强调了图像中灰度较暗的部分,其表达式为

$$\left.\begin{aligned} D_{out} &= 1.0 \qquad (0 < D_{in} < 0.1) \\ D_{out} &= \frac{0.1}{D_{in}} \qquad (0.1 < D_{in} < 1.0) \end{aligned}\right\} \tag{5-72}$$

其中,D_{in} 为输入图像灰度,且已归一化处理(0~1.0);D_{out} 为输出反转灰度。

另一个为简单反转,其表达式为

$$D_{out} = 255 - D_{in} \tag{5-73}$$

它是灰度颠倒,相当于在光学处理中为负片印制成正片,或反之。这样的运算,可以使正像和负像互换。

（四）直方图均衡化

1. 图像灰度直方图概念

图像灰度直方图反映了一幅图像中灰度级与其出现概率之间的关系。对于数字图像,由于图像空间坐标和灰度值都已离散化,可以统计出灰度等级的分布状况。数字图像的灰度编码从0,1,2,…,2^n-1(n为图像量化时的比特数),每一个灰度级的像元数m_i可以从图像中统计出来,整幅图像的像元数为M,则任意灰度级出现的频率为:

$$P_i = \frac{m_i}{M} \tag{5-74}$$

$$M = \sum_{i=0}^{2^n-1} m_i \tag{5-75}$$

图像直方图随图像不同而不同,不同的图像有不同的直方图。灰度直方图可以看成是一个随机分布的密度函数,其分布状态用灰度均值和标准差两个参数来衡量。其灰度均值为

$$\overline{X} = \frac{1}{RL}\sum_{i=0}^{R-1}\sum_{j=0}^{L-1} X_{ij} \tag{5-76}$$

$$M = RL$$

式中　$\overline{X}$——整幅图像灰度平均值;

X_{ij}——i,j处像元的灰度值;

R——图像行数;

L——图像列数;

M——图像像元总数。

标准差为

$$\delta = \left[\frac{1}{M-1}\sum_{i=0}^{M-1}(X_i-\overline{X})^2\right]^{\frac{1}{2}} \tag{5-77}$$

其中,X_i是i处像元的灰度值。

图像直方图所包含的面积为1,即有

$$\sum_{i=0}^{2^n-1} P_i = 1 \tag{5-78}$$

如果用F表示累积分布函数,则有

$$F_j = \sum_{i=0}^{j} P_i \tag{5-79}$$

2. 直方图的性质

(1)灰度直方图只能反映图像灰度的分布情况,而不能反映图像像素的位置,即丢失了像素的位置信息。

(2)一幅图像对应唯一的灰度直方图,反之不成立,不同的图像可以对应相同的直方图。

(3)一幅图像分成多个区域,多个区域直方图之和即为原图像直方图。

3. 直方图的状态与图像特征

(1)如图5-21(a)所示图像直方图靠近低灰度区,该图像属于低反射率景物图像。

(2)如图 5-21(b)所示图像直方图靠近高灰度区,该图像属于高反射率景物图像。

(3)如图 5-21(c)所示图像直方图的标准差偏小,为低反差景物图像。

(4)如图 5-21(d)所示图像直方图的标准差偏大,为高反差景物图像。

(5)如图 5-21(e)所示图像直方图呈现出多峰,图中有多种地物出现的频率较高。

(6)如图 5-21(f)所示图像直方图呈现出双峰,并且高亮度地物(如云、白背景等)出现频率高。

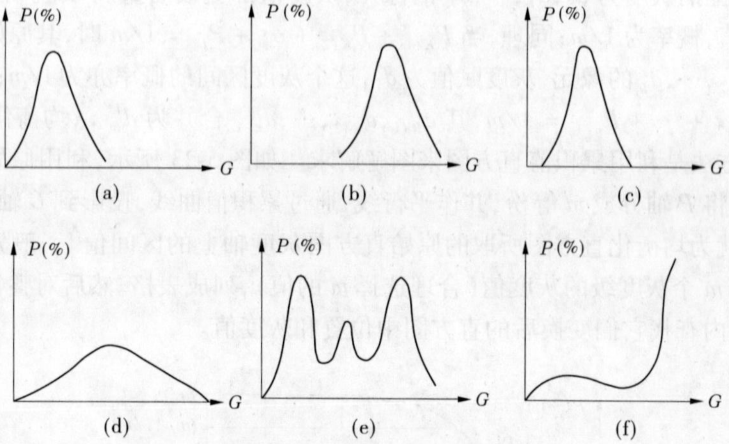

图 5-21　不同特征直方图

3. 直方图均衡化

直方图均衡化是将随机分布的图像修改成为均匀分布的直方图,其实质是对图像进行非线性拉伸,重新分配图像的像元值,使一定范围内的像元值大致相等。

如图 5-22 所示,图 5-22(a)为原始图像直方图,可用一维数组 $P(A)$ 表示,即

$$P(A) = [P_0, P_1, \cdots, P_{n-1}] \tag{5-80}$$

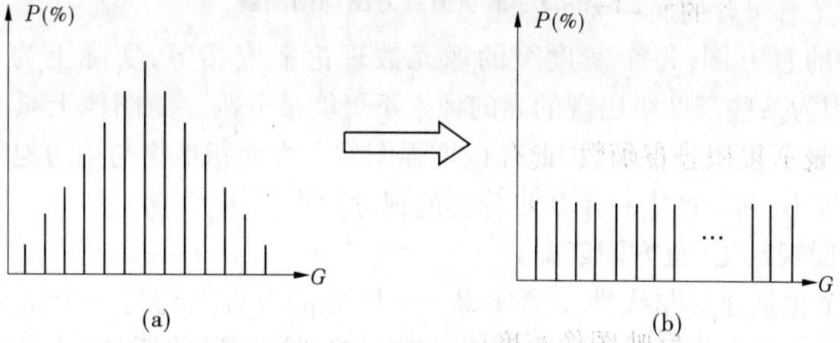

图 5-22　直方图均衡

图 5-22(b)为均衡后的图像直方图,可用一维数组 $\overline{P}(A)$ 表示,即

$$\overline{P}(A) = [\overline{P}_0, \overline{P}_1, \cdots, \overline{P}_{m-1}] \tag{5-81}$$

其中,$\overline{P}_0 = \overline{P}_1 = \cdots = \overline{P}_i = \overline{P}_{i+1} = \cdots = \overline{P}_{m-1} = 1/m$。$m$ 为均衡后的直方图灰度级。因此,直方图均衡需知道图像均衡后的灰度级 m。由直方图可知:

$$\sum_{i=0}^{n-1} P_i = \sum_{j=0}^{m-1} \overline{P_j} = 1 \tag{5-82}$$

也就是说,原始图像有 n 个灰度级,均衡后的图像有 m 个灰度级,其中 $m < n$,总的像素是不变的。若知某像素的某灰度级(或灰度区间内)的概率 P_i,将它与此图像的总像素相乘,则得到此灰度级的像素量。

为了达到均衡直方图的目的,可用累加的方法来实现,即当 $P_0 + P_1 + \cdots + P_K = 1/m$ 时,其原图像上的灰度为 $d_0, d_1, \cdots, d_K$ 的像元,灰度值都更改后重新赋值 d'_0,为均衡后的第一个灰度值,概率为 $1/m$;同理,当 $P_{K+1} + P_{K+2} + \cdots + P_L = 1/m$ 时,其原始图像上的灰度为 $d_{K+1}, d_{K+2}, \cdots, d_L$ 的像元,灰度赋值为 d'_1,这个灰度区间的概率亦为 $1/m$;依次类推,直到 $P_{R+1} + P_{R+2} + \cdots + P_{n-1} = 1/m$,其 $d_{R+1}, d_{R+2}, \cdots, d_{n-1}$ 合并为 d'_{m-1},均衡化完成。

另一种方法是利用累积值直方图来图解解求。如图 5-23 所示,利用原始直方图和累积值直方图,将 P 轴分成 m 等份,并作平行线,通过累积值曲线,投影到 G 轴上,则 G 轴上交出的各点就为均衡化直方图所取的原始直方图灰度轴上的区间值。一般先求出灰度区间阈值,确定 m 个灰度级的灰度值(合理选择 m 的值),列成表格。然后对整幅图像的每个像元,在表格内查找它们变换后的直方图中位置和灰度值。

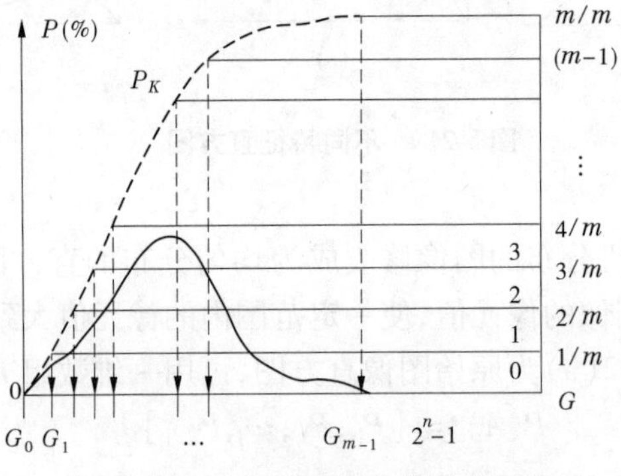

图 5-23　累积值直方图均衡图解

均衡化后的直方图,每个灰度级的像元数理论上应相等,实际上为近似相等,如图 5-24 所示,因为某些灰度级出现的高的像素不可能被分割。原图像上频率小的灰度级被合并,频率高的灰度级被保留,因此可以增强图像上大面积地物与周边地物的反差。如输出数据分段较小,则会产生一个初步分类的视觉效果。

(五)直方图规定化(直方图匹配)

直方图规定化是通过非线性变换使得一个图像的直方图与另一个图像的直方图类似。直方图规定化对在不同时间获取的同一地区或邻接地区的图像,或者由于太阳高度角或大气影响引起的差异的图像很有用,特别是对图像镶嵌或变化检测。

为了使图像直方图匹配获得好的结果,两幅图像应有相似的特性:图像直方图总体形状应类似;图像中黑与亮特征应相同;对某些应用,图像的空间分辨率应相同;图像上地物分布应相同,尤其是不同地区的图像匹配。如果一幅图像里有云,而另一幅没有云,那么在直方图匹配前,应将其中一幅里的云去掉。

为了进行图像直方图匹配,同样可以建立查找表,作为将一个直方图转换成另一个直

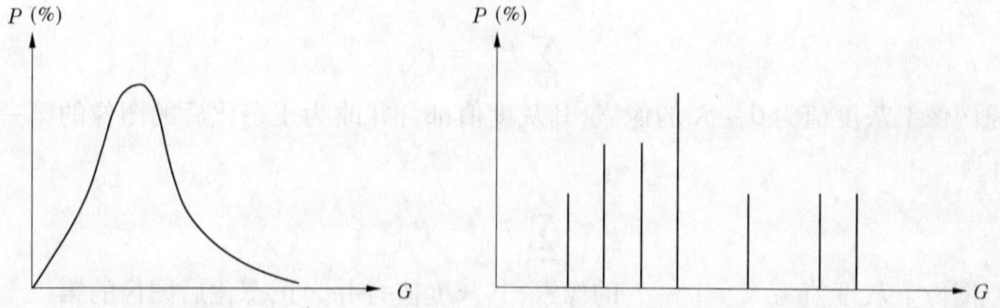

(a)原始直方图　　(b)均衡后直方图

图 5-24　直方图均衡的结果

方图的函数。以直方图正态化为例来说明，将一幅随机分布的原图像直方图“规定化”成高斯分布的直方图，如图 5-25 所示。

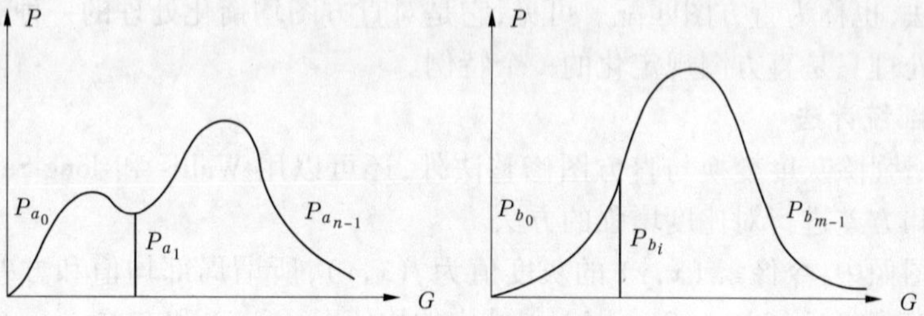

图 5-25　直方图正态化

设原始图像的直方图：

$$P(A) = [P_{a_0}, P_{a_1}, P_{a_2}, \cdots, P_{a_i}, \cdots, P_{a_{n-1}}] \tag{5-83}$$

正态化图像直方图：

$$P(B) = [P_{b_0}, P_{b_1}, P_{b_2}, \cdots, P_{b_i}, \cdots, P_{b_{m-1}}] \tag{5-84}$$

正态分布公式为：

$$P(x) = \frac{1}{\sqrt{2\pi\sigma}} \int_{-\infty}^{\infty} \exp\left[\frac{-(x-\bar{x})^2}{2\sigma^2}\right] \mathrm{d}x \tag{5-85}$$

式中　x——变量；

$\bar{x}$——均值；

σ——标准差。

由于图像是非负的、有限的，数字图像又是离散函数，所以正态公式可写为：

$$P(x) = \frac{1}{\sqrt{2\pi\sigma}} \sum_{x=0}^{m-1} \exp\left[\frac{-(x-\bar{x})^2}{2\sigma^2}\right] \tag{5-86}$$

式中　x—— 直方图的每个元素值(即每个灰度处的频率值)$P_{b_0}, P_{b_1}, \cdots, P_{b_{m-1}}$；

$P(x)$—— 正态曲线下的面积，$P(x) = 1$。

对于某一区间的频率累加值，即

$$P(x_j) = \frac{1}{\sqrt{2\pi\sigma}} \sum_{j=b_i}^{b_j} \exp\left[\frac{-(x_j-\bar{x})^2}{2\sigma^2}\right] \tag{5-87}$$

修改直方图的方法与直方图均衡类似,采用累加方法,即当

$$\sum_{i=0}^{K} P_{a_i} = P_{b_0} \tag{5-88}$$

时,原图像上灰度值为 0 ~ K 的像素,其灰度值都合并改为正态化后的图像的第一个灰度值 0;当

$$\sum_{i=K+1}^{L} P_{a_i} = P_{b_1} \tag{5-89}$$

时,原图像上灰度值为 $K+1$ ~ L 的像素,其灰度值合并为正态化后图像的第二个灰度值 1,依次类推,可得到正态化后的图像。

由于数字图像存在离散化的误差,把原始直方图的累积分布函数作为变换函数,直方图均衡只能产生近似均匀直方图,这限制了均衡化的效果。但在某些情况下,并不一定需要具有均匀直方图的图像,有时需要具有特定形状的直方图的图像,以便能够增强图像中某些灰度级。直方图规定化是使原图像灰度直方图变成规定形状的直方图而对图像作修正的增强方法,也称为直方图匹配。可见,它是对直方图均衡化处理的一种有效扩展。直方图均衡化处理只是直方图规定化的一个特例。

(六)局部统计法

对比度增强除灰度变换与直方图修整法外,还可以用 Wallis 和 Jong-Sen Lee 提出的用局部均值和方差进行对比度增强的方法。

在一幅图像中,令像素 (x,y) 的灰度值为 $f(x,y)$,所谓局部均值和方差是指以像素 (x,y) 为中心的 $(2n+1)\times(2m+1)$ 邻域内的均值 $m_L(x,y)$ 和方差 $\sigma_L^2(x,y)$(n,m 为正整数)。计算式为

$$m_L(x,y) = \frac{1}{(2n+1)(2m+1)}\sum_{i=x-n}^{x+n}\sum_{j=y-m}^{y+m} f(i,j) \tag{5-90}$$

$$\sigma_L^2(x,y) = \frac{1}{(2n+1)(2m+1)}\sum_{i=x-n}^{x+n}\sum_{j=y-m}^{y+m} [f(x,y) - m_L(x,y)]^2 \tag{5-91}$$

Wallis 提出的算法使每个像素具有希望的局部均值 m_d 和局部方差 σ_d^2。那么像素 (x,y) 的输出值为

$$g(x,y) = m_d + \frac{\sigma_d}{\sigma_L^2(x,y)}[f(x,y) - m_L(x,y)] \tag{5-92}$$

式中,$m_L(x,y)$ 和 $\sigma_L^2(x,y)$ 分别根据式(5-90)和式(5-91)求得。若 $m_L(x,y)$ 和 $\sigma_L^2(x,y)$ 是像素 (x,y) 的真实均值和方差,则 $g(x,y)$ 将具有均值 m_d 和方差 σ_d^2。

Jong-Sen Lee 提出的改进算法保留像素 (x,y) 的局部均值,而对它的局部方差作了改动,使

$$g(x,y) = m_L(x,y) + k[f(x,y) - m_L(x,y)] \tag{5-93}$$

这里 k 是局部标准偏差的比率。这种改进算法的主要优点是不用计算局部方差 $\sigma_L^2(x,y)$。若 $k>1$,图像得到锐化,类似高通滤波;若 $k<1$,图像将被平滑,类似低通滤波;在极端情况 $k=0$ 时,$g(x,y)$ 等于局部均值 $m_L(x,y)$。

(七)空间域图像平滑

图像平滑的目的在于消除各种干扰噪声,使图像中高频成分消退,平滑掉图像的细

节，使其反差降低，保存低频成分。空间域中的邻域平均法，其思想是利用图像点(x,y)及其邻域若干个像素的灰度平均值来代替(x,y)的灰度值，结果是对亮度突变的点产生"平滑"的效果。邻域平均法是基于图像上的背景或目标部分灰度的变化是连续的、缓慢的，而颗粒噪声使图像上的一些灰度形成突变。通过邻域平均可以平滑突变的灰度。

对于离散的数字图像，其平滑公式为

$$g(x,y) = \frac{1}{M}\sum_{(n,m)\in S} f(n,m) \tag{5-94}$$

式中　$g(x,y)$——点(x,y)平滑后的灰度值；

$f(n,m)$——邻域 S 中各像元的灰度值；

M——邻域 S 中的点数；

S——(x,y)的邻域，可以取包含(x,y)的 3×3 邻域、5×5 邻域或 7×7 邻域等；

n,m——邻域 S 的行数、列数。

平滑计算可以用邻域内元素与其对应的权相乘后相加进行，用 $\oplus$ 表示，称为空间卷积，如图 5-26 所示。

1/9	1/9	1/9
1/9	1/9	1/9
1/9	1/9	1/9

(a)

$\oplus$

a	b	c
d	e	f
g	h	i

(b)

图 5-26　邻域图像的平滑计算

图 5-26 中 e 点经平滑后的灰度值为：

$$e' = \frac{1}{9}(a+b+c+d+e+f+g+h+i) \tag{5-95}$$

以上图示与式(5-95)计算相同，并称 A 为算子或模板。

有时考虑平滑效果，需对图像进行多次平滑计算。但其结果是使图像模糊，因为图像的细节部分，也是灰度有突变的区域，因此平滑以后会使图像产生模糊。为此，设置阈值 T 来限制平滑过程中产生的不足。当 $|e-e'|>T$ 时，用 e' 代替 e；否则 e 不变。

如果在平滑运算中认为中心点 e 在 e' 中有较大的贡献，可以给予较大的权。算子或模板大小、权可根据情况而定，设计不同模板时，注意模板中各数值之和为 1(见图 5-27)，即有平均的意思。平滑的结果使整幅图像反差减小，其缺点是造成图像变得模糊。

1/16	1/8	1/16
1/8	1/4	1/8
1/16	1/8	1/16

1/10	1/10	1/10
1/10	2/10	1/10
1/10	1/10	1/10

0	1/8	0
1/8	1/2	1/8
0	1/8	0

图 5-27　几种平滑算子

(八)空间域图像锐化

锐化是增强图像中的高频成分，突出图像边缘信息，提高图像细节反差，也称为边缘增强,其结果与平滑相反。

1. 梯度锐化法

锐化是对邻区窗口内的图像微分,常用的微分方法是梯度。给定一个函数 $f(x,y)$,在坐标 (x,y) 处的梯度定义为一个矢量:

$$\text{grad}(x,y) = \begin{bmatrix} f'_x \\ f'_y \end{bmatrix} = \begin{bmatrix} \dfrac{\partial f(x,y)}{\partial x} \\ \dfrac{\partial f(x,y)}{\partial y} \end{bmatrix} \tag{5-96}$$

其大小和方向分别是

$$\left.\begin{aligned} |\text{grad}(x,y)| &= \sqrt{f'^2_x + f'^2_y} = \sqrt{\left[\frac{\partial f(x,y)}{\partial x}\right]^2 + \left[\frac{\partial f(x,y)}{\partial y}\right]^2} \\ \theta &= \arctan(f'_y/f'_x) = \arctan\left[\frac{\partial f(x,y)}{\partial y} \Big/ \frac{\partial f(x,y)}{\partial x}\right] \end{aligned}\right\} \tag{5-97}$$

梯度的方向是 $f(x,y)$ 在该点灰度变化率最大的方向。

对于离散的图像处理而言,常用到梯度大小,因此把梯度的大小习惯称为"梯度"。并且一阶偏导数采用一阶差分近似表示,即

$$\left.\begin{aligned} f'_x &= f(x,y+1) - f(x,y) \\ f'_y &= f(x+1,y) - f(x,y) \end{aligned}\right\} \tag{5-98}$$

为简化梯度的计算,经常用下面的近似表达式:

$$\text{grad}(x,y) = \max(|f'_x|, |f'_y|) \tag{5-99}$$

或

$$\text{grad}(x,y) = |f'_x| + |f'_y| \tag{5-100}$$

对于一幅图像中突出的边缘区,其梯度值较大;对于平滑区,梯度较小;对于灰度级为常数的区域,梯度为 0。除梯度算子外,还采用 Roberts、Prewitt 和 Sobel 算子计算梯度,来增强边缘。Roberts 梯度用式(5-101)表达

$$\text{grad}(x,y) = |f(x+1,y+1) - f(x,y)| + |f(x+1,y) - f(x,y+1)| \tag{5-101}$$

为在锐化边缘的同时减小噪声的影响,Prewitt 从加大边缘增强算子出发,由 2×2 扩大到 3×3 来计算差分。Sobel 在此基础上对 4 邻域采用加权的方法计算差分,如图 5-28 所示。

-1	0	1
-1	0	1
-1	0	1

-1	-1	-1
0	0	0
1	1	1

(a)Prewitt算子

-1	0	1
-2	0	2
-1	0	1

-1	-2	-1
0	0	0
1	2	1

(b)Sobel算子

图 5-28　Prewitt、Sobel 算子

一旦梯度算出后,就可以根据不同的需要生成不同的增强图像。

$$g(x,y) = \text{grad}(x,y) \tag{5-102}$$

此法缺点是增强的图像仅显示灰度变化比较陡的边缘轮廓,而灰度变化比较平缓或均匀的区域则呈黑色。

$$g(x,y) = \begin{cases} \text{grad}(x,y), & \text{grad}(x,y) \geq T \\ f(x,y), & \text{其他} \end{cases} \tag{5-103}$$

式中,T 是一个非负的阈值。适当选取 T 可使边缘轮廓突出,又不破坏原来灰度变化比较平缓的背景。

$$g(x,y) = \begin{cases} L_G, & \text{grad}(x,y) \geq T \\ f(x,y), & \text{其他} \end{cases} \tag{5-104}$$

式中,L_G 是根据需要指定的一个灰度级,它将明显边缘用一固定的灰度级 L_G 来表现。

$$g(x,y) = \begin{cases} \text{grad}(x,y), & \text{grad}(x,y) \geq T \\ L_B, & \text{其他} \end{cases} \tag{5-105}$$

此法将背景用一固定的灰度级 L_B 来表现,便于研究边缘灰度的变化。

$$g(x,y) = \begin{cases} L_G, & \text{grad}(x,y) \geq T \\ L_B, & \text{其他} \end{cases} \tag{5-106}$$

此法将明显边缘和背景分别用 L_G 和 L_B 表示,生成二值图像,便于研究边缘所在位置。

2. Laplacian 增强算子

Laplacian 算子是线性二阶微分算子。即

$$\nabla^2 f(x,y) = \frac{\partial^2 f(x,y)}{\partial x^2} + \frac{\partial^2 f(x,y)}{\partial y^2} \tag{5-107}$$

对离散的数字图像而言,二阶偏导数用二阶差分近似,由此可推导出 Laplacian 算子表达式为:

$$\nabla^2 f(x,y) = f(x+1,y) + f(x-1,y) + f(x,y+1) + f(x,y-1) - 4f(x,y) \tag{5-108}$$

Laplacian 增强算子为:

$$\begin{aligned} g(x,y) &= f(x,y) - \nabla^2 f(x,y) \\ &= 5f(x,y) - [f(x+1,y) + f(x-1,y) + f(x,y+1) + f(x,y-1)] \end{aligned} \tag{5-109}$$

特点一是由于灰度均匀的区域或斜坡中间 $\nabla^2 f(x,y)$ 为 0,Laplacian 增强算子不起作用;特点二是在斜坡或低灰度侧形成"下冲",而在斜坡顶或高灰度侧形成"上冲",说明 Laplacian 增强算子具有突出边缘的特点,其对应的模板为:

0	-1	0
-1	5	-1
0	-1	0

3. 高通滤波法

高通滤波法就是在空间域用高通滤波算子和图像卷积来增强边缘。常用的算子有：

$$H_1 = \begin{bmatrix} 1 & -2 & 1 \\ -2 & 5 & -2 \\ 1 & -2 & 1 \end{bmatrix}, H_2 = \begin{bmatrix} -1 & -1 & -1 \\ -1 & 9 & -1 \\ -1 & -1 & -1 \end{bmatrix}$$

三、其他增强方法

（一）图像间的运算

两幅或多幅单波段图像，空间配准后，通过一系列四则运算，可以实现图像的增强，达到增强某些信息，或去掉某些不必要信息的目的。

1. 加法运算

加法运算就是两幅或多幅相同行列数、不同波段的图像，其对应像元的亮度值相加的运算，即：

$$g(x,y) = \frac{1}{k}\sum_{i=1}^{k} f_i(x,y) \tag{5-110}$$

式中，$k = 2,3,\cdots,n$ 。

例如，MSS4 + MSS5 波段的运算为：

$$g_{45}(x,y) = \frac{1}{2}\sum_{i=4}^{5} f_i(x,y) \tag{5-111}$$

这样得到的图像 $g_{45}(x,y)$ 实际上是一个近似的缺蓝全色黑白图像。

MSS4 + MSS5 + MSS6 + MSS7 波段的运算为：

$$g_{4567}(x,y) = \frac{1}{4}\sum_{i=4}^{7} f_i(x,y) \tag{5-112}$$

得到的图像为近似的红外全色黑白图像。

2. 减法运算

减法运算就是两幅相同行列数、不同波段的图像，其对应像元的亮度值相减的运算，也称为差值运算，即：

$$f_D(x,y) = f_1(x,y) - f_2(x,y) \tag{5-113}$$

差值运算应用于两个波段时，相减后的值反映了同一地物不同波段光谱反射率之间的差。由于不同地物反射率差值不同，两波段亮度值相减后，差值大的地物被突出出来。例如，健康的植被在红波段（0.65 μm 附近）有明显的吸收谷，反射率很低；而在近红外波段（0.8～1.3 μm）形成高反射峰，反射率很高。当用近红外波段减红波段时，植被像元差值很大，而土壤和水在这两个波段反射率差值就很小，因此相减后的图像可以把植被信息突出出来，在差值图像中很容易识别出植被的分布区域和面积。如果不做相减，在近红外波段上区分植被和土壤，或在红色波段上区分植被和水体是不容易的。因此，图像的差值运算能增强某些目标地物与背景之间的反差，有利于信息提取，如冰雪覆盖区、黄土高原区的界线特征；海岸带的潮汐线等。

差值运算还常用于研究同一地区不同时相的动态变化。如用森林火灾发生前后的图像做差值运算,在差值图像上,火灾地区由于变化明显,相减后的差值大,其他地区由于变化小,相减后的差值很小,因此火灾地区被突出出来,便于计算过火面积、损失等。差值运算还可以监测洪水灾情,即利用洪灾发生前后的遥感图像做差值运算,突出洪灾发生区域,计算洪灾面积及损失。同时差值运算在监测城市不同年份的扩展情况及计算侵占农田的比例、河口泥沙的变化等方面都有很好的应用。

3. 乘法运算

乘法运算就是两幅相同行列数、不同波段的图像,其对应像元的亮度值相乘后再进行开方的运算。例如,MSS4 与 MSS5 的乘法运算为

$$g_{4,5}(x,y) = \sqrt{f_4(x,y) \times f_5(x,y)} \tag{5-114}$$

由于用亮度值运算,所以这种运算结果近似于加宽了波段的范围。

4. 除法运算

除法运算就是两幅相同行列数、不同波段的图像,其对应像元的亮度值相除(除数不为0)的运算,又叫比值运算,即

$$f_R(x,y) = f_1(x,y)/f_2(x,y) \tag{5-115}$$

在比值图像上,像元的亮度反映了两个波段光谱比值的差异。因此,这种算法用于增强和区分在不同波段比值差异较大的地物。比值运算也可以利用不同波段的图像进行加、减、乘、除四则混合运算,该运算的典型应用实例就是 *NDVI* 植被指数,植被指数突出了遥感影像中的植被特征,对于提取植被类别或估算植被生物量非常有效。常用植被指数算法如:近红外波段 / 红波段或(近红外 - 红) / (近红外 + 红)。

例如,TM4/TM3, AVHRR2/AVHRR1,或(TM4 - TM3)/(TM4 + TM3),(AVHRR2 - AVHRR1)/(AVHRR2 + AVHRR1)等,应用效果都很好。

比值运算对于去除遥感图像上的地形影响也非常有效。由于地形起伏及太阳倾斜照射,使得山坡的向阳处与阴影处在遥感影像上的亮度有很大区别,同一地物向阳面和背阴面亮度不同,给判读解译造成困难,特别是在计算机分类时造成错误。由于阴影的形成主要是地形因子的影响,比值运算可以去掉这一因子影响,使向阳与背阴处都毫无例外地只与地物反射率的比值有关。

(二)频率域滤波

频率域滤波也是图像增强常用的方法,任何一幅图像都是由按顺序排列的像元组成的若干条扫描线构成的,若以扫描线的像元点位置为横坐标,以像元点的灰度值为纵坐标绘制成的扫描线就是一条曲线。任何一条复杂的曲线,都可以通过数学的方法把它分解成若干条不同的波长(频率)的简单波形曲线。频率域滤波就是把各个扫描线所绘成的(复式)波形曲线,通过计算机的空间滤波程序分解成不同波长(频率)的简单波形曲线;并根据需要舍去不需要的频率波形曲线,选择适宜的频率波形曲线,重新组成新的图像,以突出不同的地物。所以,频率域滤波首先将空间域图像变换成频率域图像,然后对频率域图像的频谱进行修改,达到增强的目的。图像从空间域变换到频率域后,低频分量对应图像中灰度值变化缓慢的区域,而高频分量则表征了图像中物体的边缘和随机噪声等信息。

1. 频率域滤波基本技术

频率域滤波的理论基础是傅里叶变换与卷积理论,基本步骤如下:

(1)对原始图像 $f(x,y)$ 进行傅里叶变换,得到频率域图像 $F(u,v)$

$$F(u,v) = \mathscr{F}\{f(x,y)\} = \frac{1}{MN}\sum_{x=0}^{M-1}\sum_{y=0}^{N-1} f(x,y)\exp[-j2\pi(ux/M + vy/N)] \tag{5-116}$$

(2)将 $F(u,v)$ 与滤波函数 $H(u,v)$ 进行卷积运算得到 $G(u,v)$

$$G(u,v) = H(u,v)F(u,v) \tag{5-117}$$

(3)将 $G(u,v)$ 进行傅里叶逆变换,得到增强的图像 $g(x,y)$

$$\begin{aligned} g(x,y) &= \mathscr{F}^{-1}\{G(u,v)\} \\ &= \frac{1}{MN}\sum_{x=0}^{M-1}\sum_{y=0}^{N-1} G(u,v)\exp[j2\pi(ux/M + vy/N)] \end{aligned} \tag{5-118}$$

$g(x,y)$ 可以突出 $f(x,y)$ 的某一方面的特征,其决定于所选择的滤波函数 $H(u,v)$。频率域滤波根据所选择的频率可分为低通滤波、高通滤波、带通滤波和方向滤波。

2. 低通滤波

低通滤波是指保留低频分量,而减弱或抑制高频分量。理想的低通滤波函数如下

$$H(u,v) = \begin{cases} 1 & (D(u,v) \leqslant D_0) \\ 0 & (D(u,v) > D_0) \end{cases} \tag{5-119}$$

式中,D_0 是一个非负值;$D(u,v)$ 是从点 (u,v) 到频率平面原点的距离,即

$$D(u,v) = \sqrt{u^2 + v^2} \tag{5-120}$$

理想的低通滤波函数的含义是指小于 D_0 的频率分量可以完全无损地通过,而大于 D_0 的频率分量则被完全衰减。理想的低通滤波器的平滑效果很明显,与空间域处理一样,也有使图像变得模糊的现象,且随 D_0 减小其模糊程度加重。其他低通滤波器有梯形滤波器、Butter Worth 低通滤波器、指数低通滤波器和 Bartlett 低通滤波器等。

3. 高通滤波

高通滤波与低通滤波正好相反,它让图像频谱中的高频分量通过,阻挡低频分量。理想的高通滤波函数如下

$$H(u,v) = \begin{cases} 0 & (D(u,v) \leqslant D_0) \\ 1 & (D(u,v) > D_0) \end{cases} \tag{5-121}$$

式中,D_0、$D(u,v)$ 的意义同上。高通滤波让小于 D_0 的频率分量完全衰减,而大于 D_0 的频率分量则可以完全无损地通过,加强了图像中边缘和灰度变化突出的部分,以达到图像锐化的目的。其他高通滤波器有梯形高通滤波器、Butter Worth 高通滤波器、指数高通滤波器和 Bartlett 高通滤波器等。

4. 带通滤波与方向滤波

带通滤波是指保留特定频率范围的频率分量,而减弱或抑制其他频率范围的频率分量。理想的带通滤波函数如下:

$$H(u,v) = \begin{cases} 0 & (D(u,v) < D_0 - w/2) \\ 1 & (D_0 - w/2 \leqslant D(u,v) \leqslant D_0 + w/2) \\ 0 & (D(u,v) > D_0 + w/2) \end{cases} \tag{5-122}$$

$$D(u,v) = \sqrt{(u-u_0)^2 + (v-v_0)^2} \tag{5-123}$$

式中 w——带的宽度；

D_0——中心频率；

$D(u,v)$——从点(u,v)到频带中心(u_0,v_0)的距离。

带通滤波实际上是低通滤波和高通滤波的组合。利用多个带通滤波器可以对图像进行频率分割处理。在不同的带通滤波图像上可以看到图像中的粗细纹理结构。

利用频率域滤波还可以对图像的某一方向频率增强，以突出这个方向的线性地物。

(三)主分量变换

在遥感图像分类中，常常利用主分量变换来消除特征向量中各特征之间的相关性，并进行特征选择。主分量变换还可以用来进行高光谱图像(Hyper - spectral images)数据的压缩和信息融合。

例如：对 Landsat TM 的 6 个波段的多光谱图像(热红外波段除)进行主分量变换，然后把得到的第 1、第 2、第 3 主分量及图像进行彩色合成，可以获得信息量非常丰富的彩色图像。

主分量变换也称 K - L 变换，是离散(Karhunen - Loeve)变换的简称，亦称为主成分分析。它是一种线性变换，是就均方误差最小来说的最佳正交变换，是在统计基础上的线性变换。对于遥感多光谱图像来说，波段之间往往存在很大的相关性，从直观上看，不同波段图像之间很相似，有相当大的数据量是多余的、重复的。K - L 变换能够把原来多个波段中的有用信息尽量集中到数目尽可能少的特征图像组中去，达到数据压缩的目的；同时，K - L 变换还能够使新的特征图像之间互不相关，也就是使新的特征图像包含的信息内容不重叠，增加类别的可分性。

主分量变换计算步骤如下：

(1)计算多光谱图像的均值向量 M 和协方差矩阵 Σ。

(2)计算矩阵 Σ 的特征值 λ_r 和特征向量 $\varphi_r(r=1,2,\cdots,m)$，$m$ 为多光谱图像的波段数。

(3)将特征值 λ_r 按由大到小的次序排列，即 $\lambda_1 > \lambda_2 > \cdots > \lambda_m$。

(4)选择前 n 个特征值对应的 n 个特征向量构造变换矩阵 Φ_n。

(5)根据 $Y = \Phi_n X$ 进行变换，得到的新特征影像就是变换的结果，X 为多光谱图像的光谱特征矢量。

此时，新的特征图像组 Y 就是一个特征维数得到压缩的 n 维特征矢量$(n<m)$。原始数据经过主分量变换后，其方差分布主要集中在前面几个特征，方差的大小反映了模式的散布情况。K - L 变换具有如下性质：

(1)它属于正交变换。

(2)变换后的向量 Y 的协方差矩阵是对角阵，表明变换后的向量 Y 中各元素不相关。

(3)从变换后得到的向量 Y 中删除了后面 $m-n$ 个元素,而只保留前 $n(n<m)$ 个元素时,所产生的误差满足平方误差最小的原则。

K－L 变换的原理如图 5-29 所示,原始数据为二维数据,两个分量 x_1、x_2 之间存在相关性,具有如图 5-29 所示的分布。通过投影,各数据可以表示为 y_1 轴上的一维点数据。从二维空间中的数据变成一维空间中的数据会产生信息损失,为了使信息损失最小,必须按照使一维数据的信息量(方差)最大的原则确定 y_1 轴的取向,新轴 y_1 称做第一主成分。为了进一步汇集剩余的信息,可求出与第一轴 y_1 正交且尽可能多地汇集剩余信息第二轴 y_2,新轴 y_2 称做第二主成分。

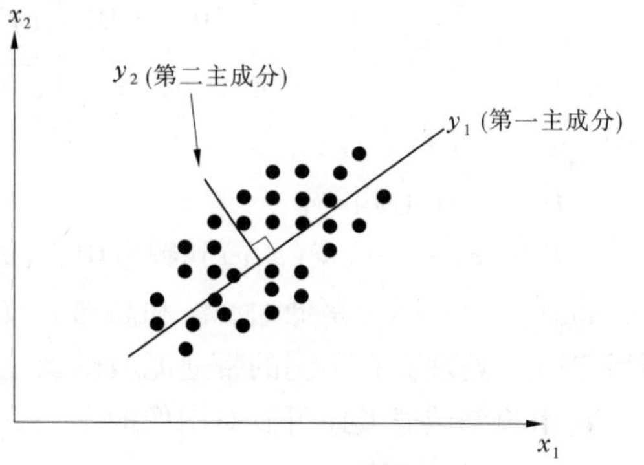

图 5-29　K－L 变换的原理

对于多光谱图像作 K－L 变换以后保留多少个主分量比较合适?通常情况下采用指标 V 进行衡量:

$$V=\frac{\sum_{i=1}^{n}\lambda_i}{\sum_{i=1}^{m}\lambda_i} \tag{5-124}$$

在给出 V 的情况下可确定 n 的大小。K－L 变换后的前几个主分量,信噪比大,噪声相对小,因此突出了主要信息,达到了增强图像的目的。

(四)K－T 变换及其应用

Kauth－Thomas 变换,简称 K－T 变换,又形象地称为"缨帽变换"。这种变换着眼点在于农作物生长过程区别于其他植被覆盖,力争抓住地面景物在多光谱空间中的特征。目前对这个变换的研究主要集中在 MSS 与 TM 两种遥感数据的应用分析方面。

1976 年,Kauth 和 Thomas 发现了一种线性变换,它使坐标空间发生旋转,但旋转后的坐标轴不是指向主成分的方向,而是指向另外的方向,这些方向与地面景物有密切的关系,特别是与植物生长过程和土壤有关。这种变换既可以实现信息压缩,又可以帮助解译分析农业特征,因此有很大的实际应用意义。

在 MSS 图像中,土壤类地物各波段亮度值的比值相对地不受太阳入射角、大气朦翳及土壤类型的变化影响,这就意味着土壤的特征空间(光谱空间)的集群,随亮度的变化趋势沿从坐标原点出发的同一根辐射线方向上出现。另一个特点是,若把土壤和植被的混合集群投影到 MSS5 和 MSS6 波段图像所组成的特征子空间中,形成一个近似的帽状三角形,见图 5-30,土壤亮度变化轴(辐射线方向)I_{SB} 为缨帽的底边,帽上面部分反映了植物生长变化状况,植物株冠的绿色发展到顶点(最旺盛时在帽顶)以后逐渐枯黄,枯黄过程是从帽顶沿着帽缨的路径回归到土壤底线(因此有缨帽之称)。帽中各部位还受土壤背景的反射率、植物主要种属及植物的混合比例等因素的影响。

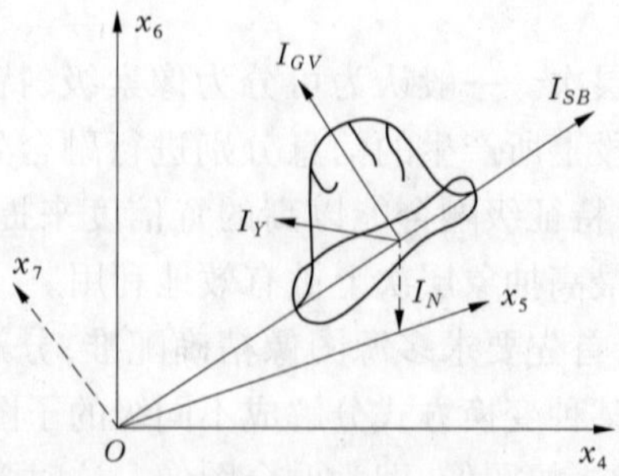

图 5-30 缨帽变换

K－T 变换公式为：

$$Y = R_1 X + r \tag{5-125}$$

$$Y = (I_{SB} \quad I_{GV} \quad I_Y \quad I_N)^{\mathrm{T}}$$

$$X = (x_4 \quad x_5 \quad x_6 \quad x_7)^{\mathrm{T}}$$

式中 X——像元的光谱向量；

Y——变换后新空间的像元向量；

r——为避免出现负值而加的常数；

x_i——地物在 MSS 四个波段上的亮度值；

I_{SB}——土壤亮度轴的像元亮度值；

I_{GV}——植物绿色指标轴的像元亮度值；

I_Y——黄色轴；

I_N——噪声轴；

R_1——变换矩阵，行与行之间相互正交，缨帽变换的变换矩阵是根据经验确定的。Kauth 和 Thomas 研究出的矩阵 R_1 具有如下形式：

$$R_1 = \begin{bmatrix} 0.433 & 0.632 & 0.586 & 0.264 \\ -0.290 & -0.562 & 0.600 & 0.491 \\ -0.829 & 0.522 & -0.039 & 0.194 \\ 0.223 & 0.012 & -0.543 & 0.810 \end{bmatrix}$$

SB 分量和 GV 分量一般情况下等价于主分量变换的第一主分量 PC_1 和第二主分量 PC_2，其比值类似于生物量指标变换；SB 分量集中了大部分土壤信息，所以对土壤的分类是有效的，并且其中亮度的变化主要反映不同土壤类别的变化；GV 分量对植被的分类是有效的。

（五）信息融合

遥感图像信息融合（Fusion）是将多源遥感数据在统一的地理坐标系中，采用一定的算法生成一组新的信息或合成图像的过程。

遥感技术的发展为人们提供了丰富的多源遥感数据。不同的遥感数据具有不同的空间分辨率、波谱分辨率和时相分辨率，如果能将它们各自的优势综合起来，可以弥补单一图像上信息的不足，这样不仅扩大了各自信息的应用范围，而且大大提高了遥感影像分析的精度。

图像融合可以分成若干层次。一般认为可分为像素级、特征级和决策级。像素级融合对原始图像及预处理各阶段上所产生的信息分别进行融合处理,以增强图像中有用信息成分,改善图像处理效果。特征级融合能以高的置信度来提取有用的图像特征。决策级融合允许来自多源数据在最高抽象层次上被有效地利用。

基于像素级的图像融合,首先要求多源图像精确配准,分辨率不一致时,要求重采样后保持一致;其次,将图像按某种变换方式分解成不同级的子图像,同时,这种分解变换必须可逆,即由多幅子图像合成一幅图像,即为融合图像。这时多幅子图像中包含了来自其他需要融合的经图像变换的子图像。

遥感图像融合的算法很多,常用的有基于 *HIS* 变换、主分量变换、比值变换、乘法变换和小波变换的融合方法,加权的遥感图像融合方法,以及遥感图像与非遥感信息的复合等。图像融合后对融合效果进行评价。

第六章 遥感图像目视解译与制图

遥感影像是地物(植被、土壤、水体、岩石和人为建筑)的电磁波反射能量的表达,反映着地面客观的自然面貌,为我们提供了可以俯视和能够测量的地理区域。但遥感影像所表达的信息我们并不能直接使用,必须经过具有专业知识的人员通过肉眼观察,经过综合分析、逻辑推理,把遥感影像上所表达的地物特征转化为地物类别信息,这个解译的过程就被称为目视解译。目视解译是我们理解影像和获取有用信息的主要方法和重要途径。因此,目视解译在遥感技术应用中具有不可替代的作用。

第一节 遥感图像目视解译原理

一、遥感图像目标地物识别特征

目标地物的识别特征是人眼在卫星图像上能够识别出目标地物的具体特征,也就是解译标志。解译标志可分为直接解译标志和间接解译标志两种。直接解译标志和间接解译标志是一个相对的概念,同一个解译标志对于某一个目标物来说是直接解译标志,但对于另外一个目标物来说就有可能是间接解译标志。

(一)直接解译标志

凡根据地物或现象本身反映的信息特性可以解译目标物的影像特征,即能够直接反映物体或现象的影像特征时被称为直接解译标志。直接解译标志一般情况下包括如下几个方面。

1. 色调

色调是地物电磁辐射能量在影像上的模拟记录,在黑白像片上表现为灰度,在彩色像片上表现为颜色。色调是最重要、最直观的解译标志,一般目视判读前都要通过反差增强和彩色增强等方法提取色调信息。

黑白影像上根据灰度差异划分为一系列等级,称为灰阶。彩色影像上的颜色常用色别、饱和度和亮度三个方面来描述。色别用孟塞尔颜色系统的 10 个基本色调来表示;饱和度用饱和度高、饱和度中和饱和度低 3 个等级来表示;明度用高明度、中等明度和低明度 3 个等级来表示。

利用色调标志时要注意同物异谱与同谱异物。同物异谱是指同一物体或性质相同的物体在不同条件下具有不同的光谱反射率,而表现出不同色调。例如,干燥条件下的沙土比潮湿条件下的灰度系数大。同谱异物是指不同的地物可能具有相同或相似的光谱特征。例如,针叶林和白色石灰石的灰度系数相同。此外,还要注意各种原因导致的辐射误差影响,例如同一航片中心与边缘的色调差异。

2. 阴影

阴影是指一部分地面的反射或发射信息被地物自身或物体之间相互遮挡而不能达到传感器的影像特征，表现出一种深色调到黑色调的特殊色调。阴影可以造成立体感，这对判读地物的性质很有益处，但是阴影内的地物则被掩盖，不容易识别一些物体的细节部分。

阴影的长度和方向，随纬度、时间呈有规律的变化，是太阳高度角的函数。所以，太阳高度角不同，可造成不同的阴影效果，太阳高度角大，阴影小而淡，影像缺乏立体感；太阳高度角低，则阴影长而浓，掩盖地物过多，也不利于解译；通常以30°～40°的太阳高度角较适宜。

在热红外和微波影像上，阴影的本质与上述不同，解译时要根据物体的波谱特性认真分析对待。热红外影像上的阴影称为热力阴影，活动物体造成的热力阴影在物体移去后一定的时间内不会消失，见彩图1。雷达影像上的阴影形成的立体感尤为显著，阴影中没有任何被遮挡的地物信息。

必要时可以利用多波段数据比值方法除去地形起伏引起的一部分阴影。

3. 形状

形状是指地物轮廓在影像平面上的投影，见彩图2。需要根据影像比例尺和分辨率具体分析地物形状。比例尺越大，其细节显示的越清楚；比例尺越小，其细节显示就越模糊，即地物形状根据比例尺不同在像片上的表现不同。值得注意的是，遥感影像上所表现的形状与我们平常在地面所见的地物形状有所差异：

(1)遥感影像上所显示的主要是从空中俯视地物所形成的影像，而我们平常在地面上是从侧面的角度观察地物，二者之间有一定差别。物体的俯视形状是它的构造、组成、功能的重要的显示，了解与运用俯视的能力，有助于提高遥感影像的解译效果。

(2)遥感影像是中心投影，需要注意畸变对形状分析的误导。物体的形状在影像的边缘会产生变形，因而同一形状的地物，对应影像上的形状会因为位置不同而发生变形，采用不同的遥感方式，变形也各不相同，在解译时要认真分析，仔细判别。

4. 大小

大小指遥感图像上目标物的形状、面积与体积的度量。它是遥感图像上测量目标地物最重要的数据特征之一。根据物体的大小可以推断物体的属性，有些地物如湖泊和池塘，主要依据它们的大小来区别。判读地物大小时必须考虑图像的比例尺，根据比例尺的大小可以计算或估算出图像上物体所对应的实际大小。影响图像上物体大小的因素有地面分辨率、物体本身亮度与周围亮度的对比关系等。表6-1列出了不同比例尺所能识别的地物。

5. 位置

位置是指目标地物分布的地点。目标地物与其周围地理环境总是存在着一定的空间联系，并在一定程度上受周围地理环境的制约。位置是识别目标地物的基本特征之一，例如，机场多建于大城市的郊区，道路多与居民地相连，操场多建于学校内。位置分为地理位置、相对位置，依据遥感图像图框注记的地理经纬度位置，可以推算出区域所处的温度带，依据相对位置，可以为具体目标地物解译提供重要判据。

表 6-1　不同比例尺所能识别的地物

比例尺	目视地面分辨率	可识别的地物
1:1 000 万	1 000 m	大地构造、板块、地带性景观、气旋、反气旋、海洋温度、含盐量、洋流等
1:400 万	400 m	区域地质构造、沙漠风系、山脉走向、森林分布、空气污染来源与扩散、海流、海洋中尺度旋涡、城市等
1:100 万	100 m	层单元、构造体系、地貌类型、土地类型、植被类型、河流类型、飞机场、村镇、海港、铁路等
1:25 万	25 m	矿产调查、地震破坏、流域水系、海况调查、海水污染、牧场、公路等
1:10 万	10 m	土壤侵蚀、水污染、农场、河床演变、河口淤积等
1:5万	5 m	土壤湿度、盐分、排水类型、森林密度、树冠直径、树种、农作物类型、人工建筑等
1:1万	1 m	工程点、矿坑、坝址、桥涵等

6. 布局

布局是指景观各要素之间，或地物与地物之间相互具有一定的依存关系，或人类活动形成的格局反映在影像上形成规律性的展布，如植被分带、不同形态沙丘分布、城市建筑、土地利用等。

7. 图案

图案是指个体目标重复排列的空间形式。它反映地物的空间分布特征，许多目标都具有一定的重复关系，构成特殊的几何形式。它可以是自然的，也可以是人为构造的，这些特征有助于遥感图像的识别。例如，林地和田地在遥感图像上表现的图案就有所不同。

8. 纹理

纹理是指由于像片比例尺的限制，物体的形状不能以个体的形式明显地在影像上显示出来，而是以群体的色调、形状重复构成的，无法辨认个体的影像特征。不同物体的表面结构和光滑程度是不一样的，在遥感影像上形成不同的纹理质地。这常常是解译地物的重要标志。

纹理常用光滑状、粗糙状、参差状、海绵状、疙瘩状、锅穴状等表示。

（二）间接解译标志

由于遥感技术的局限性，许多信息不能从直接标志中获得答案，例如，城市人口密度、经济发展状况、土壤类别等，都需要根据其他相关事物之间的联系，通过逻辑推理获得判断，因此这种通过对与解译目标密切相关的现象的研究、推理和判断来达到辨别对象的方法称为间接解译，成为间接解译的依据，称为间接解译标志。间接解译标志变化灵活，难有规律可循。建立间接解译标志需要丰富的知识背景和严密的逻辑推理，有时甚至需要建立各种模型。

不同的专业判读有不同的间接解译标志，下面列举几个常用的间接解译标志。

1. 地形地貌

地形地貌是自然景观中最重要、最基本的要素，是地壳运动和长期水力、风力对地表再塑造的结果，它决定着地面水分、热量的分配，也决定了水系的形态、植被的分布和土壤的类型等，因此通过地形地貌的解译，可以推断出许多相关信息，如土壤、植被、地下水等。

2. 土壤、土质

土壤是自然景观要素之一，是最重要的农业生产资料和人类居住、活动的基础，与许多事物存在着密切的相关性，因此也常成为重要的间接解译标志。掌握了土壤方面的信息就可以推断当地的植被及适宜生长的作物和林木，也可以作为收集有关矿藏、石油、地热和地下水等资料的依据。

3. 植被

植被的种类、分布和生长状况在很大程度上受气候、土壤、地形和水文等要素的制约。所以，可利用植被作为间接解译标志来判读植被群落的类型与分布，也可利用植被解译其他的地理要素。由于植被在遥感图像上一般都有相当明显的反映，所以解译较为方便。

4. 气候

气候在地球上有很明显的变化规律，包括随纬度高低而变化的地带性，随海拔高低而变化的垂直带性，随距离海洋远近而变化的相关性等规律。气候虽然人眼看不到，在遥感图像上也没有直接显示，但气候条件控制着植被生长、土壤形成、地貌、水系发育等。因此，根据气候的地带性、垂直带性和相关性，可以判读出该地理位置的气候特征，进而分析受气候条件制约的其他地物信息。

5. 水系

水系类型模式与地形地貌、岩石、土壤、气候等关系密切。水系密度大，说明气候湿润多雨，地表径流发育，土壤和岩石的透水性差，表土易于被流水侵蚀。水系分布均匀时，表示土壤岩性比较均匀一致。岩性构造复杂地区，则水流及江河走向多变，有时形成急转弯或瀑布跌水。

水系结构形态在卫星图像上常有很明显的反映，目视解译很方便直观。根据这些特有的图形结构可以分析判断当地的地貌、土壤、岩性、构造、气候，特别是在丘陵山区，水流走向往往与断裂构造有关，成为分析解译地质构造的重要标志。

6. 人为活动

人为活动与自然环境之间的关系具有双重性。一方面人类可能根据对自然环境的了解，去适应环境，利用环境，甚至进一步改造环境使之有利于人类社会的发展。在这种情况下人与环境是协调的。另一方面，人类活动可能破坏了自然景观各要素之间的内在联系，本来存在的相关性就有可能被破坏，使问题复杂化。所以，在利用人为活动进行解译时，应了解分析当地属于上述哪种情况。

各种地物处于复杂、多变的自然环境中，所以解译标志也随着地区的差异和自然景观的不同而变化，因此在解译过程中，对解译标志要认真分析总结，不能盲目照搬套用。有些解译标志存在一定的可变性或局限性，解译时不能只凭一两项解译要素，而要尽可能运用一切直接或间接的解译标志进行综合分析，必须反复认真解译和野外对比检验，并选取一些典型像片作为建立地区性解译标志的依据，以提高解译质量。

二、目视解译的生理与心理基础

遥感图像目视解译是解译人员与遥感图像相互作用的复杂过程，它涉及解译者生理与心理等许多环节。

（一）生理基础

人眼是目视解译的重要器官。依据生理学的功能划分，人的眼睛由两部分组成：眼球壁和折光部分，其中眼球壁分为外膜、中膜和内膜，它们在获取图像信息中有不同的作用。外膜中的角膜和晶状体起到把图像聚焦到视网膜的作用；中膜中的睫状体可以调节视力，具有调节景深的作用；内膜中的视网膜起到图像检测器或感受器的作用，图像信息通过视网膜传输到视神经系统。

图像中各点的灰度是景物中多种因素综合作用的结果，这些因素包括光照条件、物体的表面特性及其反射特性、观测者相对于物体的距离和方位等。这些因素的变化都会改变图像的灰度，也就会改变所看到的图像。但通过视觉所感觉到的物体的形状、大小和颜色都是与观测者的状况以及照明条件无关。具体而言，当照明条件和观测者、像对、物体的距离发生变化时，虽然在视网膜上产生的图像要随之改变，但所看到的总是某种形状和大小的物体。图像在视网膜上产生的影像以点的方式组织在一起，但人的大脑感觉到的是物体可变的外表后面的特征。因此，大脑不仅把点状的传感信息聚集成整体，而且经过一个因素分解过程，把这些光照条件、观察者的距离和方位等因素分离出去，得到纯粹关于物体的信息。总之，大脑不是直接依据外部世界在视网膜上的投影成像，而是根据经过聚集过程和因素分解过程处理以后的信息来辨别物体的。

人眼特殊的生理构造决定了对物体大小及色调的分辨力。超过这个分辨极限，再多的信息也不能解译出来。

1. 人眼的几何分辨力

人眼所能辨别的最小物体用眼睛所需张开的角度即视角的倒数来度量。试验证明，正常人眼的分辨角为60″，相当于0.1 mrad。在明视距离250 mm时，可分辨相距75 μm的两个点，相当于在1 mm内能分辨13线或6～7线对，眼球纵向直径为24～25 mm，而眼焦距约为17 mm，在视网膜上能分辨的两个像点的距离约为5.1 μm。

但需要指出，眼睛所能分辨的最小影像与地物所成影像的形状、反差及观察时的照明条件有关。试验证明，眼睛对线状物体的辨别能力比对点状物体的辨别能力要强。照度的变化对人眼的分辨本领有很大的影响，加大照度，人眼分辨力也随之明显加大。反差对人眼的极限分辨角影响也很大，试验表明，复杂的影像背景下人眼的分辨力将大为降低。

2. 人眼的灰阶与色阶的分辨能力

根据试验，人眼对灰阶的分辨能力最多到2^3～2^4级。人眼由于视网膜上的视锥细胞能感受三原色光，所以能够分辨颜色，有人根据试验认为，人眼在仪器帮助下可以分辨出上万种颜色。

（二）心理基础

人的心理特点对遥感图像解译存在一定的影响，这些特点包括：

（1）遥感图像解译过程中，在同一时刻只有一种地物是目标地物，图像的其余部分则是作为目标地物的背景出现，此时解译者的注意力集中在目标地物上。

（2）目标地物识别时，解译者过去的经验与知识结构对目标物体的确认具有导向作用。因此，对于遥感图像上同一目标地物，不同的解译者可能会得出不同的结论。

（3）心理惯性对目标地物的识别具有一定影响。在观察目标物体的图形结构时，空间分布比较接近的物体，图形要素容易构成一个整体，例如，人们习惯把一个封闭的圆看成一个整体。具有相似颜色的目标地物易与背景相混。

（4）观察的时效性。实践证明，遥感图像辨识需要一段时间，在这期间，目视解译者需先区分目标地物和背景，然后辨识目标的细节，最后构成一个完整的图像知觉。为了正确辨认图像中的目标地物，需要一个最低限度的时间才能完成。

三、目视解译的认识过程

遥感图像的解译是一个复杂的认知过程，对一个目标的识别，往往需要经历几次反复解译才能得出正确结果。

（一）遥感图像知觉形成的客观条件

试验证明，色调完全均一或者颜色完全相同的图像是不能产生图像知觉的，这如同我们翻看一张清洁的白纸一样，目视判读遥感图像时，只有在遥感图像上存在着颜色差异或者色调的差异，并且这种差异能为判读知觉所感受时，才有可能将目标地物与背景区别开，这是图像知觉形成的客观条件。

试验还证明，遥感图像上颜色差异或者色调的差异达到一定程度时，目标地物就容易与背景产生对比，形成形状和纹理。遥感图像中，不同目标地物往往表现出不同的颜色或不同的色调，表现出形状与纹理的差异。目视判读过程中，图形知觉的持续性取决于目标地物与背景的对比度。对比度高，地物目标的边界清晰，视网膜细胞感受的光刺激强，视神经活动处于兴奋状态，构成图像知觉稳定；反之，对比度低，目标地物与背景界线模糊，图形知觉易于消失。为了提高目视判读效果，人们经常使用图像增强技术来扩大地物之间的对比差异，以便于判读。

（二）遥感图像的认知过程

概括来说，遥感图像的认知过程包括了自下而上的信息获取、特征提取与识别证据选取过程和自上而下的特征匹配、提出假设与目标辨识过程。

1. 自下而上过程

图像信息获取：图像判读过程中，人眼感受到遥感图像中颜色、色调、形状和纹理等信息，视网膜的视锥细胞及视杆细胞接受这些信息并转换为神经冲动，由视神经传导到各视觉中枢。在信息传输过程中，图像的颜色、形状和空间位置信息沿着三条独立通道在神经系统中传输，经过大脑皮层的整合功能，实现图像信息的空间与时间精确的配位，构成图像的知觉。

特征提取：大脑皮层特定的功能区负责选择性知觉的加工，进行图像特征提取，遥感图像各种目标地物特征信息会转换成各种模式的神经冲动而被记录下来，从而完成各种信息的抽取。试验证明,判读者熟悉的遥感图像,无论从什么方向去辨识目标地物,都可以将它识别,这是因为判读者掌握了图像上不同地物特征的缘故。

识别证据选取:从多种特征中选取识别证据是一个复杂的认知过程。人类认知过程中存在着一个选取识别证据的过程,当碰到复杂的目标地物时,人类知觉会对多个特征进行选择,区分全局特征和局部特征,并把全局特征作为识别证据来指导图像中目标地物的识别。在识别证据不足时,人类会利用各种背景知识与专业知识作为证据,指导目标地物的识别。

2. 自上而下过程

特征匹配:指人脑利用记忆存储中的地物类型模式与地物特征匹配的过程。地物类型模式是判读者根据长期解译实践和判读知识学习而获得的。在特征匹配过程中,地物类型模式(由地物波谱特性、纹理、形状大小、空间分布位置等特征构成的地物"样本")与目标地物全局特征进行相似性测量,判别其相容性或不相容性。

提出假设:根据特征匹配的结果,大脑会根据以往解译实践经验和学习中得到的解译知识,从记忆的模式库中给出相似性最大的一种或几种地物"样本"作为假设,假设目标地物可能归属的类型。应当指出,特征匹配、提出假设时,应注意视觉表象空间的影响,这是因为遥感图像中地物的认知是在目视解译。因此,视觉表象空间参照体系对特征匹配具有重要影响。

图像辨识:图像辨识是一个分析、选择、决策的过程。在这个过程中,目视解译者往往受到主观期望心理作用的影响,利用大脑记忆中存储的图像模式来积极地认识大脑给出的不同"假设"。主动地把待识别目标地物具有的颜色、形状和空间位置等特征与"假设"的地物类型比较、匹配,选择一种最相似的图像模式作为一个参考系,当记忆中的地物"样本"模式与知觉中的目标地物特征完全匹配时,大脑会释放出连接的信息,指明目标地物归属的地物"样本"类型。

当记忆的模式库中"样本"无法与目标地物特征匹配时,大脑会要求视觉器官提供更多的信息,以便提取更多特征作为证据,进行识别,这是新一轮目标地物识别的过程。遥感图像解译,往往经历多次自下而上和自上而下的认知过程,每次循环,都会加深对遥感图像的理解与认识。

对于有经验的判读者来说,在遥感图像上直接证据不足的情况下,他能够灵活地运用不同层次的背景知识与专业知识作为证据信息,对提出的假设进行推理分析,验证其真伪。对初学判读的人来说,识别"图像上无法识别的地物"最好的办法是到实地进行调查,在此基础上建立这类地物的解译特征,并完成对这类地物的识别。实践证明:解译专家判读经验越丰富,对判读区域越熟悉,他识别图像上各种地物的能力越强,因此遥感图像目视判读必须重视图像解译实践和判读知识的积累,这是提高遥感图像目视判读质量的必经之路。

遥感图像目视判读认知过程的分析,有助于指导遥感图像目视解译,也为计算机解译中使用专家系统方法提供了认知基础。

第二节　遥感图像目视解译的方法与步骤

一、目视判读的方法

目视判读作为一个完整的研究工作,应当包括资料准备、影像处理、判读分析几个方面。

(一)遥感资料准备

1. 选购遥感资料的原则

遥感资料种类繁多,如何选择应遵循以下原则。

1) 根据目的选择

每项工作都有具体的研究对象和目的,也都存在时间、经费、条件等限制,所以应根据使用遥感资料的目的、任务选购最佳的遥感资料。一般而言,航空遥感影像利于大比例尺调查工作,但处理、成图不如航天遥感快捷,成本也比较高。航空遥感的优点是时间安排灵活,不像卫星有固定的过境时间,这在处理诸如水灾、火灾等突发性事件中可及时获取资料。航天遥感资料一般范围大,花费低,且大多数是数字影像,处理快捷、成图方便准确,又有多时相、多波段、多星种、利于周期性观测等优点。

2) 根据条件选择

遥感资料的处理手段和提取信息的方法技术对遥感资料的应用效果有着直接的影响,因此我们必须根据所具有的设备条件、技术力量、经费情况等适当地选购遥感资料。

3) 多方利用、提高效益

遥感信息十分丰富,同一遥感资料可供多方面应用。航空遥感资料可供城市规划、管理、测绘、环保、园林、交通、水利、工业、地质等多方面使用。这就需要精心组织各行业部门共同完成,从而降低成本,提高经济效益。

2. 遥感资料的选择

遥感图像模型记录的仅仅是某一瞬间某一波段的空间平面模型,并不是地面的全部信息。因此,遥感资料选择得正确与否,直接影响到解译效果。不同的遥感资料具有不同用途的,研究不同的问题要选择合适的遥感资料。

1) 遥感资料类型选择

根据成像方式的不同,可将遥感资料分成航空遥感资料和航天遥感资料两种。航空遥感的花费比较大,使得在许多应用领域内航天遥感取代了航空遥感。特别是随着航天遥感数据分辨率提高,其应用越来越广泛。但航空遥感因其灵活方便,特别是利用小飞机遥感,在某些情况下仍有其优势。

2) 波段选择

各类地物的电磁辐射性质各不相同,因此在考虑遥感信息的具体应用时,必须根据遥感信息应用目的和要求,选择地物波谱特征差异较大的波段图像,即能突出某些地物(或现象)的波段图像。实际工作中有两种方法:一是根据室内外所测的地物波谱特征曲线,直观地进行分析比较,根据差异的程度,找出与之相对应的遥感器的工作波段;二是利用数理统计的方法,选择不同波段影像密度方差较大且相关程度较小的波段图像。

波段选择包括两方面,除以上从信息量角度考虑外,还应尽量顾及目视判读的效果。特别是多波段数据,由于假彩色合成影像最终只能采用三个波段,所以波段组合对目视判读的效果十分重要。例如,进行地质判读采用 TM1、TM3、TM5 组合,而避开反映植被信息最丰富的 TM4 波段;而解译植物利用 TM2、TM3、TM4 较好,比较好的方法是利用计算机变换组合观察配合输出影像的目视判读。

3)时相选择

自然界除植物生长有明显的季节变化外,地表景观也会由于季节变化产生差异,所以针对不同的对象和目的,选择适当的时相可以提高目视判读效率。根据研究的内容去选择遥感信息的时相,这是遥感信息处理分析的重要前期工作。

为了正确地选择遥感信息的时相,应该认真地分析研究遥感任务的具体要求和所研究对象的变化情况,了解是否存在一个有规律的变化周期,在该周期内是否有最佳的信息获取时间。不但自然界存在季节变化,人类活动也会受到气候变化影响,比如建筑业。因此,在进行人文方面遥感研究时同样要分析类似的时相问题。

4)比例尺与分辨率选择

清晰度高的图像能反映物体实际形状、纹理和图案,有利于判读和识别地物。大比例尺航片判读时,通过放大镜能看清各种细节,容易判读。但比例尺越大,数据量越大,工作量越大;有些宏观现象在大比例尺图像上反而不易判读,比如延伸很远的大型地质构造(如宽大的隐伏断裂,褶皱)在大比例尺航片上有可能观察不到。这是由于它的规模过于宏大,小范围反而表现不完整。

图像能否满足判读和量测的需要,需从判读的对象考虑。大规模的自然现象经过影像镶嵌缩小才能表现出来;细节则要放大才能表现出来,当然放大的极限与地面分辨率有关,放大并不增加信息量,只是使人眼看到了原来没有看到的信息。对于"静止的"或变化缓慢的自然现象,有时只需选择特定波段、特定时间、特定比例尺就可完全识别。对于动态的自然现象,则需要多波段、多时间、多比例尺的影像进行分析才能完全掌握它的动态变化。

实际工作中常用卫片判读控制全局,辅以航片判读照顾细部。

值得指出的是,对同一传感器而言,同时提高其空间分辨率和辐射分辨率往往存在矛盾。这是因为提高几何分辨率的主要途径是缩小瞬时视场,这必然使探测元件所能接收到的辐射能量相应减少,从而降低了图像的灰度等级。在实际工作中,可以考虑把一种具有较高几何分辨率的遥感图像与另一种具有较丰富辐射信息量的遥感资料复合起来,以兼取两者的优点。

(二)影像处理

在对遥感图像进行解译时,必须有高质量的图像,即高几何精度、高分辨力的图像,才能有好的解译效果。尤其是进行图像增强和信息特征提取等预处理技术,对目视解译很有帮助。因此,要充分利用现有的各种处理手段,尽可能得到高质量的图像。

(三)判读方法

1.判读原则

图像判读时,一般应遵循以下原则。

1) 多种信息综合分析

许多遥感判读工作都要综合多学科、多手段信息，才能保证工作的精度。例如，土壤、地质调查需要实地采样分析等。

此外，遥感判读过程中也要注意卫片与航片、主图像与辅助图像、图像与地形图、专业图和文字资料相结合，才可以使判读取得更多已知条件，增加更多影像信息，供进一步分析判断。

2) 多手段、多方法相结合

最早的目视判读只靠简单的放大镜、透图台、立体镜，现在则可充分利用计算机及外围设备，比如利用计算机辅助判读，还可以将地形图扫描入计算机与遥感影像配准、叠加，这样判读十分方便、准确。

3) 内外结合、保证精度

要注意室内判读与野外实地对照相结合的原则。根据这项原则建立判读标志，校核室内判读结果，补测必要的实地数据等，使图像判读的质量进一步得到提高。

任何专业判读都有不同的精度要求，衡量判读成果优劣要经过科学的验证。通常采用统计抽样方法，保证判对率在允许范围内。对于重要对象或目标甚至要保证百分之百的准确率。需要面积量算时还要保证专业成图的面积精度。

2. 判读方法

1) 直接判定法

直接判定法是根据地物色调、图形、大小等判读标志直接确定目标地物属性与范围的一种方法。有些标志有其确定性，根据这种标志可以直接解译出目标。而有些标志可能是某类地物共有的标志，这就需要其他更多的标志进一步佐证。一般来说，大比例尺航片上地物几何形态完整，确定性标志更多，利于直接判定。卫星图像由于分辨率低等，特别是气象卫星、资源卫星（MSS、TM）影像，一般地物个体的细部特征都难以表现出来，在这种情况下，有些像元记录的是地物的平均辐射值，称混合像元。因此，在卫星图像上直接判定一般是依据其色调标志和图形标志进行的，而且一些大尺度的目标或自然现象相对容易直接判定，如农田、断裂构造。而有些对象（特别是几何尺寸等于或小于像元尺寸的地物）的分析判读则需要进行各种标志的综合分析，要相互对照、互相补充印证。应指出，色调标志在卫星图像直接判定中更显得重要。在确定卫片判读解译标志或对于难以辨清的图斑应借助航片或与航片配合进行。

2) 对比分析法

对比分析法是对不同遥感影像和卫星图像不同波段、不同时相的图像进行对比分析，以及与其他已知资料、方法获得的结果或实地进行对比分析的一种方法。不同情况下对比分析的目的和效果不一样，许多地物及欲观察现象在不同的空间尺度、不同波段、不同时间系列才能表现出差异或变化来，所以通过对比分析才能有效地进行判读。

不同波段、不同分辨率的影像对比分析利于判定地物性质、区分相似目标。比如在热红外波段，煤田自燃等现象都可以清清楚楚判读出来，但在可见光波段就没有显示。不同分辨率和比例尺的影像对比利于宏观与微观现象、目标轮廓与细部特征的补充分析。

对不同时相的遥感图像的对比分析法，是指利用同一地区不同时间成像的遥感影像加以对比分析,了解同一目标地物动态变化的一种解译方法。这种方法既可把不同的地物和现象识别出来,也可以揭示同一事物的变化趋势。不同时相对比分析法的另一个广泛应用是监测同一事物的变化,如地壳运动、河口海岸变化、水土流失、植被演替、冰川进退等,这既是一种目视判读的方法,也是遥感技术的重要应用领域。

3)逻辑推理法

遥感影像判读过程就是一个逻辑推理过程,特别是卫片判读,更多的是应用地学规律和实际经验,分析各种地物和自然现象间内在联系,结合图像上表现出的特征,判定某一地物和现象的存在及其属性。

遥感影像视域宽广,能显示较大区域的地物和现象的空间分布规律。根据这些地学规律和现象的相互依存关系,运用逻辑推理,就能寻找出识别地物的依据,从而提取更多有用的信息。逻辑推理是确定间接解译标志的依据,是对直接解译的深化,需要丰富的经验及扎实的专业基础。

4)邻比法

在同一张遥感影像或邻近的遥感影像上,进行邻近比较,进而区分出两种不同目标的方法称为邻比法。这种方法通常只能将不同类型地物的界线区分出来,但不一定能鉴别出来地物的属性。如同一农业区种有两种农作物,此法可把这两种作物的界线分出,但不一定能认出这是两种什么作物。用邻比法时,要求遥感影像的色调保持正常,邻比法最好是在同一张影像上进行。

二、遥感影像判读步骤

目视判读步骤大致可分为准备工作、室内判读、野外工作、成图总结四个阶段。

(一)准备工作阶段

1. 收集资料

根据工作目的、区域特点准备适当的遥感影像资料,如果条件允许,还可以收集相关的遥感资料作为辅助,包括不同高度,不同比例尺,不同成像方式和不同波段、时相的遥感影像。同时收集地形图和各种相关的图件、文字资料等。

2. 选择影像

选择最佳波段组合、最佳处理方案,获得最佳解译影像。

3. 分析影像

将已有的各种资料或地面实况,与图像进行初步分析,掌握解译对象的概况、时空分布规律、研究现状和存在问题,确认"地物原型"与"影像模型"之间的关系,分析影像的物理性质与几何性质,了解可解译的程度,并可对遥感影像进行必要的加工处理,获得最佳影像。对所有资料进行整理,做好解译前的一切准备工作。

(二)室内判读阶段

1. 建立解译标志

根据影像色调、阴影、图形、形状、大小、纹理、位置、相关布局特征,建立起"地物原型"与"影像模型"之间的解译标志,再根据解译标志对影像进行初步解译,确定野外检查解译标志的点、线。经验证、修改最终确定解译标志。

2. 初步解译

严格遵循解译的原则和步骤,利用各种辅助方法,依据解译标志进行目视解译,画出初步解译图件。解译工作可以用一般的透明薄膜、胶片,也可以用带有部分地图信息的复印透明片蒙在影像上进行,具体用哪种视解译对象而定。更可以利用相关的计算机软件辅助解译。

(三)野外工作阶段

1. 核实解决疑难

补判是对室内目视判读中遗留的疑难问题的再次解译。其方法是根据解译过程中的详细记录,找到疑难问题的地点,并通过实际观察或调查,确定其地物属性。若疑难问题很具有代表性,则应建立新的判读标志。根据野外验证情况,对遥感影像进行再次解译。

2. 检查成果精度

抽样调查或重点调查工作区的解译成果精度。要根据精度要求,按统计抽样的要求布点检查。如发现错误要及时更正,重新修改解译图。一定要确保准确无误,符合精度要求。

3. 其他野外工作

根据要求,采集进一步深入研究、定量分析所需要的各种样品,如土壤、植物、水体和泥沙等。

(四)成图总结阶段

1. 成图

将合格的解译草图根据专业的要求,按一定比例尺转绘成图。一般都是采用遥感系列成图的方法,分要素或按不同需要和功能分别成图,形成一系列的遥感地图。如需要,还要进行面积量算。

早期的遥感制图基本是手工完成的,一般是经过草绘、清绘、制图综合制成专题图,如果需要出版,还需要经过一系列制版印刷过程。现在则是在计算机辅助下制图,有些是前期解译由人工完成,再输入计算机利用相关制图软件编辑制图;有些是在一体化的 RS 软件、GIS 软件、制图软件支持下基本由计算机完成。例如,我国自主开发的 MAPGIS 软件就具有功能齐备的制图模块。

2. 提交成果

将解译过程和野外调查、室内测量得到的所有资料进行整理,最后进行分析总结,编写说明报告,报告内容包括项目名称、工作情况、主要成果、结果分析评价和存在问题等。

第三节　遥感制图

20 世纪 30 年代,一些发达国家已经尝试用航空摄影测量取代经纬仪和平板仪进行大面积的地形图测绘。20 世纪 70 年代,航天遥感的发展进一步改变了传统的测绘模式,遥感制图技术也从光学时代逐步进入了数字时代。遥感制图使传统地图制图理论和制图工艺发生了根本性变化。

一、遥感影像地图

遥感影像地图,即以遥感影像和地图符号共同表达制图内容的地图。地图内容表达的主体是遥感影像,地图符号起辅助作用。需要强调的是,未经过几何校正和投影校正处理的遥感影像,不具备数学基础,一般被称为遥感影像图。

遥感影像地图按表达内容可以分为普通影像地图和专题影像地图。普通影像地图着重描述各种不同自然要素和经济要素的位置关系,而专题影像地图则集中表示一种或数种要素。此外,遥感影像地图还可以依据遥感影像来源的不同,分为航空影像地图和卫星影像地图;依据出版色彩分为黑白影像地图和彩色影像地图;依据地图维度分为平面影像地图和立体影像地图。

遥感影像地图具有影像和地图的组合性特点,表现在以下几方面:

(1)客观真实地记录了地表形态,明确地表达了地理位置,更加直观、易读,便于分析和解译。

(2)表达内容层次分明,图面信息量丰富。遥感影像地图,尤其是彩色的影像地图能明显表达自然要素类型之间的差异。与普通线划地图相比,信息量有较大提升。

(3)制图区域不受限制,更新速度快,现势性强。在一些环境恶劣或者人迹罕至的地区,无法使用常规手段测量获取制图信息,相比而言,遥感则表现出极大优势。此外,遥感影像获取速度快,成图时间短,能及时反映制图区的当前状况,具有较强的现势性,常用来监测气象、灾害、环境等状况。

二、常规制作遥感影像图

制作遥感影像图的影像资料一般有航空影像和卫星影像两种。航空影像的分辨率从几十米到几米的都有,常用于制作大比例尺地图;而卫星影像的分辨率从上百米到厘米级的都有,常用于制作中小比例尺地图。近年来,随着商业空间高分辨率遥感卫星的不断涌现,大比例尺的卫星影像地图也日趋流行,由于卫星影像的获取周期短,覆盖面积大,相比航空影像具有更多优势。

常规遥感影像图的制作是基于目视解译的分析方法,包括以下一些流程,如图 6-1 所示。

(一)影像地图设计

研究制图内容,明确要表达的自然要素或人文要素,制定各种要素的表示方法。分析制图资料,确定图面配置、生产流程、技术手段及质量控制等方法。

(二)选择影像数据源

根据地图要表达的内容,选择具有恰当空间分辨率、时相和波段的遥感影像。为突出表达内容,对影像进行增强处理是十分必要的。传统方式是采用光学手段加大不同地物影像的密度差,如假彩色合成、密度分割和相关掩模等。然后,目视解译经过增强处理的影像,获取水系、道路、行政境界、交通网、居民地等所需信息。

(三)选择地理基础底图

顾名思义,它起着底图的作用,用以显示制图要素的空间位置和区域地理背景,还可

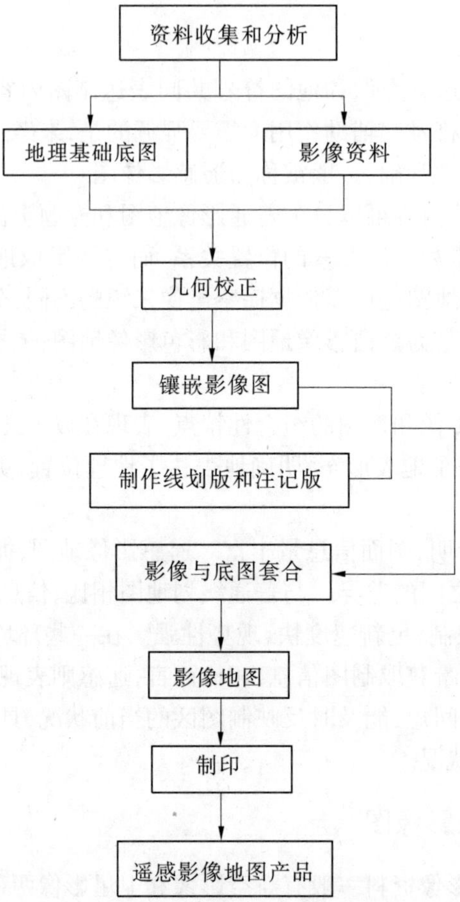

图 6-1　常规遥感影像地图制作流程

以用来对遥感影像进行几何校正。常选择地形图作为地理基础底图,比例尺要与遥感影像一致。

(四)影像的几何校正和镶嵌

在光学校正仪下进行单片的校正晒像,并且切割镶嵌成影像原图。

(五)制作线划版和注记版,并与影像地图进行套合

一般采用目估转绘、透绘等方法,将经纬网、高程点、交通网等所需要素转绘到影像上去。

(六)影像地图制印

遥感影像地图有黑白和彩色之分,洗印和印刷均可,最终产品形式有像纸影像和印刷品。对于彩色影像图可采用电子分色机(简称电分机)进行扫描制版。

三、计算机辅助遥感制图

计算机辅助遥感制图方法已取代常规方法,革新了地图制图的工艺手段和流程,缩短了生产周期,节约了经济成本,生成的产品更加美观、生动。遥感制图跨入了数字化时代。

计算机辅助遥感制图的核心部件是计算机。在相关输入输出设备和软件的支持下，根据地图制图原理和数字图像处理技术，实现遥感影像地图的制作和产品输出。现将整个工艺流程简述如下，如图6-2所示。

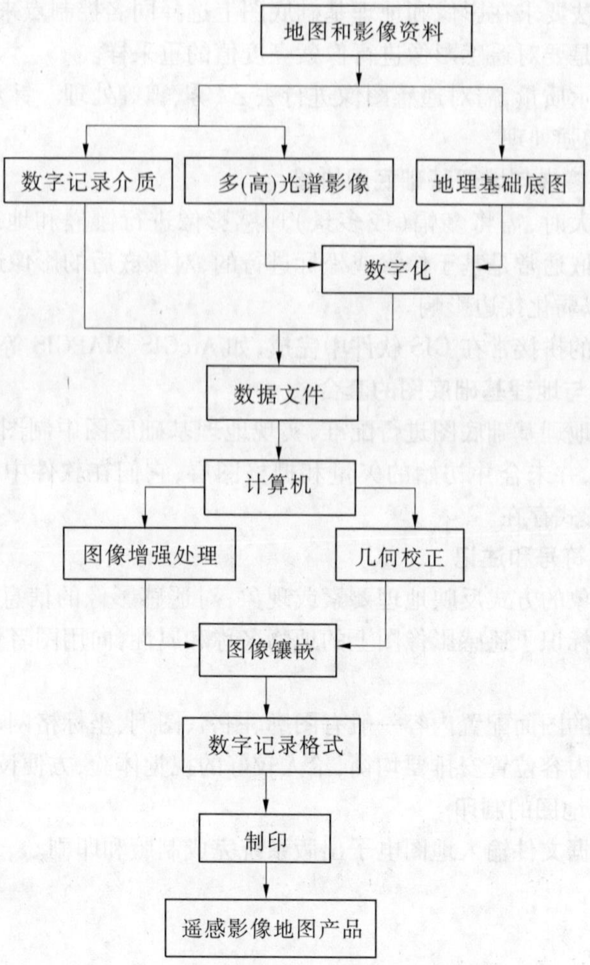

图6-2　计算机辅助遥感影像地图制作流程

(一)遥感影像的选择和数字化

根据制图内容要求，选择制图区域内适宜时相和波段的遥感影像。如果制图范围大，需要多幅(或多景)影像，尽量选择同一颗卫星的影像。条件所限时，应选择时相相近的不同卫星影像。所选影像在制图范围内的云量应控制在10%以内。

航空像片要进行扫描数字化。扫描后的图像反差要适中，尽量减少原件信息的损失。

(二)地理基础底图的选择与数字化

如前所述，地理基础底图是遥感制图中的重要资料。为了对遥感影像进行几何校正，需要数字化地理基础底图。数字化方法有手扶跟踪数字化、扫描矢量化和屏幕矢量化等。手扶跟踪数字化由于费时费力，对操作人员的细心和耐心都是一个考验，该方法已较少采用。扫描矢量化和屏幕矢量化是目前的主流方法。详细操作方法，请参见相关文献，这里不再赘述。

（三）遥感影像的几何校正和图像处理

几何校正的目的是提高遥感影像与地理基础底图套合的精度。校正方法一般采用多项式拟合。这种方法要求在影像和地理基础底图上选择同名控制点来建立多项式模型。

输出校正结果是要对遥感影像进行像素亮度值的重采样。

为提高影像显示质量，需对遥感图像进行去云、雾、霾等处理。针对表达内容，为突出专题信息，还需做增强处理。

（四）遥感影像镶嵌与地理基础底图拼接

当制图区域很大时，需将多幅（或多景）遥感影像进行镶嵌和地理基础底图进行拼接。遥感影像的镶嵌通常是基于像素或坐标进行的，对镶嵌后的影像还需做直方图匹配、色彩均衡等处理，以弱化接边影响。

地理基础底图的拼接常在 GIS 软件中完成，如 ArcGIS、MAPGIS 等。

（五）遥感影像与地理基础底图的套合

将遥感影像与地理基础底图进行配准，实现地理基础底图中制图要素与遥感影像的叠置。需指出的是，并未合并初始的矢量和栅格图层，它们在软件中仍是各自的数据格式，以独立的图层形式存在。

（六）添加地图符号和注记

地图符号以抽象的方式反映地理要素或现象，对遥感影像的信息表达有重要的补充和加强作用。注记标识了遥感影像图上的地物名称和属性，向用图者传达了相关信息。

（七）图面配置

遥感影像地图的图面配置内容一般有图廓、图名、图例、坐标格网、比例尺、指北针、参考图等。图面配置内容位置安排要均衡，给人较好的视觉体验，方便读者阅读和使用。

（八）遥感影像地图的制印

可以将相关数据文件输入地图电子出版系统完成制版和印刷。

第七章　遥感图像计算机分类

遥感图像的计算机分类是对遥感图像上的地物进行属性的识别和分类，是模式识别技术在遥感技术领域的具体运用。分类的目的是从图像中识别实际地物，进而提取地物信息。与遥感图像的目视判读技术相比较，目的是一致的，但手段不同，目视判读是直接利用人类的自然识别智能，而计算机分类利用计算机技术来模拟人类的识别功能。

目视判读分类所依据的是影像的色调和几何特征等解译标志，而计算机分类是在对图像像元灰度值的统计、运算、对比和归纳基础上进行的，是基于数字图像中所反映的同类地物的光谱相似性和异类地物的光谱差异性进行的。

计算机分类可以利用各波段、各像元的灰度值最小差异，探测目标的微小变化，适于定量分析，速度快，可重复性好，因而越来越得到广泛的应用，尤其是与地理信息系统相结合更是显出其强大优势。计算机分类的快速处理数据的能力也是与遥感大量信息相适应的，目前已成为遥感理论和应用研究领域的主流之一。

第一节　遥感图像计算机分类基本原理

一、概述

所谓遥感影像分类，就是根据遥感影像中目标物的波谱特征或其他特征确定每个像元的类别的过程。

遥感图像分类的对象是原始遥感图像及各种变换之后的图像，采用决策理论或统计方法对变量特征空间进行划分来达到分类的目的。

分类的结果是将图像空间划分为若干子区域，每个子区域代表一种实际地物，表示的是可识别的地表特征的空间分布状态。

利用计算机对遥感影像进行分类应用的模式识别技术主要有两种：统计模式方法和句法模式方法。常见的分类方法一般为统计识别模式，如最大似然法、K－均值法等。近年来发展的分类新方法则多采用句法模式方法，这类方法有人工神经网络方法、模糊数学方法、专家系统法和决策树分类法等。

统计识别模式方法是指对研究对象进行大量的统计分析，抽出反映模式的本质特点、特征而进行识别。句法模式识别则需要了解图像结构信息，从而对其进行分类。

遥感图像的统计分类又分为两种：非监督分类和监督分类。非监督分类是对于遥感图像地物的属性不具有先验知识，仅仅依靠不同的光谱数据组合在统计上的差别来进行分类，然后对已经分出的各类地物的属性进行确认的过程；监督分类是基于对遥感图像上样本区内的地物的类别已有一定的先验知识，即已经知道它所对应的地物类别，因而可以利用这些样本的类别特征作为依据，从而判断非样本数据的类别。

按照利用图像要素的不同，影像分类大体可以分为三种：一是基于图像灰度值的分类，二是基于图像纹理的分类，三是基于多源信息融合的分类。

最简单的分类是只利用不同波段的光谱亮度值进行单像元自动分类；另一种则不仅考虑像元的光谱亮度值，还利用像元和其周围像元之间的空间关系，如图像纹理、特征大小、形状、方向性、复杂性和结构，对像元进行分类。对于多时段的图像，时间变化而引起的光谱及空间特征的变化也是非常有用的信息。如对农作物分类，单时段的图像无论多少波段，都较难区分不同作物，但是利用多时段信息，由于不同作物生长季节的差别，则比较容易区分。另外，在分类中，也经常会利用一些来自地理信息系统或其他来源的辅助层，比如在对城市土地利用分类中，往往会参考城市规划图、城市人口密度图等，以便更精确地区分居住区和商业区。

根据是否需要假定类别具有特定的统计分布，可以分为参数化的分类方法和非参数化的分类方法。参数化的分类方法一般假定类别具有某种特定的统计分布，比如常用的正态分布，同时需要估计均值向量、协方差矩阵等分布参数，其中最有名的就是最大似然估计，使用数据分布的概率模型来决定分类的边界。非参数化的分类方法一般不假定类别具有某种特定的概率分布，只要信号具有明显的特征，就能对很大范围的分类起到很好的效果。如平行六面体算法、最小距离算法、人工神经网络算法等。非参数分类没有模型约束，由于非参数分类需要的假设最少，一般认为是更加有力的手段。

目前，遥感图像分类不存在适用于一切情况与一切分类目标的最优分类方法。每种方法只适用于特定的条件与特定的目标。

下面以传统的统计模式方法为例，介绍遥感图像计算机分类的基本原理及过程。

二、基本原理

（一）理论依据

遥感影像分类的理论依据是：遥感影像中同类地物在相同条件下（纹理、地形、光照及植被覆盖等）应具有相同或相似的光谱信息特征和空间信息特征，因此同类地物像元的特征向量将集群在同一特征空间区域，而不同的地物由于光谱信息特征或空间信息特征的不同，将集群在不同的特征空间区域。一个点群相当于一个类别。

计算机分类就是要分析特征空间这些点群的特点，如点群位置、分布中心、分布规律，从而确定点群的界限，最终完成分类任务。

用统计学概念表述，点群的中心是这一地物类别像元特征值的均值向量。点群的范围是这一地物类别像元特征值的标准差向量（或用协方差矩阵表示），它反映了点群的离散程度。

多光谱图像的每个像元可用特征空间的一个点表示出来，在特征空间中，由于“同类相近，异类相离”的规律，像元集聚成不同的点群，如图 7-1 中的 A 和 B，如果找到 A 和 B 的分界线，就可以区分两类地物。

在二维特征空间中，分界线可以是直线或曲线，表达式为：

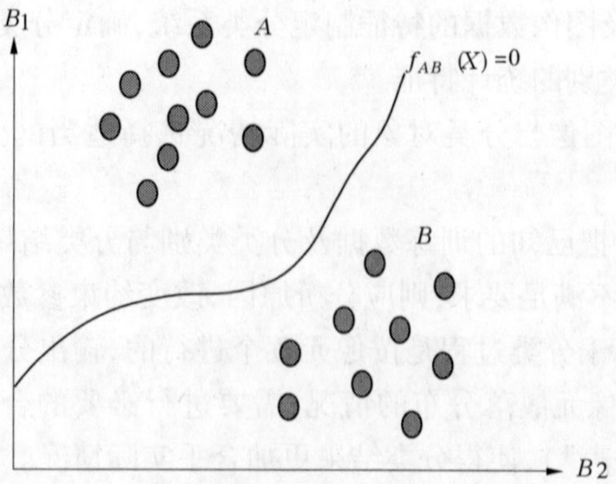

图 7-1　特征空间及判别界线

$$f_{AB}(X) = 0 \tag{7-1}$$

方程$f_{AB}(X)=0$称为判别界线(Decision Boundary)，$f_{AB}(X)$称为判别函数(Decision Function)。

从图 7-1 中可以看出：当$f_{AB}(X)>0$时，$X\in A$；当$f_{AB}(X)<0$时，$X\in B$。

这就是确定未知类别像元所属类别的判别准则(Decision Criteria)。

遥感图像分类算法的核心就是确定判别函数和相应的判别准则。

如果是通过选择代表各类的已知样本(训练区)的像元光谱特征事先取得各类别的参数，确定判别函数，再进行分类，是监督分类；如果根据事先指定的某一准则让计算机自动判别归类，无需人为干涉，则称为非监督分类。

(二)相关概念

(1)特征：在统计学中，特征和变量是一个概念，所以又可称为特征变量。对图像而言，特征是图像在每个波段上的灰度值和其他处理后的信息。各个特征具有相同的样本/像元数。

(2)特征向量：像元在每个特征上的灰度值构成特征向量$X=(x_1,x_2,\cdots,x_n)^T$。

(3)特征空间：包含特征向量X的n维空间称为特征空间，多光谱图像上的每个像元对应于特征空间中的一个点。

(4)判别函数：在特征空间中不同点群的分界线的函数表达式。

(5)判别准则：判别特征矢量属于某类的依据，我们称之为判别准则。

(6)模式：常把遥感图像中某一类地物称为模式。

(7)样本：属于某一类模式的像元称为样本，$X=(x_1,x_2,\cdots,x_n)^T$可以称为样本的观测值。

三、基本过程

(一)遥感图像计算机分类的基本过程

(1)分类预处理：分类前一般需要对原始图像进行辐射校正，去除大气散射的影响，或通过空间平滑滤波等，突出地物信息。

(2)特征选择：寻找最优特征，实现最大可分性。

(3)根据应用目的及图像数据的特征制定分类系统,确定分类类别。

(4)找出代表这些类别的统计特征。

(5)分类:根据特征图像与分类对象的实际情况选择适当的分类方法对遥感图像中各像元进行分类。

(6)分类精度检查:把已知的训练数据及分类类别与分类结果进行比较,确认分类的精度及可靠性。如精度不满足要求,则应分析原因,改变约束参数,重新分类。

(7)分类后处理:由于分类过程是按像元逐个进行的,输出分类图一般会出现成片的地物类别中有零星异类像元散落分布的情况,需要进行必要的合并和筛除(过滤),去除孤立的离散点("类别噪声"),使得分类结果更加合乎实际情况。

(二)关于特征选择

分类处理过程中,一个重要环节就是特征提取和选择。在许多情况下,我们研究的同类地物会具有不同的光谱特征,如土地利用分类中耕地会由于耕种方式和种植作物不同而具有明显的光谱差异,这种现象称为同物异谱;另一种情况是不同的地物可能具有相似的光谱特征,比如许多绿色植物具有十分相似的光谱特征,这种现象称为同谱异物。

习惯上称基于光谱特征形成的类别为光谱类别。根据实际需要待分的类别称为信息类别。同物异谱和同谱异物现象的存在导致信息类别与光谱类别不对应,从而降低了计算机分类的精度。因而,在分类之前常常要对原始图像作些变换(如K-L变换、K-T变换等),这一过程叫特征变换,通过变换找出最能反映地物类别差异的特征变量参加分类,这一过程叫特征提取。

需要明确的有以下几点:第一,特征变量可以是多光谱遥感图像各个波段的像素值,也可以是原图像经过运算处理(如四则运算处理、主成分变换及缨帽变换等)后的变量值,与遥感图像相匹配的非遥感变量(如坡度、高程等)也可作为特征变量;第二,为了减少数据的冗余,并提高分类的准确性,需要对各种特征变量进行选择;第三,特征选择需要根据欲区分的对象的特征,进行反复的试验来确定。比如植被分类可采用绿度、植被指数,也可以采用K-T变换后的绿度与亮度分量等。

良好的特征有四个特点:①可分性:不同类别有明显差异;②可靠性:对同类对象,特征值比较相近;③独立性:各特征之间彼此不相关;④数量少。

(三)关于类别统计特征的测定

在监督分类中可选择具有代表性的训练场地进行采样,测定特征;非监督分类中,可用聚类方法对特征相似的像元进行归类,测定其特征。

对常规图像而言,主要是运算与统计空间和波谱两方面的信息。统计的内容包括均值、方差、灰度比值、纹理强度、密度、信息熵等。

针对高分辨率卫星影像(如快鸟等),更多的是利用图像几何信息和结构信息。统计的内容还包括各个分类对象的光谱特征、形状特征(面积、长度、宽度、形状因子、主方向、对称性、位置、曲率等)、纹理特征(包括方差、密度、对称性、主方向的均值和方差等)和相邻关系特征。

第二节　非监督分类和监督分类

一、非监督分类(Unsupervised Classification)

遥感影像的非监督分类也称为聚类,它是在没有类别先验知识的情况下将所有样本划分为若干类别的方法。它的基本思想是事先没有类别的先验知识,仅根据地物的光谱特征的相关性或相似性来进行分类,再根据实地调查数据比较后确定其类别属性。

非监督分类是指根据图像数据本身的统计特征及点群的分布情况,从纯统计学的角度对图像数据进行类别划分。它不需要训练样本,通过统计方法提取各类特征值并迭代更新,是一种自我训练的分类。

遥感图像上的同类地物在相同条件下,一般具有相同或相近的光谱特征,从而表现出某种内在的相似性,归属于同一个光谱空间区域。而不同的地物,光谱特征不同,归属于不同的光谱空间区域,这是非监督分类的理论依据。

非监督分类的数学基础是聚类算法,聚类的根据是图像像元特征向量之间的相似性,把一组像素按照相似性分为若干类,目的是使得同一类别的像素之间的距离尽可能小,而不同类别的像素之间的距离尽可能大。

分类的结果只是区分了存在的差异,不能确定类别的属性。类别的属性需要通过目视判读或实地调查后确定。

(一)判别函数及判别准则

以每个像元点与点群中心的相似程度作为判别函数。对于光谱特征空间中的任一点 k,计算它与各类中心点的相似程度 L。判别准则是:若 $L_{ki} > L_{kj}(i \neq j)$,则 k 像元属于 i 类而不属于 j 类。

(二)相似性度量

由于聚类是根据样本之间的相似性进行分类的,因此如何度量样本之间的相似性是聚类的核心问题,不同的相似性度量方法将得到不同的聚类结果。

描述样本之间相似性的方法有两种:其一是度量样本之间的差异程度,如各种距离,表征差异程度的指标值越大,相似程度越低;其二是度量样本之间的相似程度,如相似系数、相关系数,表征相似程度的指标值越大,相似程度越高。

1. 明氏距离(Minkowski)

明氏距离是常用的简单求距离方法,通用表达式为:

$$d_{ik}(q) = \left(\sum_{j=1}^{n} |x_{ij} - M_{kj}|^{q} \right)^{1/q} \tag{7-2}$$

式中　d_{ik}——像元 i 到类别 k 的距离;

n——特征数;

x_{ij}——像元 i 的第 j 个特征值;

M_{kj}——类别 k 的第 j 个特征的均值;

q——参数,当 $q=1$ 时,称为绝对距离,当 $q=2$ 时,称为欧氏距离。

2. 马氏距离(Mahalanobis)

马氏距离是一种加权的欧氏距离,通过协方差矩阵来考虑变量的相关性,表达式为:

$$d_{ik} = (x_{ij} - M_{kj})^{\mathrm{T}} \sum_{ik}^{-1} (x_{ij} - M_{kj}) \tag{7-3}$$

式中 Σ_{ik}——协方差矩阵,当$\Sigma_{ik} = I$(单位矩阵)时,马氏距离即为欧氏距离。

3. 相似系数

相似系数又称为余弦距离,两个像元光谱角的余弦值越接近1,相似程度越高。其数学表达式为:

$$\cos\alpha = \frac{\sum XY}{\sqrt{\sum X^2 \sum Y^2}} \tag{7-4}$$

式中 α——图像像元光谱与参照光谱之间的夹角(光谱角);

X——图像像元光谱曲线向量;

Y——参考光谱曲线向量。

当$\cos\alpha$的值接近1时有最好的估计光谱值和分类结果。

4. 相关系数

相关系数指像元间的关联程度,相关系数值越大(越接近1),像元间的相似程度越高。其表达式为:

$$\gamma_{ik} = \frac{\sum_{j=1}^{n}(x_{ij} - \bar{x}_i)(x_{kj} - \bar{x}_k)}{\sqrt{\sum_{j=1}^{n}(x_{ij} - \bar{x}_i)^2}\sqrt{\sum_{j=1}^{n}(x_{kj} - \bar{x}_k)^2}} \tag{7-5}$$

式中 x_{ij}、x_{kj}——像元i和k的第j个分量;

$\bar{x}_i$、$\bar{x}_k$——均值。

(三)主要的非监督分类算法

非监督分类有多种方法,主要采用聚类分析方法构建一个统计模型,根据一定的统计量,按彼此相似性或亲疏程度形成若干类别。其中K-均值聚类、迭代式自组织数据分析算法(ISODATA,Iterative Self-organizing Data Analysis Technique)是效果较好、使用最多的两种方法。

典型的聚类过程:选定初始集群中心——用一种判据准则进行分类——循环式的检查和修改——输出分类结果。

1. K-均值聚类

根据给定的初始类别数量(用户定义),对于每一个初始类别,任意给定一个原始的均值矢量("种子"),根据此均值,对所有像元进行归类(将像元归入与均值最相似的类);然后对第一次归类的结果中的每一类求均值,按新均值,对像元进行重新分类(将像元归入与均值最相似的类),对新生成的类再迭代执行前面的步骤,直到类内距离收敛(用户定义)(两次迭代之间像元的分配没有显著变化),或达到规定迭代次数(用户定义)。

K-均值聚类算法的聚类准则是使每一分类类别中的像元点到该类别中心的距离的平方和最小。基本思想是,通过迭代,逐次移动各类的中心,直到满足收敛条件。

具体实例计算如下：

假定要利用两个波段 B_1、B_2 数据对 4 个像元 A、B、C、D 进行分类，分成两类。A、B、C、D 在两个波段上的值如下：

像元	波段 B_1	波段 B_2
A	5	3
B	−1	1
C	1	−2
D	−3	−2

首先，将 A、B、C、D 随意分成两个类，如(AB)和(CD)，然后计算两个类的中心(均值)坐标：

类	类中心坐标	
	波段 B_1	波段 B_2
(AB)	$(5+(-1))/2=2$	$(3+1)/2=2$
(CD)	$(1+(-3))/2=-1$	$(-2+(-2))/2=-2$

分别计算每一个像元到每一个类别中心的欧氏距离：

$$d^2(A,(AB)) = (5-2)^2+(3-2)^2 = 10$$
$$d^2(A,(CD)) = (5+1)^2+(3+2)^2 = 61$$
$$d^2(B,(AB)) = (-1-2)^2+(1-2)^2 = 10$$
$$d^2(B,(CD)) = (-1+1)^2+(1+2)^2 = 9$$
$$d^2(C,(AB)) = (1-2)^2+(-2-2)^2 = 17$$
$$d^2(C,(CD)) = (1+1)^2+(-2+2)^2 = 4$$
$$d^2(D,(AB)) = (-3-2)^2+(-2-2)^2 = 41$$
$$d^2(D,(CD)) = (-3+1)^2+(-2+2)^2 = 4$$

根据计算结果对像元重新归类：

$A \in (A)$；　　　　$BCD \in (BCD)$

然后计算新的类别中心的坐标：

类	类中心坐标	
	波段 B_2	波段 B_1
(A)	5	3
(BCD)	$[-1+1+(-3)]/3=-1$	$[1+(-2)+(-2)]/3=-1$

再分别计算每一个像元到每一个新的类别中心的欧氏距离：

类	像元到类别中心的欧氏距离			
	D	A	B	C
(A)	0	40	41	89
(BCD)	52	4	5	5

由上表可以看出:每个像元已被归到距离最近的类别,分类结束,最终得到的结果是:

$$A \in (A); \qquad BCD \in (BCD)$$

K-均值法的优点是实现简单,缺点是在迭代过程中没有调整类数的措施,产生的结果受所选聚类中心的数目、初始位置、类分布的几何性质和读入次序等因素影响较大。

2. ISODATA 法

ISODATA 法,即迭代式自组织数据分析算法,是 K-均值算法的常用修正法。在该算法中,如果两个类别的差别小于给定阈值,则这两个类别就合并成一类;如果一个类别的方差大于设定的最大类内方差,则该类别就分成两个类别。人工设定的参数比 K-均值聚类要多。

ISODATA 法与 K-均值法有两点不同:第一,它不是每调整一个样本的类别就重新计算一次各类样本的均值,而是在把所有样本都调整完毕之后才重新计算;第二,ISODATA法不仅可以调整样本所属类别完成样本的聚类分析,而且可以自动进行类别"合并"和"分裂",从而得到类数比较合理的聚类结果。

(四)非监督分类的主要过程

(1)确定初始类别参数,即确定最初类别数和类别中心。

(2)计算每一个像元所对应的特征向量与各点群中心的相似程度。

(3)选取与像元相似程度最高的类别作为像元的所属类别。

(4)计算新的类别均值向量。

(5)比较新的类别均值与初始类别均值,如果发生了变化,则以新的类别均值作为聚类中心,再返回第(2)步开始进行迭代。

(6)如果点群中心不再变化,计算停止。

需要强调的是,非监督分类是单纯基于地物光谱特征的计算机分类,得出的结果基本上属于光谱类别(基于光谱特征形成的类别),还需要对分类结果归并,对错误分类的像元需要改正,以期得到理想的信息类别(根据实际需要待分的类别)。

二、监督分类(Supervised Classification)

遥感影像的监督分类是在已知类别的训练场地上提取各类别训练样本,通过选择特征变量、确定判别函数或判别式把影像中的各个像元点划归到各个给定类的分类。它的基本思想是:首先根据类别的先验知识确定判别函数和相应的判别准则,利用一定数量的已知类别样本的观测值确定判别函数中的待定参数,然后将未知类别的样本的观测值代入判别函数,再根据判别准则对该样本的所属类别作出判定。

(一)判别函数及判别准则

判别函数可以是线性的,也可以是非线性的。遥感影像分类中常用的有如下几种。

1. 最小距离分类器(Minimum Distance Classifier)

以最小距离为标准进行分类是最直观的思路。其判别规则是:

如果

$$D(X,Z_j) = \min_k D(X,Z_k) \quad (k = 1,2,\cdots,M)$$

则

$$X \in \omega_j$$

式中，$D(X,Z_k)$是未知类别像元 X 至 Z_k 的欧氏距离，而 Z_k 表示 ω_k 类的平均位置，也叫类中心。

上式给出的规则等价于一个线性判别函数。

最小距离判别类似于非监督分类的聚类方法，以像元点与均值点在特征空间中的距离为主要判别依据。不同的是，最小距离判别在有先验知识的前提下进行，用特征空间中训练样本的均值点位置作为聚类中心。

2. Fisher 线性判别

一般线性判别函数虽然易于分析，但当特征维数较高时，同样会遇到困难。主要表现为在低维空间里解析上或计算上行得通的方法，在高维空间里往往行不通。因此，在处理实际问题时，人们常常优先考虑如何降低维数。

如果能将 n 维空间的样本投影到一维空间（即直线）上，则实现了最大限度的维数压缩，但问题是通常容易破坏像元的可分性。因此，必须设法找到一个最佳方向，以保证在该方向的直线上样本的投影较其他方向能作最好的区分。

为解决这一问题，Fisher 提出了一个准则函数，称为 Fisher 准则，将上述问题归结为解求由下式确定的投影变换的最佳变换矩阵 W

$$y = W^{\mathrm{T}}X \tag{7-6}$$

式中 X、y——投影前后的 n 维和一维模式向量。

首先，分别在 n 维空间和一维空间定义若干参量，用以描述样本投影前后的聚集或离散程度。

以两类情况为例，在 n 维空间中，定义各类样本均值向量 M_i：

$$M_i = \frac{1}{N_i}\sum_{X \in w_i} X \quad (i = 1,2) \tag{7-7}$$

式中 N_i——第 i 类样本数。

同类样本的离散矩阵 S_i 和总离散矩阵 S_w：

$$S_i = \sum_{X \in w_i}(X - M_i)(X - M_i)^{\mathrm{T}} \quad (i = 1,2) \tag{7-8}$$

$$S_w = S_1 + S_2 \text{或} S_w = \sum_{i=1}^{k} S_i \quad (i = 1,2) \tag{7-9}$$

类间离散矩阵 S_b：

$$S_b = (M_1 - M_2)(M_1 - M_2)^{\mathrm{T}} \tag{7-10}$$

对应地，在一维空间中定义了各类样本均值 m_i：

$$m_i = \frac{1}{N_i}\sum_{y \in w_i} y \quad (i = 1,2) \tag{7-11}$$

同类样本类内离散度 $\widetilde{S}_i$ 和总离散度 $\widetilde{S}_w$：

$$\widetilde{S}_i = \sum_{y \in w_i}(y - m_i)^2 \quad (i = 1,2) \tag{7-12}$$

$$\widetilde{S}_w = \widetilde{S}_1^2 + \widetilde{S}_2^2 \tag{7-13}$$

然后，从投影后的一维空间中定义的参量出发，提出一个寻找最佳投影矩阵 W 的量化条件。直观上，希望投影后的不同类样本尽可能远离，即两类均值之差尽可能大；同时还要求各类样本内部尽量聚集成团，即 $\tilde{S}_w$ 尽可能小。为此，Fisher 定义了如下准则函数：

$$J_F(W) = \frac{(m_1 - m_2)^2}{\tilde{S}_1^2 + \tilde{S}_2^2} \tag{7-14}$$

利用 $J_F(W)$ 求极大值 W：

$$W = S_w^{-1}(M_1 - M_2) \tag{7-15}$$

根据式(7-15)求得最佳变换矩阵 W，就可将 n 维空间的样本投影到由 W 确定的直线上，一个 n 维分类问题就转变为一维分类问题，分类时不必在 n 维空间中建立复杂的决策边界，只需在特定直线上确定分界阈值点 y_0。

对应的判别准则是：

如果 $y > y_0$，则 $X \in \omega_1$

如果 $y < y_0$，则 $X \in \omega_2$

其中，y 由式(7-6)求出。阈值点 y_0 的确定方法有多种，简单情况下由先验参数求出：

$$y_0 = \frac{m_1 + m_2}{2} \tag{7-16}$$

或

$$y_0 = \frac{N_1 m_1 + N_2 m_2}{N_1 + N_2} \tag{7-17}$$

3. Bayes 准则(最大似然判别准则)

1)基本原理

从概率统计分析，要想判决某一样本 X 属于哪一类别，实际上要根据在 X 出现的条件下，它属于每一个类别的概率大小来判断(这里只考虑硬分类情况)，即：如果

$$P(\omega_i/X) > P(\omega_j/X) \quad (j \neq i, j = 1,2,\cdots,m) \tag{7-18}$$

则

$$X \in \omega_i$$

式中，ω_i 代表第 i 类，共有 m 类，$P(\omega_i/X)$ 表示在 X 出现的条件下，X 属于 ω_i 类的概率。

把 X 归到出现概率最大的类别，风险最小，错误概率最小。

根据概率论中的 Bayes 公式，可以求出：

$$P(\omega_i/X) = \frac{P(\omega_i)P(X/\omega_i)}{P(X)} \quad (i = 1,2,\cdots,m) \tag{7-19}$$

式中，$P(\omega_i)$ 是每一类别 ω_i 出现的先验概率，也就是在被分类的图像中类别 ω_i 出现的概率，例如，ω_i 类的像元数占整个图像的 20%，则这 ω_i 类的先验概率 $P(\omega_i)=0.2$。

$P(X/\omega_i)$ 是类别 ω_i 的概率分布，表示在这一类中像元 X 出现的机会。如果有一个已知的训练区域，用已知类别的像元作统计，可以求出各类的分布 $P(X/\omega_i)$。

$P(X)$ 表示对于任何类别 X 出现的概率，与类别 ω_i 无关。作判别时可去掉，所以式(7-19)可简化为：

$$g_i(X) = P(\omega_i)P(X/\omega_i) \tag{7-20}$$

这就是 Bayes 分类的判别函数。

判别规则为：如果

$$P(\omega_i)P(X/\omega_i) > P(\omega_j)P(X/\omega_j) \tag{7-21}$$

对 $j=1,2,\cdots,m, j\neq i$ 成立，则 $X\in\omega_i$。

2）讨论

（1）可以证明，按照 Bayes 规则对样本 X 分类，可以使错误分类的概率最小，具体证明略。

（2）设 $X=(x_1,x_2,\cdots,x_n)^{\mathrm{T}}$，且 X 服从高维正态分布，则判别函数的具体形式为：

$$g_i(X)=\ln P(\omega_i)-\frac{1}{2}\ln\left|\sum\nolimits_i\right|-\frac{1}{2}(X-M_i)^{\mathrm{T}}\sum\nolimits_i^{-1}(X-M_i) \tag{7-22}$$

式中　$\sum_i$——类别 i 的协方差矩阵；

M_i——均值向量。

判别规则为：如果

$$g_i(X)=\max_{j=1}^{m}g_j(X) \tag{7-23}$$

则 $X\in\omega_i$。

（3）如果对所有类别，当各类分布一致且先验概率相同时，则 Bayes 分类器等价于最小距离分类器。

Bayes 监督分类算法有着严密的理论基础，对于呈正态分布的数据，判别函数易于建立，综合应用了每一类别在各波段中的均值、方差及多波段之间的协方差，有较好的统计特性，一直被认为是先进的分类方法。传统的遥感数字图像分类，多采用此方法，但实际操作中有不少难点，分布参数的估计、分类类别光谱类别数目的确定和各类别的先验概率获得，尤其当存在类别光谱特征混淆时，其固定形状的决策界面无法获得较高的分类精度。随着遥感数据时空维数的不断扩展，该方法开始暴露出一些弱点：①多源、多维的遥感数据可能不具备正态分布特征；②离散的类别数据（如地面实测数据）在很多情况下不具备统计意义；③对于高维空间数据，Bayes 准则中所需要的协方差矩阵将难以得到。

在 Bayes 监督分类时采取一些措施，可提高分类精度：①分类前选择最佳波段组合；②注意提高训练区选取质量，如在反映类别特征较好的图像上选取训练区、借助专题图件和大比例尺航片确定训练区；③对“同物异谱”现象采用类型细分方法，分别确定子类训练区；④进行训练区纯化；⑤分类时加入专家经验知识给出先验概率。

（二）监督分类的主要过程

1. 基本过程

监督分类的基本过程是：首先根据已知的样本类别和类别的先验知识确定判别准则，计算判别函数，然后将未知类别的样本值代入判别函数，依据判别准则对该样本所属的类别进行判定。

2. 基本步骤

监督分类可分为两个基本步骤。

1）选择训练样本和提取统计信息

监督分类的关键是训练样本的选择，其选择的质量关系到分类能否取得良好的效果。

训练样本的选择需要分析者对要分类的图像所在的区域有所了解，或进行过初步的野外调查，或研究过有关图件和高精度的航空照片。

选择的训练样本应能准确地代表整个区域内每个类别的光谱特征。

（1）训练样本的来源：

①实地收集:通过 GPS 定位实地记录的样本。

②屏幕选择:通过参考其他图或根据分析者对区域的了解,在屏幕上数字化每一类别有代表性的像元或区域,或用户指定一个中心像元,计算机自动评价其周边像元,选择与其相似的像元。

(2)训练样本选取的要点:

①训练样本的种类要与待分区域的类别一致。

②选择样本像元应具有代表性,即训练样本的统计特征量必须与该类型总体统计特征量相接近。样本应在各类目标地物面积较大的中心选取,才有代表性,不能选择类别之间的边界像元或混合像元。

③每个类别的样本需要有同质性,同时也需要具有一定的方差范围。

④样本的数目应能够提供各类足够的信息和克服各种偶然因素的影响。最少要满足能够建立分类用判别函数的要求,所需个数与所采用的分类方法、特征空间的维数、各类的大小与分布有关,如最大似然法的训练样本个数至少要 $n+1$ 个(n 是特征空间维数),才能保证协方差矩阵的非奇异性。作为一个普遍的规则,每一类别应该至少有 $10n$ 个训练样本,才能满足某些分类算法中计算方差及协方差矩阵的要求。

⑤分布在不同位置的同类地物由于受自然、社会等因素的影响,光谱特性往往会有些差异,样本像元的选择应尽可能与该地类分布相一致,避免集中在局部位置上。

(3)训练样本的评价:

计算各类别训练样本的基本光谱特征信息,通过每个样本的基本统计值(如均值、标准方差、最大值、最小值、方差、协方差矩阵、相关矩阵等),检查训练样本的代表性、评价训练样本的好坏。

评价方法一般有图表显示和统计测量。

①图表显示。将训练样本的直方图、均值、方差等基本统计值绘成线状、离散度图等,目视评价各类别训练样本的分布、离散度和相关性。

直方图可以显示不同样本亮度值的分布,通常训练样本的亮度值越集中,其代表性越好。由于多数参数分类器都假设正态分布,因此每类训练样本,在每个波段的直方图应该趋于正态分布,只能有一个峰值。当其直方图有两个峰值时,则说明所选的训练样本中包含两种不同的类别,需要重新选择训练样本,或对所选的训练样本重新赋予类别。同时显示不同类别的样本在同一波段上的直方图,可以检查各样本之间的分散性,如果存在互相重叠,则说明所选类别难以区分。

特征空间二维图是另一种广泛用于评价训练样本的方法。相关波谱的椭圆形图是在二维特征空间内基于训练样本在每个波段的均值和方差绘制的,这些椭圆的重叠程度反映了类别之间的相似性。重叠程度越大,说明两个类别越难以区分。

②统计测量。利用统计方法来定量衡量训练样本之间的分离度,具体有可能性矩阵及类别分离性统计。类别之间的统计距离是基于欧氏光谱距离、Jeffries - Matusta 距离、分离度和转换分离度等计算的。

2)选择合适的分类算法

监督分类有多种算法,常用的有平行管道法和最小距离法。

(1)平行管道法(Multi-level Slice Classifier)。

又称为盒式分类器、分级分片算法或等级分割分类器、箱形或平行六面体分类器等,是所有分类算法中最简单的一种。

通过设定在各轴上的一系列分割点,将多维特征划分成分别对应不同分类类别的互不重叠的特征子空间。这种方法要求通过选取训练区,详细了解分类类别(总体)的特征,并以较高的精度设定每个分类类别的光谱特征上限值和下限值,以便构成特征子空间。对于一个未知类别的像素来说,它的分类取决于它落入哪个类别特征子空间中。

使用简单的分类规则进行多光谱遥感图像的分类。决策线是在 n 维光谱空间中的一个平行管道。管道的直径根据距离平均值的标准差确定。如果某个像元落在某一类的平行管道的阈值范围内,则划分到该类别中。

根据训练样本的亮度值范围形成一个多维数据空间,在二维情况下,各类训练样本的特征向量产生各自的矩形;在三维情况下,产生真正的盒子;在多维情况下,产生多维的盒子。每个盒子为一类,盒子的中心是训练样本类的均值向量,盒子的边界可以用最大值、最小值来确定,也可以用平均值和标准方差来确定。

待分类的像元落在哪个盒子就属于哪类。同时落到两个或两个以上盒子内的像元,规定分类结果为最小的盒子所属的类或最后一个盒子所属的类(与软件系统有关),落到所有盒子之外的像元被标识为“未分类”。

平行六面体是指盒子的各个面不是矩形,而是平行四边形,分类原则与盒式分类器的原则相同,更适合高维遥感图像。

这种方法的优点是分类标准简单,计算速度快,能将大多数像元划分到某个类别。缺点是当类别较多时,各类别所定义的区域容易重叠;而且由于存在样本选择误差,训练样本的亮度范围可能大大低于其实际的亮度范围,从而造成很多像元不属于任何一类。

(2)最小距离法(Minimum Distance Classifier):用特征空间中的距离(指像元光谱矢量到类别平均光谱矢量的距离)表示像元数据和分类类别特征的相似程度,在距离最小(相似度最大)的类别上对像元数据进行分类的方法。

利用训练样本中各类别在各波段的均值,根据各像元离训练样本平均值距离的大小来决定其类别,像元距哪类的距离最小就判归哪类。距离的计算常用欧氏距离和马氏距离。

最小距离法与非监督分类法在统计量和分类原理上是一致的。不同的是,监督分类是通过事先训练样本的方式确定类别数和类别中心,然后进行分类。

最小距离法是在不考虑协方差矩阵时的最大似然法。当训练样本有限时,可能精度高于最大似然法,而且对数据概率分布特征没有要求。

优点是方法简单,原理直观,易于理解;缺点是没有考虑不同类别内部方差的不同,从而造成一些类别在其边界上的重叠,引起分类误差。

(3)最大似然法(Maximum Likelihood Classifier)。最大似然法是基于贝叶斯准则的分类错误概率最小的一种分类,是应用比较广泛、比较成熟的一种方法。

计算每个像元属于各个类别的概率,又称后验概率或似然度(Likelihood)。把像元分到似然度最大的类别中。

平行算法和最小距离法都没有考虑到各类别在不同波段上的内部方差，以及不同类别其直方图重叠部分的频率分布。假设像元亮度值落在两类的重叠区内，按照平行算法或最小距离法，则很难分类。最大似然法可以同时定量地考虑两个以上的波段且类别计算量较大，同时对不同类别的方差变化比较敏感。

在有足够多的训练样本、一定的类别先验概率分布知识，且数据接近正态分布的条件下，最大似然法被认为是精度最高的分类方法。而当总体分布不符合正态分布时，其分类精度将会下降，不适于采用以正态分布的假设为基础的最大似然法。

三、非监督分类和监督分类的比较

（一）监督分类的优缺点

优点：根据应用目的、区域特性及图像特征，有选择地决定分类类别，避免出现一些不必要的类别；可控制训练样本的选择；可通过检查训练样本来避免分类中的严重错误；避免对光谱集群组的重新归类。

缺点：分类系统的确定、训练样本的选择，高度依赖于分析者的专业知识、经验及对区域的了解程度，主观性强；同物异谱现象的存在可能造成训练样本代表性差；训练样本的选取和评估需花费较多的人力、时间。

（二）非监督分类的优缺点

优点：不需要人工选取训练区，操作简便；不需要分析者具备相关的先验知识；由于只需要定义少量参数，人为误差的机会减少。

缺点：分析者较难对产生的类别进行控制，因此分类产生的光谱类别并不一定对应于分析者想要的类别。

（三）监督分类和非监督分类的混合训练

由于遥感数据的数据量大、类别多及同物异谱和同谱异物现象的存在，用单一的分类方法对影像进行分类其精确度往往不能满足应用的要求。实际中可采用监督分类和非监督分类相结合的方法来对影像进行分类。首先，使用非监督分类对图像进行处理，利用得到的聚类对训练区进行处理，得到一幅未标注信息类别的聚类图。一般情况下，使用大量的聚类来保证足够的数据代表性。然后分析人员利用土地调查数据、航空照片或其他参考数据对地图进行评估，并对每个光谱类别指定相应的信息类别。此外，一些类别可能被分裂或合并，此时必须根据情况做出相应的调整。最后利用这些聚类信息对图像进行监督分类得到最终的专题地图。也可以用非监督分类法如 K - 均值聚类和 ISODATA 聚类将遥感图像概略地划分为几个大类，再用监督分类法对已分出的各个大类进行细分，直到满足要求。

监督分类与非监督分类复合分类方法，改变了传统的单一的分类方法对影像进行分类的弊端，弥补了其不足，为影像分类开辟了广阔前景。

遥感影像的监督分类和非监督分类方法是影像分类的最基本、最概括的两种方法。传统的监督分类和非监督分类方法虽然各有优势，但是也都存在一定的不足，如 K - 均值聚类分类精度低，分类精度依赖于初始聚类中心；最大似然法计算强度大，且要求数据服从正态分布；最小距离法没有考虑各类别的协方差矩阵，对训练样本数目要求低，其分类结果由于遥感图像本身的空间分辨率以及同物异谱、异物同谱现象的存在,往往出现较多的错分、漏分现象,导致分类精度不高。尤其是近年来针对高光谱数据的广泛应用,各种新理论新方法相继出现,对传统的计算机分类方法提出了新的要求。

第三节　其他分类方法

无论是监督分类还是非监督分类,都是依据地物的光谱特性的点独立原则来进行分类的,且都是采用的统计方法,只是根据各波段灰度数据的统计特征,加上卫星遥感数据分辨率的限制,一般图像的像元很多是混合像元,带有混合光谱信息的特点,致使计算机分类面临着诸多模糊对象,不能确定其究竟属于哪一类地物,而且,同物异谱和异物同谱的现象普遍存在也会导致误分、漏分,因此人们不断尝试新方法来加以改善。

近年来的研究大多将传统方法与新方法加以结合,即在非监督分类和监督分类的基础上,运用新方法来改进,减少错分和漏分情况,不同程度地提高了分类精度。新方法主要有决策树分类法、模糊分类法、神经网络分类法、多特征融合法及基于频谱特征的分类法等。

一、人工神经元网络方法(Artificial Neural Network,ANN)

人工神经元网络方法简称神经网络方法,利用计算器模拟人类学习的过程,建立输入和输出数据之间联系的程序,可以模拟人脑神经元活动的过程,包括对信息的加工、处理、存储、搜索等过程。20 世纪 90 年代以来,神经网络大量应用于遥感影像分类和专题信息提取。神经网络可以实现监督和非监督条件下的分类工作。它是一种基于距离度量的数据分类方法,而且是与模型无关的。

(一)ANN 的基本结构

人工神经网络具有三层或三层以上的多层神经网络。最基本的神经元网络是三层网络结构,即一个输入层、一个隐含层(中间层)和一个输出层。输入层的功能是向神经元网络计算机提供信号,通常把模拟的感觉输入到神经网络;隐含层是输入层与输出层之间的层次,为神经元网络提供记忆和计算功能;输出层输出神经元网络的计算结果,也输出处理元素实现其功能。

图 7-2 中,椭圆代表神经元,也称节点;隐含层用于模拟输入数据的非线性模式,网络可以有多个隐蔽层,每层的节点数可以不同;输入层是分类所用的特征,用 p_i(i 为输入层的节点数)表示;隐含层用 h_j(j 为隐含层的节点数)表示;输出层用 o_k(k 为输出层的节点数)表示。

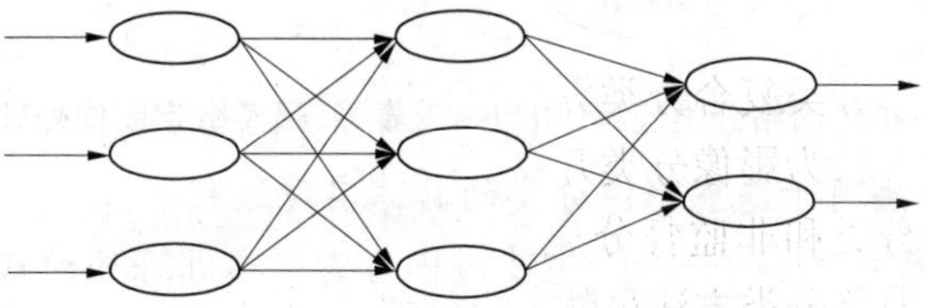

图 7-2　一般三层神经网络模型

它们之间的关联是：

$$h_j = f(S_j), S_j = \sum_i w_{ji} p_i \tag{7-24}$$

$$o_k = f(S_k), S_k = \sum_k w_{kj} h_j \tag{7-25}$$

输入层只是输入数据的接口而不对数据进行任何处理；隐含层和输出层的节点都包含处理单元，所作的处理包括一个加权求和及变换操作。w_{ji} 和 w_{kj} 代表权重；通常采用 S 型函数(Sigmoid 函数)作为网络的激活函数，其表达式为：$f(S) = \frac{1}{1+e^{-S}}$

虽然隐含层不和外界连接，但是它们的状态则影响输入输出之间的关系，改变隐含层的权系数，可以改变整个多层神经网络的性能。神经网络就是通过对样本数据的训练，寻找合适的权重，达到对每个输入样本都有一个正确的输出值，即对样本正确的分类。

输入层节点数等于用于分类的遥感图像特征维数，输出层的节点数等于要求的类别数。神经网络中包含的节点数和隐含层数越多，类的分界线就越复杂。

(二)ANN 分类的基本过程

1. 神经元网络分类的流程

分类流程如图 7-3 所示。

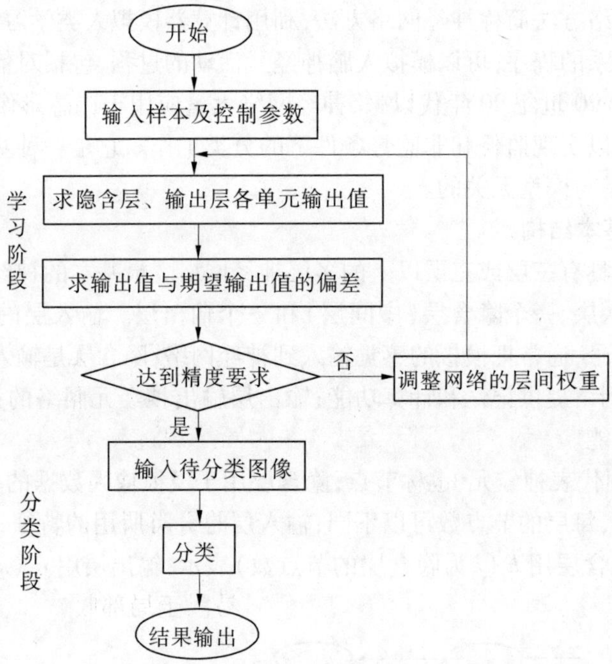

图 7-3　神经网络分类流程(引自韦玉春等《遥感数字图像处理教程》)

2. 神经元网络算法用于遥感影像分类的具体实现过程

以 BP 神经网络模型为例，分类的主要过程分为样本训练和模式识别两部分。

1)样本训练

其目的是求出满足一定误差条件的权矩阵。样本训练的具体过程为：

(1)对权系数置初值。对各层的权系数置一个较小的非零随机数。

(2)给定训练数据集,即为样本提供输入向量和期望输出值。

(3)计算出各层的实际输出值。

(4)求各层节点的学习误差。

(5)修正权系数值。

(6)当求出了各层各个权系数之后,可按给定误差指标判别是否满足要求。如果满足要求,则算法结束;如果未满足要求,则返回(3)执行。

2)模式识别

在样本训练完毕后,权矩阵已经满足要求。此时,将影像上任何一个像素的值作为输入向量,通过计算可得到输出向量,向量分量对应于该像素在各个事先指定的各个分类类型的概率值,其中最大的概率值所对应的类型即为该像素所属类型。

(三)几种典型的 ANN 模型

1. 感知器的模式线性分类

单层感知器是最早的具有符号函数为激活函数的人工神经网络,它以输出 1 或 0(-1)为目标,通过对网络权值的训练,实现对输入模式进行 1 或 0(-1)的分类目的,感知器的权值训练是监督式的,它可以被设计成很好的线性分类器。它的应用过程分为两步:选择样本模式训练网络和将网络作为分类器进行工作。

2. BP 神经网络模型遥感图像分类

BP(Back Propagation,后向传播)网络是由 Rumelhart 和 McCelland 等提出的,是采用误差反传算法作为其学习规则进行有监督学习的前馈网络,它需要相当数量的已知样本进行学习训练,以便找出且记住输入样本模式与分类类别之间的关系。通常把要分类的地物对象的条件集合或特征组合作为 BP 网络的输入模式,并给出期望输出模式(预测类型)。

3. 自组织神经网络模型遥感图像分类

自组织特征映射(Self - Organizing Feature Map,SOFM)神经网络最早是芬兰 Helsinki 大学的 Kohonen T 教授提出的,又称为 Kohonen 网络。SOFM 是无教师学习网络,它模拟人类根据过去经验自动适应无法预测的环境变化,因为没有教师信号,它通常利用竞争的原则进行网络学习,它的学习过程是一个非监督的自组织过程。其基本思想是网络竞争层各神经元竞争对输入模式的响应机会,最后仅一个神经元成为竞争的胜利者,并对那些与获胜神经元有关的各连接权朝着更有利于它竞争的方向调整,这一获胜的神经元就表示对输入模式的分类。

自组织神经网络克服了 BP 网络收敛速度慢、易限于局部收敛等缺点,其分类精度高,在遥感图像分类中得到了广泛的应用。

(四)ANN 的特点

ANN 信息处理是由神经元之间的相互作用来实现的,知识和信息的存储是网络结构分布式的,网络的学习和决策过程取决于各神经元的动态变化过程。由于 ANN 神经元通常采用非线性的激活函数,其动态运行具有不可预测性、不可逆性等特点,从而可模拟大规模的非线性复杂系统。

ANN 通过并行运算具有很高的运算速度,通过调节权重和神经元,能够实时处理大量的数据集，有效地解决了非正态分布、非线性的评价问题等。其不需要任何关于统计分布的先验知识，不需要预定义分类中各个数据源的先验权值，可以处理不规则的复杂数据，且易与辅助信息结合。

与传统分类方法相比，ANN 分类方法一般可获得更高精度的分类结果。

按照实用化要求衡量，ANN 还存在许多不足：对训练数据集的选择较为敏感；需要花费大量时间学习，相关的参数多且需不断调整，才能得到较好的分类结果；学习容易陷入低谷而不能跳出，有时网络不能收敛；很难给出神经元之间权值的物理意义，神经网络模型被认为是黑箱的。

（五）实现自组织神经网络的图像分类实例

1. 分类体系的确定

在实际调查和对图像目视解译的基础上，将研究区划分为林地、沙地、水体、云体 4 类。

2. 图像的预处理

将遥感图像进行预处理，即对其做辐射、光谱增强及随机噪声去除等处理，使图像更加清晰，能够更好地区分不同的地物类别，最后按 4、3、2 波段组合，合成 TM4、3、2 假彩色遥感图像。

3. 建立网络和图像的降维处理

将经过预处理的图像进行降维处理，这样可以更方便地输入到神经网络里面进行分类处理。经过降维处理的图像不能直接输入到神经网络里面，必须先将其变为一维向量形式，且灰度值需转换成双精度格式并归一化到[0，1]。

4. 网络训练

（1）初始化，随机设置较小的数 $w_i(0)$。

（2）计算输入向量 $x(n)$ 与所有权向量 $w_i(n)$ 的欧氏距离，取距离最小的神经元为获胜神经元。如：$\| x(n) - w_c(n) \| = \min \| x(n) - w_i(n) \|$。

（3）修正权值，$w_i(n+1) = w_i(n) + \eta[x(n) - w_i(n)]$，$i$ 为获胜神经元周围邻域的一组神经元下标，η 为学习率，取 $0 < \eta < 1$，η 随着迭代的次数而下降。

（4）返回第（2）步，直到 $w_c = w_i$ 为止。

5. 仿真与输出

网络训练结束后，输出层各节点和输入模式类的特定关系就确定了，因此可用做模式分类器。当输入一个模式后，网络将对输入自动进行分类。

6. 结果分析

自组织神经网络法的 Kappa 系数和总精度都高于最大似然法，分类精度得到提高。

二、模糊分类

在遥感图像的分类中，明确判定分类类别的边界往往是很困难的，如森林和草地的区别就很不明显，而且实际上也可能存在着过渡性的类别。因此，在分类类别的定义上存在着模糊性；此外，由于空间分辨率的影响，遥感图像每一像元中可能包括了多种地物，具体属于哪种地物具有模糊性。前面讲到的各种分类方法都是假设每个像元只能被归入一个类型中，像元和类型之间只能是一对一的关系，是对影像的“硬”分类，而忽视了遥感信息的不确定性和模糊性。模糊分类就是允许根据其混合类型的百分比将一个像元归到几个类型。一个像元可以以不同的隶属值隶属于不止一个地物类。近年来，以模糊分类为代表的“软”分类器的研究已经成为遥感影像分类的一个重要趋势。

模糊分类根据是否需要先验知识也可以分为监督分类和非监督分类。事实上，由于遥感影像的复杂性和不精确性等特点，预先很难获得所有有代表性样本的各类别的精确比例，所以实际中模糊非监督分类更常用。

（一）模糊分类的数学表达

设包含 n 个样本（像元）的数据集 $X=\{x_1,x_2,\cdots,x_n\}$，欲分类别为 c 类。设有 $c\times n$ 阶矩阵 $U=[u_{ik}]$，其元素 $u_{ik}(i=1,2,\cdots,c;k=1,2,\cdots,n)$ 表示数据 x_k 是否归属类 A_i。

$$u_{ik}=\begin{cases}1, x_k \in A_i \text{时} \\ 0, x_k \notin A_i \text{时}\end{cases} \tag{7-26}$$

u_{ik}的取值只有两种情况，则这种分类属于硬分类。

若考虑到样本归属问题存在模糊性，将 u_{ik}的取值扩展到$[0,1]$，则问题演变为模糊分类。这时，模糊矩阵 $U=[u_{ik}]$满足以下条件：

（1）$u_{ik}\in[0,1]$，表示样本 x_k 属于第 i 类的隶属度。

（2）$\sum_{i=1}^{c}u_{ik}=1$，即矩阵中每列之和为 1，样本 x_k 对各类的隶属度之和为 1。

（3）$0\leqslant\sum_{k=1}^{n}u_{ik}\leqslant n$，即矩阵中每行之和大于 0，也就是每一类都不是空集。

以模糊矩阵 U 对样本集 X 分类的过程称做“软”分类。

进行模糊分类，关键在于隶属函数的确定和计算。隶属函数定义了每个像元与地物类的隶属关系。

（二）隶属函数的确定

模糊聚类以像元间的相似程度作为模糊隶属度，对数据集进行含量划分，最典型的是模糊迭代自组织的数据分析法（Fuzzy－ISODATA）。

类似于 ISODATA 算法采用最小平方误差和作为分类准则，模糊聚类的判别函数定义如下：

$$Q=\sum_{k=1}^{n}\sum_{i=1}^{c}(u_{ik})^m(d_{ik})^2 \tag{7-27}$$

其中

$$(d_{ik})^2=\|x_k-v_i\|^2 \tag{7-28}$$

式中，Q 表示聚类系统中各像元点到聚类中心的加权距离平方和，权重为像元 x_k 对第 i 类隶属度 u_{ik}的 m 次方，把 m 称做权系数，一般 $m\geqslant1$（等于 1 时属硬分类）；d_{ik}表示第 k 个像元到第 i 类聚类中心 v_i 的距离。

判别准则是 Q 极小。在判别准则最优的条件下可以求得模糊分类矩阵 U 和聚类中心 v_i，公式为：

$$u_{ik}=\frac{1}{\sum_{j=1}^{c}\left(\frac{d_{ik}}{d_{jk}}\right)^{\frac{2}{m-1}}} \tag{7-29}$$

$$v_i = \frac{\sum_{k=1}^{n} (u_{ik})^m x_k}{\sum_{k=1}^{n} (u_{ik})^m} \tag{7-30}$$

若已知样本数据集 X、聚类类别数 c,加权系数 m,通过不断迭代矩阵 U 和聚类中心 v,最后使 U 趋向一个稳定态,就能确定最佳模糊分类矩阵 U 和最佳聚类中心 v。

(三)模糊模式识别

确定最佳模糊分类矩阵和最佳聚类中心后,还要确定每一个像元类别归属。一般有两种情况。

1. 利用模糊模式识别的方法把像元划归于相对隶属度最大的类别

(1)最大隶属度原则(直接法)。如果对于像元 x_k,满足 $u_{ik} = \max\{u_{jk} \mid 1 \leqslant j \leqslant c\}$,则 $x_k \in A_i$(A_i 代表第 i 类)。

(2)阈值原则。规定一个阈值 $\lambda \in (0,1]$,对于像元 x_k,若 $u_{ik} = \max\{u_{jk} \mid 1 \leqslant j \leqslant c\}$,且 $u_{ik} \geqslant \lambda$,则 $x_k \in A_i$(A_i 代表第 i 类)。若 $u_{ik} < \lambda$,则拒判。

(3)择近原则(间接法)。如果对于像元 x_k,若贴近度 $N(A_i, x_k) = \max\{N(A_j, x_k) \mid 1 \leqslant j \leqslant c\}$,则认为 x_k 与 A_i 最贴近,判定 x_k 属于 A_i 一类。

2. 利用混合像元模糊分类原理,对像元按其内部类别含量划归于几个类别

每一像元与一组隶属度数值相对应,隶属度表示像元中所含此种地物类别的面积百分比,如果一个像元的50%是草地,20%是房屋,30%是道路,则这个像元属于这三种类型的成分分别是0.5、0.2、0.3。

(四)模糊分类的基本过程

(1)给出初始化矩阵 U。

(2)计算出聚类中心 v。

(3)计算新的模糊矩阵 U^*。

(4)若 $\max|u_{ik}^* - u_{ik}| < \delta$,则 U^* 和 v 为所求的最佳模糊分类矩阵和聚类中心;否则转到第(2)步,继续迭代处理,其中 δ 是预先给定的阈值。

(5)以最佳模糊分类矩阵为基础对样本集 X 中的像元进行分类。

三、决策树分类(Decision Tree Classification)

由于景物的复杂多变性,人们不可能用一个统一的分类模式来描述或进行区域景物的识别与分类。

当一次性分类出现类间混淆又难以解决时,可以采用逐次分类的方法。先确定特征明显的大类别,对每一大类再作进一步的划分,此时可以更换分类方法,也可以更换分类特征,以提高类别的可分性。如此进行,直到所有类别全部分出为止。

例如,土地利用的分类。一些植被光谱特征十分接近,分类时需有辅助处理、形成新的特征组合才能分开。因此,第一层先分出云、地表水、裸土、人工设施和植被;第二层专门区分植被类别,设法分出自然植被和人工植被;第三层再分别从自然植被中分出森林、灌木和草地,从人工植被中分出庄稼地和休耕地。这样即使休耕地和草地光谱很相近,但

由于休耕地的地块夹杂在庄稼地中已被分为人工植被,再次分类时就避免了二者的混淆。

因而,需要深入研究景物的总体规律及内在联系,理顺其主次或因果关系,建立一种树状结构的框架(分类树),来说明它们的复杂关系,并根据分类树的结构逐级分层次地把所研究的目标一一区分、识别出来。决策树分类器(Decision Tree Classification Frame)是以分层分类的思想作为指导原则,根据具有信息价值的各种类别的内在关系绘制的,其看似一棵倒立的树(见图 7-4)。

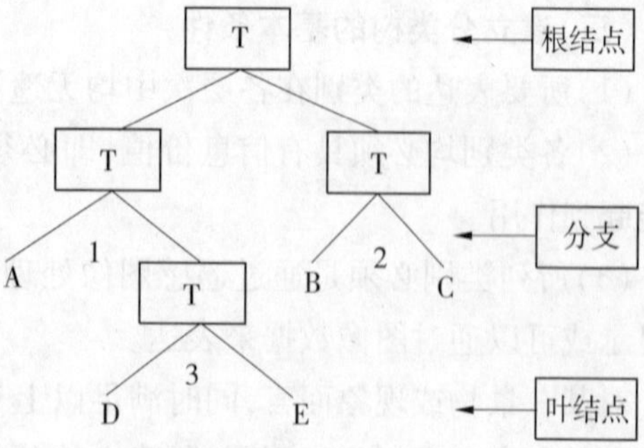

图 7-4　决策树结构

决策树分类具有灵活、直观、清晰、健壮及运算效率高等特点。

(一)分类树的结构

分类树由多个结点和分枝组成,最上面一层的结点称为根结点,最下面一层称为终端结点或叶结点,每个终端结点包含为原始一类。树结构设计可以从根结点到终端结点来进行,也可以反向进行。

(二)决策树分类的特点

(1)用逐级逻辑判别的方式,使人的知识及判别思维能力与图像处理有机地结合起来,避免出现逻辑上的分类错误。如由于参考地貌部位等知识,已将林、灌、草、农田分开,因而即使某块农田中的像元与某块草地的个别像元亮度值相近,也不会将它们错误地混淆为一类。

(2)把复杂景物或现象按一定原则作了层层分解后,它们的关系被简单化了。由于在分类树的各个中间结点上,只存在较少的类别,面对较少的对象就有可能选择更有效的判别函数或有针对性的分类方法,如选择合适的波段与波段组合、采用不同的算法,或加一些辅助数据进行复合处理等。其针对性更强,分类精度更高。

(3)根据不同目的要求进行层层深化,相互关系明确,局部细节描述得更为清楚,每个结点上只需考虑与区分目标有关的最佳变量,避免了数据冗余,减少了数据维数,能更充分地挖掘数据的潜能。

(4)由于分类树法对训练区内的统计并非基于任何"正态或中心趋势"假设,因而分类树法比传统的统计分类法更适于处理非正态、非同质(分布不均)的数据集,并对于特定的类别可以产生不止一个终端结点。

(5)知识的参与灵活方便,可以在不同层次间、以不同形式(逻辑判断或物理参数、数学表达式等)介入,便于遥感与地学知识的融合。

(6)分类树法能一目了然地显示任何独立变量的层次特性、相互关系,以及它们在分类中的相对重要性(权重)等,操作者可以实实在在看到分类过程中所发生的一切,避免"暗箱"操作。

显然,这种逻辑判别算法可以增强信息提取能力、分类精度和计算效率,且在数据分析和解译方法上表现出更大的灵活性。

（三）建立分类树的基本条件

(1)所要表达的类别在各层次中均无遗漏。

(2)各类别均必须具有信息价值，即必须与识别的目标对象有关联、有意义，在分类中能起到作用。

(3)所列类别必须是通过遥感图像处理能加以识别、区分的，也就是在图像上有明确的显示或可以通过图像数据来表达。

对某一景物或现象而言，同时满足以上三个条件的分类树可以有多种。不同的人考虑问题的角度和理解程度不同，所建立的分类树、寻找的分类途径均不同。但是，一个分类树设计的好坏在于，各分类结点上的类别间差异越大，遥感的可分性越高，分类精度才能越高。这里有个特征选择问题，即波段与方法的选择。选用何种遥感数据源，采用何种分类方法，以及分析者的水平均直接影响到识别与分类的结果。

（四）建立分类树的基本方法

1. 遥感数据统计特征分析和可分性研究

建立分类树首先需要了解地物间总体规律、内在联系，遥感数据的统计特征能揭示和反映遥感数据内部及各波段间内在的规律性。

2. 叠合光谱图

叠合光谱图又称为多波段响应图表。将统计分析的结果表示在图表上，给出每种类别在每个波段中的平均光谱响应，并算出各类别相对于均值的标准偏差，以均值为中点的星线长度表示正负标准偏差，即表示该类别亮度值取值的离散程度。

叠合光谱图直观地显示了不同类别在每一波段中的位置、分布范围、离散程度、可分性大小等，是一种以定量方式对类别数据的光谱特征进行分析与比较，选择最佳波段与波段组合，建立分类树的直观、简便、有效方法。

3. 基于知识的分层分类

仅靠光谱信息的统计分析和自动分类，精度较低，往往还要引入光谱知识及空间属性、空间分布、DTM 等信息或知识。

（五）基本过程

基本过程分为训练和分类两步，首先利用训练样本对分类树进行训练，构造分类树结构，然后用训练好的分类树对像元进行逐级判定，最终确定其类别归属。

第四节　分类精度的评价与提高

精度是指观测值、计算值或估计值与真实值之间的接近程度。分类精度分为非位置精度和位置精度。非位置精度以一个简单的数值，如面积、像元数目等表示分类精度，由于未考虑位置因素，类别之间的错分结果彼此平衡，在一定程度上抵消了分类误差，使分类精度偏高。位置精度分析将分类的类别与其所在的空间位置进行统一检查来表示精度，是相对合理的精度评价方法。

Aronoff 将遥感分类精度定义为：给地图上某一位置赋予的类别为该位置真实类别的概率。遥感图像分类精度分析通常通过比较分类图与标准数据（图件或地面实测调查）来进行。

对分类结果的精度评价通常出于以下目的：一是对比不同分类方法的优劣，以便选择最佳的分类方法；二是通过分析误差分布状况及来源，寻找改进算法以提高精度的有效方法；三是度量分类结果的准确程度，为基于分类图的后续分析提供客观依据。

一、精度评价方法

分类精度评价的发展可分为四个阶段：第一阶段的精度评价方法以目视判断为主，是一种定性的、主观性很强的评价方法；第二阶段，由定性评价发展到定量评价，主要通过分类所得的专题图中各类别的面积范围与地面或其他参考数据中相应类别的面积范围相比较得到评价结果，这种方法的局限在于未考虑位置因素，可能会使精度偏高；第三阶段以定位类别比较和精度测量为特征，将特定位置分类结果中的类别和地面实况或其他参考数据中相应点的类别进行比较，并在比较基础上发展了各种精度测量；第四阶段的评价方法是在第三阶段方法的基础上细化和发展而来的，其核心是混淆矩阵（Confusion Matrix）分析法。

混淆矩阵分析法是 1960 年由 Chone 提出的，以后有许多学者在系数的算法上和应用方面做出了大量改进，逐渐发展成遥感分类的主要精度分析方法。

（一）混淆矩阵的结构

混淆矩阵也称误差矩阵，是一个 m 行 m 列矩阵（m 为类别数）。矩阵的列方向（左右）依次排列着实际类别（检验数据）的第 1 类至第 m 类的代码或名称；行方向（上下）依次排列着分类结果类别的第 1 类至第 m 类的代码或名称（矩阵中行列的设计也可相反，列方向可以代表分类结果类别、行方向可以代表实际类别）。矩阵中的元素 p_{ij} 是分属各类的像元数或其占总像元数的百分比。显然，矩阵主对角线上的元素 p_{ii} 就是分类正确的像元数或其百分比，主对角线以外的元素就是错分的像元数或其百分比。p_{pi} 代表矩阵中第 i 行元素之和，p_{li} 代表矩阵中第 i 列元素之和（见表 7-1）。

表 7-1 混淆矩阵结构

分类结果类别	实际类别						
	C_1	C_2	⋯	C_i	⋯	C_m	P_{pi}
C_1	p_{11}	p_{12}	⋯	p_{1i}	⋯	p_{1m}	P_{p1}
C_2	p_{21}	p_{22}	⋯	p_{2i}	⋯	p_{2m}	P_{p2}
⋮	⋮	⋮	⋯	⋮	⋯	⋮	⋮
C_i	p_{i1}	p_{i2}	⋯	p_{ii}	⋯	p_{im}	P_{pi}
⋮	⋮	⋮	⋯	⋮	⋯	⋮	⋮
C_m	p_{m1}	p_{m2}	⋯	p_{mi}	⋯	p_{mm}	P_{pm}
p_{li}	p_{l1}	p_{l2}	⋯	p_{li}		p_{lm}	N

(二)基于混淆矩阵的评价指标

根据混淆矩阵,可以用以下指标来计算评价结果的精确度或误差。

1. 总体分类精度(Overall Accuracy)

矩阵对角线样点数之和除以总样点数:

$$p_c = \frac{1}{N}\sum_{i=1}^{m} p_{ii} \tag{7-31}$$

式中　m——分类的类别数;

N——样本总数;

p_{ii}——第 i 类被正确分类的样本数。

总体分类精度表明对每一个随机样本的分类结果与真实类型相一致的概率,表示在所有样本中被正确分类的样本比例。其反映的是整体的分类精度,测试样本数较少类别的精度将在一定程度上被忽视。

2. 生产者精度(Producer's Accuracy)

每个类别被正确分类的样点数除以该类别总的验证样点数:

$$p_A = \frac{p_{ii}}{p_{li}} \tag{7-32}$$

式中　p_{li}——矩阵中第 i 列元素之和。

生产者精度又称制图精度,表示在所有实测类型为第 i 类的样本中,被正确分到第 i 类的样本所占的比例。

3. 用户精度(User's Accuracy)

每个类别被正确分类的样点数除以该类别总的分类样点数:

$$u_A = \frac{p_{ii}}{p_{pi}} \tag{7-33}$$

式中　p_{pi}——矩阵中第 i 行元素之和。

用户精度是分类器正确识别的像元数与地面实际像元数的比值,表示在被分为第 i 类的所有样本中,其实测类型确实也为第 i 类的样本所占的比例。

4. 总体 Kappa 系数

总体 Kappa 系数是更为客观的评价分类质量的指标,用来测定两幅分类图之间的吻合度或精度。其公式为:

$$K = \frac{N\sum_{i=1}^{m} p_{ii} - \sum_{i=1}^{m}(p_{pi} \times p_{li})}{N^2 - \sum_{i=1}^{m}(p_{pi} \times p_{li})} \tag{7-34}$$

一般认为,Kappa 系数与分类精度关系见表 7-2。

5. 漏分误差(Omission Error)

与生产者精度 p_A 互补,表示在所有实测类别为第 i 类的样本中,被分类到其他类别的样本所占的比例。

$$o_E = 1 - p_A \tag{7-35}$$

表 7-2　分类质量与 Kappa 统计值

K(Kappa 系数)	分类质量
<0	很差
0 ~ 0.20	差
0.20 ~ 0.40	一般
0.40 ~ 0.60	好
0.60 ~ 0.80	很好
0.80 ~ 1.00	极好

6. 错分误差(Commit Error)

与用户精度 u_A 互补,表示在被分为第 i 类的所有样本中,其实测类型并非第 i 类的样本所占的比例。

$$c_E = 1 - u_A \tag{7-36}$$

用户精度从用户的角度反映分类图的可靠性。制图精度从编图和制图的角度反映图面上被标识为各类地物的可靠性。这些指标的客观性依赖于训练区样本的统计特征及分类方法。总体精度的计算只采用了误差矩阵中对角线上被正确分类的像元数量。而 Kappa 系数既考虑了对角线上被正确分类的像元数量,同时也考虑到各种错分和漏分的误差,更加全面地反映了分类精度。

(三)混淆矩阵的评价实例

已知混淆矩阵如下,据此求出各种精度评价指标。

分类结果	实际类别				
	草地	麦田	裸土	水体	p_{pi}
草地	48	3	2	2	55
麦田	18	70	24	6	118
裸土	7	5	65	12	89
水体	3	2	11	59	75
p_{li}	76	80	102	79	337

1. 总体分类精度 p_c

$$p_c = \frac{1}{N}\sum_{i=1}^{m} p_{ii} = \frac{1}{337}\sum_{i=1}^{4} p_{ii} = (48 + 70 + 65 + 59)/337 = 71.81\%$$

2. 生产者精度 p_A 和漏分误差 o_E

当 $i=1$ 时,即对草地类别,$p_{A草} = \frac{p_{11}}{p_{l1}} = 48/76 = 63.16\%$,漏分误差为 36.84%;

当 $i=2$ 时,即对麦田类别,$p_{A麦} = \frac{p_{22}}{p_{l2}} = 70/80 = 87.50\%$,漏分误差为 12.50%;

当 $i=3$ 时,即对裸土类别,$p_{A裸} = \frac{p_{33}}{p_{l3}} = 65/102 = 63.73\%$,漏分误差为 36.27%;

当 $i=4$ 时,即对水体类别,$p_{A水} = \frac{p_{44}}{p_{l4}} = 59/79 = 74.68\%$,漏分误差为 25.32%。

3. 用户精度 u_A 和错分误差 c_E

当 $i=1$ 时,即对草地类别,$u_{A草}=\frac{p_{11}}{p_{p1}}=48/55=87.27\%$,错分误差为 12.73%;

当 $i=2$ 时,即对麦田类别,$u_{A麦}=\frac{p_{22}}{p_{p2}}=70/118=59.32\%$,错分误差为 40.68%;

当 $i=3$ 时,即对裸土类别,$u_{A裸}=\frac{p_{33}}{p_{p3}}=65/89=73.03\%$,错分误差为 26.97%;

当 $i=4$ 时,即对水体类别,$u_{A水}=\frac{p_{44}}{p_{p4}}=59/75=78.67\%$,错分误差为 21.33%。

4. 总体 Kappa 系数

$$K=\frac{N\sum_{i=1}^{m}p_{ii}-\sum_{i=1}^{m}(p_{pi}\times p_{li})}{N^2-\sum_{i=1}^{m}(p_{pi}\times p_{li})}=\frac{337\sum_{i=1}^{4}p_{ii}-\sum_{i=1}^{4}(p_{pi}\times p_{li})}{337^2-\sum_{i=1}^{4}(p_{pi}\times p_{li})}=0.62$$

(四)基于混淆矩阵的精度评价方法的问题

精度评价是一个复杂的过程,尽管混淆矩阵已成为分类精度评价的核心方法,但还有许多问题没有解决。

混淆矩阵及其衍生的指标存在两点不足:第一,不能反映出误差的空间分布情况,不利于分析误差的来源;第二,限定每个训练样本和测试样本都只能归属于单个类别,因此不能用于模糊分类或软分类中。

二、精度评价的基本过程

(一)评价过程

(1)确定抽样方法。

(2)使用其他方法确定每个像元点的类型作为参考数据。

(3)建立混淆矩阵。

(4)计算各种精确度或误差。

(二)关于评价的参考数据来源

检验用的实际类别来源有三种:第一种是分类前选择的训练区和训练样本时确定的各个类别及其空间分布图;第二种是类别已知的局部地段的专业类型图;第三种是实地调查的结果。

(三)关于抽样及抽样方法

分类后的专题影像的最佳精度评价方法当然就是用它与一幅覆盖同样地域的完全准确的分类专题图逐像元地进行对照。这种方法显然是不现实的,因为准确的专题图恰好是分类工作所希望得到的。可行的方法是在分类区域选取一定数量的样本,并通过可靠的手段,比如地面调查获取其真实类别。

1. 抽样误差

抽样误差是用抽样样本统计量推断总体分类精度的误差,属于一种代表性误差。对任何一种抽样方案,可能的样本会有许多,在概率抽样中,某样本会被抽到完全是随机的,抽到的样本不同,则对总体分类精度的估计就可能不同,这是抽样误差产生的根本原因。因此,在抽样调查中抽样误差是不可避免的。但应尽量减小抽样误差,提高分类精度评价的可靠性。

2. 抽样方式

样本采集的方法很多,常用的有随机抽样、层次随机抽样、系统抽样、聚集抽样等(见图 7-5)。

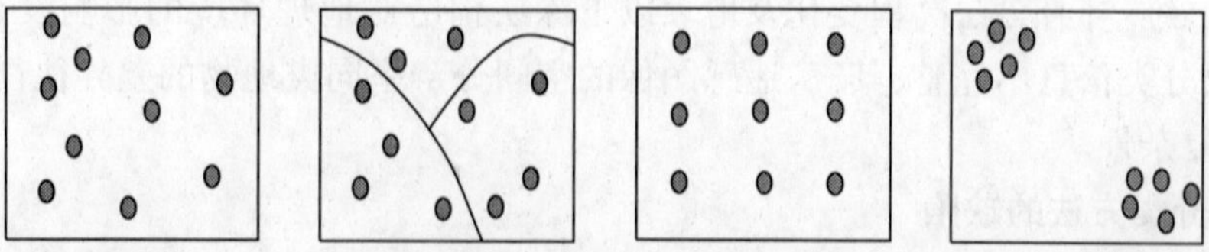

图 7-5 抽样方式

简单的随机抽样就是在整个影像上不重复地目视解译,随机选取样本。这种方法操作简单,适合于各种类别分布均匀且面积差异不大的情况。

若某些类别的分布面积小,则容易抽样不足,甚至被遗漏;为了避免这种情况,可采用层次随机抽样法,即对每个类别分别抽样。

系统抽样法是按一定的空间规律进行抽样,例如每间隔一定距离抽一个样本。由于地物的分布往往呈现一定规律性,导致系统性抽样获取的样本之间存在相关性。

聚集抽样法是选定块状地域内的像元作为样本,可以相对快捷地获取较多的样本。但邻近样本之间存在相关性,30 个邻近像元并不能代表 30 个独立样本。因此,选取的地块不宜太大。

抽样方式的设计非常重要,不同的抽样方式、样本大小可能对分类精度评价产生显著影响。在解决具体问题时,需要根据人力物力、样区的可达性、样本的判别方式等各种实际条件选择适当的抽样方法。

3. 样本数量

抽样测试样本的数量对能否正确估算专题图的真实分类精度显然也存在影响。直观地说,如果抽样样本过少,那么根据它们所估算出来的分类精度将更容易偏离真实分类精度。

抽样误差通常会随样本量的大小而减增(见图 7-6)。在某些情形下,抽样误差与样本量大小的平方根成反比。在开始阶段抽样误差随样本量的增加而迅速减小,但在一定阶段后,这种趋势便趋于稳定。经过一定阶段后,再努力减小抽样误差通常是不经济的。抽样数目达到评价分类样本数的 3% ~5%,即可满足正确估算真实分类精度的要求。注意,这里的分类样本数是指分类的图斑数目,并非指图像像元数目。

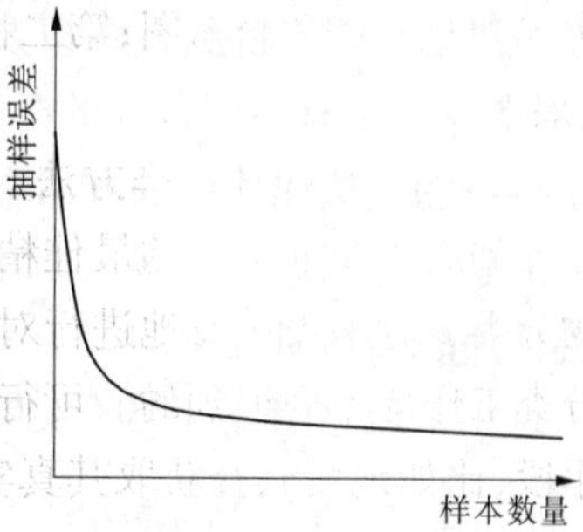

图 7-6 抽样误差与样本量的关系

三、分类误差原因分析

正确地分析产生误差的内在原因是非常重要的，因为只有这样才能找到有针对性的减少误差、有效地提高分类精度的方法，才能确保精度评价结果的客观真实性。

（一）遥感数据的问题

其一，遥感数据本身问题：低空间分辨率图像包含大量类别模糊的混合像元，高空间分辨率图像中复杂程度大的含有多种随机噪声干扰；其二，遥感图像反映的主要是地球表层系统的二维空间信息，高程变化及地表以下深层构造对地理环境的影响没有得到充分反映，导致分类信息不完整；其三，遥感图像的空间分辨率同类地物的差异往往被夸大，造成分类的复杂性。

（二）分类方法的缺陷

各种分类方法都有一些不同程度的缺陷，如相当多的算法主要利用图像的光谱信息进行分类，图像的结构信息、空间信息未得到充分利用；再如最大似然法需要假定类别的分布概率为特定的分布，当实际类别的分布不满足这一要求时，分类精度会显著下降。

（三）“伪”误差

还有一些由于分类之外的因素引起的“伪”误差。

普遍采用的评价分类精度的方法是：首先以某种方式选取一定数量的测试样本，并根据实地调查、高空间分辨率的影像判读或其他较可靠的手段标定其“真实”类别，然后将这些测试样本的“真实”类别和通过分类得到的类别进行比较，两者之间的差异程度即为分类精度。这种方法隐藏着两个重要的假设：其一，测试样本的类别标定完全正确；其二，在地面上、其他影像或地图上选取的测试样本能够与被分类的遥感影像中的对应样本精确配准。事实上这两个假设往往都不能完全成立，由此产生的误差显然不能归咎于分类。

第五节　遥感图像分类的发展和展望

传统的遥感图像分类方法如目视解译、监督分类和非监督分类，算法成熟、操作简单，仍然是目前应用较多的方法。

近年来发展起来的分类新方法，如决策树分类法、神经网络分类法、模糊分类法、专家系统分类法、多特征融合法，以及基于频谱特征的分类法等，能够更准确地提取出目标地物，对图像分类有不同程度的改进，在实际应用中通常和传统分类方法结合起来使用。虽然这些新的方法比传统的方法在分类精度上有明显提高，但也存在一定的不足。

遥感影像数据类别多，含混度大，如何解决多类别分类识别并满足一定的分类精度，是当前遥感影像研究中的一个关键问题。

近年来遥感图像分类的发展主要体现在以下几个方面。

一、多源信息、特征的综合利用

把多种信息（遥感和非遥感数据）按照一定的方式有机地组合成统一的信息模型。这类方法有基于知识的推理、信息融合、空间数据挖掘等。知识的推理方法可以利用现有的GIS数据和先验知识,可以减少分类时遇到的同物异谱和同谱异物的现象。信息融合是利用多个遥感信息源所提供的反映所处环境或对象的不同特征信息之间的互补性和冗余性,采用有效的方法将它们融合,弥补单一信息源的缺陷。GIS作为辅助数据用于提高遥感图像分类精度是近年常采用的方法。GIS辅助遥感图像分类:主要通过四种模式进行:①GIS数据作为影像分析的训练样本和先验信息;②利用GIS技术对研究区域场景和影像分层分析;③GIS建立面向对象的影像分类;④提取和挖掘GIS中的知识进行专家分析。这些模式促进了GIS与遥感的结合,提高了影像分类精度和准确性,使得影像分类迈入了新天地。

二、新理论的发展和引入

数学方法的引入和模型研究的进展为影像分类注入了新活力,不同的数学方法被引用到模型研究上来,为模型研究的发展提供了广阔天地。

最常见的是小波理论、分形理论和模糊理论。

(1)小波理论。小波分形是一种全新的、当前热点研究的数学应用分支之一。小波变换一般用来提取图像中的纹理特征等。

(2)分形理论。分形理论可以模拟自然景物。利用分形维数来描述图像的纹理特征,能在一定程度上定量地度量各类地物的粗糙度。不同纹理结构具有不同的分形维数,在纹理细密处,灰度起伏较大,分维值也较大;在纹理平滑处,灰度变化较缓,分维值较小。

(3)模糊理论。模糊理论是处理模糊性理论的总称,模糊分类比硬分类有显著的优越性,可以区分连续的物理类别,是解决混合像元归属问题、判定不明显类别边界的方法之一。

为了更好地解决混合光谱的问题,近年来又出现了数学形态学应用于遥感图像处理中,其分类的精度远远高于最大似然法。数学形态学作为遥感图像处理的有效手段之一,有很好的应用前景。

三、新算法的设计

近年来,机器学习(Machine Learning)算法对遥感分类领域影响很大,提供了许多分类算法。例如,在单像元分类时,开发出来的几种分类回归树非参数模式分析算法及支持向量机(Support Vector Machine, SVM)、基因算法等。这些算法中,支持向量机应用最广,研究得最多。与其他的学习机,包括神经网络、模糊学习机、遗传算法、人工智能等相比,它具有一些优点:能在训练样本数很小的情况下达到较好的分类;且有非线性处理能力和高维处理能力。SVM是在统计学习理论的基础上发展起来的,是特别为类边界提供高度灵活性设计的,也能避免过度学习(过度拟合样本使算法失去概括能力)。但是如何全面比较分析这些分类算法各自的特点,至今没有验证分类效果的标准。

当前,遥感影像分类的研究热点主要包括:①影像空间分布与结构信息的提取;②基于知识库和推理机的遥感影像分类;③人工神经网络方法;④面向对象分类;⑤分类结果的定量评价方法。随着这些研究的进一步深入,遥感影像分类更加自动化和智能化,分类精度将得到进一步提高。

第八章　遥感应用

第一节　植被与森林遥感

一、植被遥感

植被生态调查是遥感的重要应用领域。植被是环境的重要组成因子，也是反映区域生态环境的最好标志之一，同时也是土壤、水文等要素的解译标志。植被解译的目的是在遥感影像上有效地确定植被的分布、类型、长势等信息，以及对植被的生物量作出估算，因而它可以为环境监测、生物多样性保护及农业、林业等有关部门提供信息服务。

（一）植物的光谱特征

植物的光谱特征可使其在遥感影像上有效地与其他地物相区别。同时，不同的植物各有其自身的波谱特征，从而成为区分植被类型、长势及估算生物量的依据。

1. 健康植物的反射光谱曲线

健康植物的波谱曲线有明显的特点（见图 8-1），在可见光的 0.55 μm 附近有一个反射率为 10% ~20% 的小反射峰，在 0.33 ~0.45 μm 和 0.65 μm 附近有两个明显的吸收谷。在 0.7 ~0.8 μm 出现一个陡坡，反射率急剧增高。在近红外波段（0.8 ~1.3 μm）形成一个高的、反射率可达 40% 或更大的反射峰，在 1.45 μm、1.95 μm 和 2.6 ~2.7 μm 处有三个吸收谷。

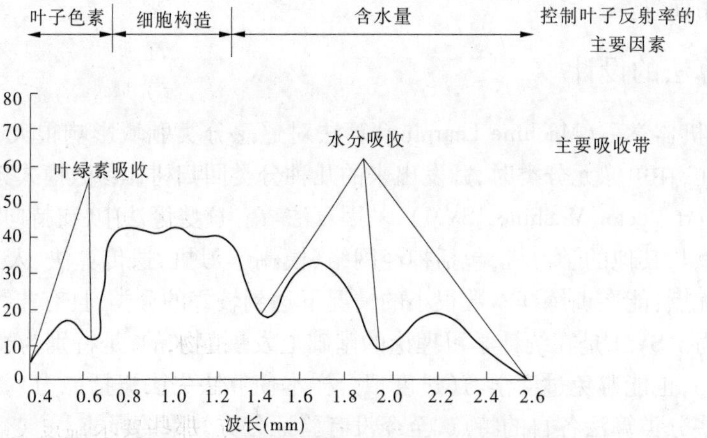

图 8-1　绿色植物的有效光谱响应特征

2. 红边位移

所谓红边，是指红光区外叶绿素吸收减少部位（约小于 0.7 μm）到近红外高反射率（大于 0.7 μm）之间，健康植物的光谱响应陡然增加（亮度增加约 10 倍）的一个窄条带区。Collins 于 1978 年研究作物不同生长期的高光谱扫描数据时发现，作物快成熟时，其叶绿素吸收边（即红边）向长波方向移动，即红移。这种红移现象除作物外，其他植物也有，且红移量随植物类型而变化。Collins 认为选择 0.745 ~ 0.78 μm 波段，可观察这一特定期的红移现象。Horler 等在 1983 年通过试验研究认为，红边（0.68 ~ 0.80 μm）可以作为植物受压抑（胁迫状态）的光谱指示波段。

植物的反射光谱特征主要由叶片中的叶肉细胞、叶绿素、水分含量和其他生物化学成分对光线的吸收和反射而形成，不同植被的反射光谱曲线具有各不相同的形态和特征，它是物体表面粒子结构、粒子尺度、粒子的光学性质、入射光波长等参数的函数。

（二）不同植被类型的区分

不同植被类型，由于组织结构不同，季相不同，生态条件不同，因而具有不同的光谱特征、形态特征和环境特征，在遥感影像中可以表现出来。

1. 利用植物组织结构的不同

不同植物由于叶子的组织结构和所含色素不同，具有不同的光谱特征。如禾本科草本植物的叶片组织比较均一，没有栅状组织和海绵组织的区别，细胞壁多角质化并含有硅质，透光性较阔叶树差。茂密的草本植物反射率在可见光区低于阔叶树，而在近红外光区可高于阔叶树（见图 8-2）。阔叶树叶片中的海绵组织使其在近红外光区的反射明显高于没有海绵组织的针叶树。图 8-2 还表明，在 0.8 ~ 1.1 μm 的近红外光区影像上，可以有效地区分出针叶树、阔叶树和草本植物。

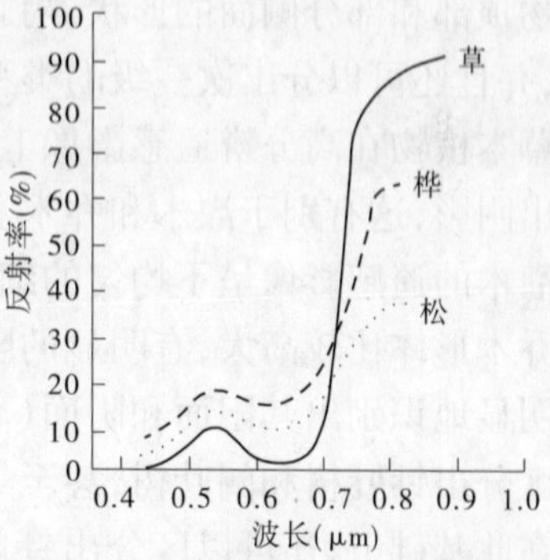

图 8-2 不同植物光谱反射曲线比较

2. 利用植物物候期的差异

利用植物物候期的差异来区分植物，也是植被遥感的重要方法之一。最明显的是冬季时，落叶树的叶子已经凋谢，叶子的色素组织都发生变化，在遥感影像上显示看出植物的影像特征，在可见光区和近红外光区，总体反射率下降，蓝光吸收谷和红光的吸收谷都不明显。而常绿的树木仍然保持植物反射光谱曲线特征，两者很容易辨别。同一种植物在不同季节的光谱特征有明显的变化；不同的植物生长期不同，光谱特征的变化也是不一样的。因此，通过各种植物的物候特征、生长发育的季节变化，可以利用有利时机，鉴别植物的种类。

3. 利用植物生态条件的区别

可根据植物生态条件区别植物类型。不同种类的植物，有不同的适宜生态条件，如温度条件、水分条件、土壤条件和地貌条件等。这些条件在一个地区综合地影响着植被的分布，但其中的主导因素起着重要的作用。如在我国北方，那些要求温度变幅较小、湿度较大的林木多生长在山地的阴坡，而对温度和湿度要求较低的草地多分布在山地的阳坡。

受温度的限制，不同地理地带生长着不同的植物，在同一地理地带受海拔的影响，形成不同的温度—湿度组合的植被类型。祁连山植物的垂直分布如表 8-1 所示。

表 8-1　祁连山植物的垂直分布

海拔(m)	阳坡	阴坡
1 700～2 300		荒漠草原植被带(红砂、合头草、驼绒藜、芨芨草等)
2 300～2 500	农田、牧草	干性灌丛草原植被带(窄叶锦鸡儿、灌木亚菊、冰草等)
2 500～3 300	牧草	山地森林草原植被带(青海云杉、箭叶锦鸡儿、忍冬等)
3 300～3 800	草甸草原	亚高山灌丛草甸植被带(青海杜鹃、嵩草、藓类等)
3 800～雪线	寒漠草甸	高山寒漠草甸植被带(红景天、水母雪莲花、甘肃蚤缀等)

根据植物的分布规律,结合影像上反映的植物光谱特征和物候期可以判断出自然植被的类型和农作物的种类。

在高分辨率遥感影像上,不仅可以利用植物的光谱来区分植被类型,而且可以直接看到植物顶部和部分侧面的形状、阴影、群落结构等,可比较直接地确定乔木、灌木、草地等类型,并且还可以分出次一级的类型。

草本植物在高分辨遥感影像上表现为大片均匀的色调,由于草本植物比较低矮,因而看不出阴影,这有别于灌木和乔木。

灌木的遥感影像呈不均匀的细颗粒结构,一般灌木植株高度不大,阴影不明显。

乔木形体比较高大,有明显的阴影,根据其落影可看到其侧面的轮廓。从乔木的树冠也可明显地识别出其阳面和阴面(本影)以及树冠的形状,并结合其纹理结构的粗细,明确地区分出针叶树和阔叶树,甚至具体的树种。

在此基础上,还可以区分出针阔叶混交林、常绿落叶阔叶混交林、森林草地、灌木草地等。

(三)植被指数

1.植被指数的概念

遥感图像上的植被信息,主要是通过绿色植物叶子和植被冠层的光谱特性及其差异、变化来反映的。不同光谱通道所获得的植被信息与植被的不同要素或某种特征状态有各种不同的相关性。如在叶子的光谱特性中,可见光谱段受叶子叶绿素含量的控制,近红外谱段受叶内细胞结构的控制,短波红外谱段受叶细胞内水分含量的控制。

可见光中绿光波段 0.52～0.59 μm 对区分植物类别敏感;红波段 0.63～0.69 μm 对植被覆盖度、植物生长状况敏感。但是,对于复杂的植被遥感,仅用个别波段或多个单波段数据分析对比来提取植被信息是相当局限的。因而,科学家选用多光谱遥感数据经分析运算(加、减、乘、除等线性或非线性组合方式),产生某些对植被长势、生物量等有一定指示意义的数值,即所谓的植被指数。植被指数形式简单而有效,它仅用光谱信号来实现对植物状态信息的表达,以定性和定量地评价植被覆盖、生长活力及生物量等。

由于植被指数主要由红和近红外波段组成,因而在植被指数中,通常选用对绿色植物强吸收的可见光红波段(0.6～0.7 μm)和对绿色植物高反射和高透射的近红外波段(0.7～1.1 μm)。这两个波段不仅是植物光谱、光合作用中的最重要的波段,而且它们对同一生物物理现象的光谱响应截然相反,形成明显的反差。因此,可以对它们用比值、差分、线性组合等多种组合来增强或揭示隐含的植物信息。

2. 植被指数的种类

植被光谱受到植被本身、环境条件、大气状况等多种因素的影响，因此植被指数往往具有明显的地域性和时效性。20 多年来，国内外学者已研究发展了几十种不同的植被指数模型，大致可归纳为以下几类。

1) 比值植被指数(Ratio Vegetation Index, *RVI*)

由于可见光红波段(R)与近红外波段(NIR)对绿色植物的光谱响应十分不同，两者简单的数值比能充分表达两反射率之间的差异。比值植被指数可表达为：

$$RVI = \frac{DN_{NIR}}{DN_R} \quad 或 \quad RVI = \frac{\rho_{NIR}}{\rho_R} \tag{8-1}$$

式中 DN_{NIR}——近红外波段的灰度值；

DN_R——红波段的灰度值；

ρ_{NIR}——近红外波段的地表反射率；

ρ_R——红波段的地表反射率。

对于绿色植物，叶绿素引起的红光吸收和叶肉组织引起的近红外强反射，*RVI* 值高；而对于无植被的地面，包括裸土、人工特征物、水体及枯死或受胁迫植被，因不显示这种特殊的光谱响应，则 *RVI* 值低。一般土壤有近于 1 的比值，而植被的比值则会高于 2。因此，比值植被指数能增强植被与土壤背景之间的辐射差异，可提供植被反射的重要信息，是植被长势、丰度的度量方法之一。

同理，可见光绿波段(叶绿素引起的反射)与红波段反射率之比 G/R，也是有效的。

RVI 是绿色植物的一个灵敏的指示参数，被广泛用于估算和监测绿色植物生物量。在植被高密度覆盖情况下，它对植被十分敏感，与生物量的相关性最好。但当植被覆盖度小于 50% 时，它的分辨能力显著下降。此外，*RVI* 对大气状况很敏感，大气效应大大地降低了它对植被检测的灵敏度，尤其是当 *RVI* 值高时。因此，在计算 *RVI* 前，最好先对遥感数据进行大气纠正，或将两波段的灰度值(DN)转换成反射率(ρ)后再计算 *RVI*，以消除大气对两波段不同非线性衰减的影响。

2) 归一化差值植被指数(Normalized Difference Vegetation Index, *NDVI*)

针对浓密植被的红光反射很小，其 *RVI* 值将无界增长，Deering(1978)提出将比值植被指数 *RVI* 经非线性归一化处理得归一化差值植被指数(*NDVI*)，使其比值限定在[-1,1]范围内，即

$$NDVI = (DN_{NIR} - DN_R)/(DN_{NIR} + DN_R) \tag{8-2}$$

或

$$NDVI = (\rho_{NIR} - \rho_R)/(\rho_{NIR} + \rho_R) \tag{8-3}$$

在植被遥感中，*NDVI* 的应用最为广泛，它有如下特征：

(1) *NDVI* 是植被生长状态及植被覆盖度的最佳指示因子。许多研究表明，*NDVI* 与 *LAI*、绿色生物量、植被覆盖度、光合作用等植被参数有关，还与叶冠阻抗、潜在水汽蒸发、碳固留等过程有关，甚至整个生长期的 *NDVI* 对半干旱区的降雨量、对大气 CO_2 浓度随季节和纬度变化均敏感。因此，*NDVI* 被认为是监测地区或全球植被和生态环境变化的有效指标。

(2) *NDVI* 经比值处理，可以部分消除与太阳高度角、卫星观测角、地形、云/阴影和大

气条件有关的辐照度条件变化等的影响。同时 *NDVI* 的归一化处理，使因遥感器标定衰退（即仪器标定误差）对单波段的影响从 10% ~30% 降低到 0 ~6%，并使由地表二向反射和大气效应造成的角度影响减小。因此，*NDVI* 增强了对植被的响应能力。

（3）对于陆地表面主要覆盖而言，云、水、雪在可见光波段比近红外波段有较高的反射作用，因而其 *NDVI* 值为负值；岩石、裸土在两波段有相似的反射作用，因而其 *NDVI* 值近于 0；而在有植被覆盖的情况下，*NDVI* 为正值，且随植被覆盖度的增大而增大。几种典型的地面覆盖类型在大尺度 *NDVI* 图像上区分鲜明，植被得到有效的突出。因此，它特别适用于全球或各大陆等大尺度的植被动态监测。此外，研究表明，对于 MSS、TM、NOAA/AVHRR、SPOT 这四种传感器，*NDVI* 的变动远小于 *RVI*。

（4）*NDVI* 增强了近红外与红色通道反射率的对比度，它是近红外和红色比值的非线性拉伸，其结果是增强了低值部分，抑制了高值部分，导致对高植被区产生较低的敏感性。

（5）*NDVI* 对土壤背景的变化较为敏感。试验证明，当植被覆盖度小于 15% 时，植被的 *NDVI* 值高于裸土的 *NDVI* 值，植被可以被检测出来，但因植被覆盖度很低，如干旱、半干旱地区，其 *NDVI* 值很难指示区域的植物生物量；当植被覆盖度在 25% ~80% 增加时，其 *NDVI* 值随植物量的增加呈线性迅速增加；当植被覆盖度大于 80% 时，其 *NDVI* 值增加延缓而呈饱和状态，对植被检测灵敏度下降。试验表明，作物生长初期利用 *NDVI* 将过高估计植被覆盖度，而在作物生长的后期 *NDVI* 值偏低。因此，*NDVI* 更适用于植被发育中期或中等覆盖度（低等至中等叶面积指数）的植被检测。研究还表明，中等植被覆盖度（50%）下，植被指数对土壤背景的敏感性最大；随着盖度减小，植被传递冠层散射和土壤反射的能力减弱；而植被盖度很高时，植被也无法传递有价值的土壤信号。

3）调整土壤亮度的植被指数（*SAVI*、*TSAVI*、*MSAVI*）

为了解释背景的光学特征变化并修正 *NDVI* 对土壤背景的敏感，Huete 等（1988）提出了土壤调整植被指数（Soil－Adjusted Vegetation Index，*SAVI*），其表达式为

$$SAVI = \left(\frac{DN_{NIR} - DN_R}{DN_{NIR} + DN_R + L}\right)(1 + L) \tag{8-4}$$

或

$$SAVI = \left(\frac{\rho_{NIR} - \rho_R}{\rho_{NIR} + \rho_R + L}\right)(1 + L) \tag{8-5}$$

式中　*L*——土壤调节系数。

L 由实际区域条件所决定，用来减小植被指数对不同土壤反射变化的敏感性。当 *L* 为 0 时，*SAVI* 就是 *NDVI*。对于中等植被盖度区，*L* 一般接近于 0.5。乘法因子 1 +*L* 主要是用来保证 *SAVI* 值与 *NDVI* 值一样介于 −1 ~ +1。

大量试验证明，土壤调整植被指数 *SAVI* 降低了土壤背景的影响，改善了植被指数与叶面积指数 *LAI* 的线性关系，但可能丢失部分植被信号，使植被指数偏低。

Baret 和 Guyot（1989）提出植被指数应该依特殊的土壤特征来校正，以避免其在低 *LAI* 值时出现错误。为此，他们又提出了转换型土壤调整指数（*TSAVI*）：

$$TSAVI = [\,a\,(NIR - aR - b)\,]/(aNIR + R - ab) \tag{8-6}$$

式中　a、b——描述土壤背景值的参数；

R、NIR——红波段和近红外波段地物反射率。

为了减少 *SAVI* 中裸土的影响，又发展了修改型土壤调整植被指数（*MSAVI*），可表示为：

$$MSAVI = (2NIR + 1) - \sqrt{(2NIR + 1)^2 - 8(NIR - R)}/2 \tag{8-7}$$

SAVI 和 *TSAVI* 在描述植被覆盖和土壤背景方面有着较大的优势。由于考虑了（裸土）土壤背景的有关参数，*TSAVI* 比 *NDVI* 对低植被盖度有更好的指示意义，适用于半干旱地区的土地利用制图。

4）差值植被指数（Difference Vegetation Index，*DVI*）

差值植被指数（*DVI*）被定义为近红外波段与可见光红波段反射率之差，即

$$DVI = DN_{NIR} - DN_{NR} \tag{8-8}$$

差值植被指数的应用远不如 *RVI*、*NDVI* 广泛。它对土壤背景的变化极为敏感，有利于对植被生态环境的监测，因此又称环境植被指数（*EVI*）。另外，当植被覆盖浓密≥80%时，它对植被的灵敏度下降，适用于植被发育早、中期，或低、中覆盖度的植被检测。

NDVI、*DVI* 等植被指数受土壤背景的影响均较大，且这种影响是相当复杂的，它随波长、土壤特征（含水量、有机质含量、表面粗糙度等）及植被覆盖度、作物排列方向等的变化而变化。

5）穗帽变换中的绿度植被指数（*GVI*）

为了排除或减弱土壤背景值对植物光谱或植被指数的影响，除前述的一些调整、修正土壤亮度的植被指数（如 *SAVI*、*TSAVI*、*MSAVI* 等）外，还广泛采用了光谱数值的穗帽变换技术（TC——Tasseled Cap）。

6）垂直植被指数（Perpendicular Vegetation Index，*PVI*）

PVI 是在 *R*、*NIR* 二维数据中对 *GVI* 的模拟，两者物理意义相似。在 *R*、*NIR* 的二维坐标系内，土壤的光谱响应表现为一条斜线，即土壤亮度线（见图 8-3）。随着土壤特性的变化，其亮度值沿土壤线上下移动。而植被一般在红波段光谱响应低，而在近红外波段光谱响应高。因此，在这二维坐标系内植被多位于土壤线的左上方，不同植被与土壤亮度线的距离不同。

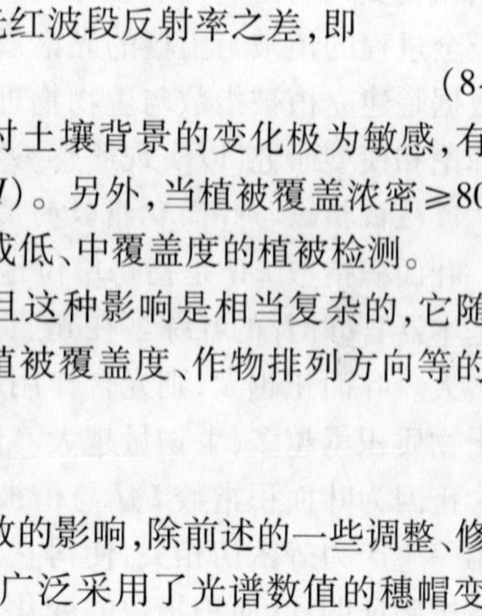

图 8-3　*NIR*－*R* 二维空间中的土壤线

Richardson（1977）把植物像元到土壤亮度线的垂直距离定义为垂直植被指数，表示为：

$$PVI = \sqrt{(S_R - V_R)^2 - (S_{NIR} - V_{NIR})^2} \tag{8-9}$$

式中　S_R——土壤反射率；

V_R——植被反射率。

PVI 表征在土壤背景上存在的植被的生物量，距离越大，生物量越大，也可将 *PVI* 定量表达为：

$$PVI = (DN_{NIR} - b)\cos\theta - DN_R\sin\theta \tag{8-10}$$

式中　DN_{NIR}——像元在近红外波段的反射辐射亮度值；

DN_R——像元在红波段的反射辐射亮度值；

b——土壤线与 *NIR* 反射率纵轴的截距；

θ——土壤线与反射率横轴的夹角。

PVI 较好地滤除了土壤背景的影响，且对大气效应的敏感程度也小于其他植被指数。正因为它减弱和消除了大气、土壤的干扰，所以被广泛应用于大面积作物估产。

（四）植被指数与生物物理参数的关系

植被指数与植被生物物理参数（如叶面积指数 *LAI*，植被覆盖度、绿色生物量、光合有效吸收辐射 *FAPAR* 等）之间存在相关关系，可以作为获取这些生物物理参数的"中间变量"，或得到两者之间的转换系数。目前，人们已经积累了大量基于不同地面条件、植物生长全过程的植被与土壤的光谱反射辐射特征数据，以及相应的生物物理测量数据。这些数据是建立植被指数与生物物理参数间关系的重要基础。许多学者对它们进行了相关的理论和模型研究，以实现遥感参数对地表参数的定量反演。

1. 植被指数与叶面积指数的关系

叶面积指数 *LAI* 是指每单位地表面积的叶面积比例。植物的叶子是它进行光合作用的基本器官，叶片的叶绿素在光照条件下发生光合作用，产生植物干物质积累，并使叶面积增大。叶面积越大，则光合作用越强；而光合作用越强，又使植物群体的叶面积越大，植物干物质积累越多，生物量越大。同时，植物群体的叶面积越大，植物群体的反射辐射越强。正因为叶面积指数 *LAI* 与植被生态生理、叶片生物化学性质、蒸散、冠层光截获、地表净第一生产力等密切相关，使得它成为研究陆地生态系统的一个十分重要的参数。

试验证明，叶面积指数的变化与叶片光学性质的变化相联系。当作物群体 *LAI* 大于 3 时，其反射率可达太阳总辐射的 20%；当正常稻田 *LAI* 为 4 时的能量透过率为太阳总辐射的 20% 或低于 20%；对草本植物而言，叶片倾角较大，光很容易透过冠层直达底部直至土壤，当 *LAI* 高达 7.5 时，有 5% 的入射光可到达土壤表面。可见，叶面积指数（*LAI*）是利用遥感技术监测植被长势和估算产量的关键参数。

叶面积指数（*LAI*）往往难以直接从遥感数据中获得，但是它与遥感参数——植被指数间有密切的关系，是联系植被指数与植物光合作用的一个主要的植冠形态参数。可以通过大量的理论和试验研究，建立各种相关的理论和经验统计模型。

观测试验表明，*NDVI* 与 *LAI* 呈非线性相关，且存在饱和现象，即随着绿色生物量的增加达到一定程度后，*NDVI* 不再增长，而处于"饱和"状态。"饱和"主要是由比值的非线性转换过程引起的，它使得 *NDVI* 对红色反射率信号过度敏感，而红波段对叶绿素的强吸收很快达到饱和。当 *LAI* 超过 2 或 3 时，*NDVI* 对 *LAI* 的变化不敏感。

Leo Lymburner 等（2000）研究了 Landsat TM 的可见光、近红外、短波红外数据与有效叶面积（*SLA*）的关系。大量试验研究表明，可见光——绿、红波段与 *SLA* 之间存在极强的相关性，叶片表皮上的异物（如表皮毛、蜡质层等）和低叶绿素含量、低 *SLA* 相联系，它们减少了绿光的吸收，增加了绿光的反射率；近红外波段反射率与有效叶面积（*SLA*）之间存在正相关，这是因为非同化作用的碳化合物，如纤维素、半纤维素和细胞壁中的木质素的存在减小了 *SLA*，也降低了近红外波段的反射率；短波红外波段反射率与 *SLA* 之间存在极强的负相关，这是因为叶片含水量在这一波段影响反射率，高土壤含水量与高 *SLA* 相关联，而叶片含水量的提高会降低反射率。鉴于红波段、近红外、短波红外波段反射率与

SLA 之间的关系,可以产生一个新的植被指数——有效叶面积植被指数($SLAVI$),表示为

$$SLAVI = \frac{NIR}{(Red + MIR_2)} \tag{8-11}$$

Leonard Brown 等(2000)利用 Landsat TM 的短波红外辐射信号(TM5)改进了对林地叶面积指数的反演。采用 4 - SCALE 模型来模拟冠层反射,用短波红外反射辐射来确定林冠郁闭度,并运用短波红外反射辐射的归一化处理来修正简化比值植被指数,这种方法处理的植被指数用 SR 表示。由于这种处理使 SR 值减小,因而称为减化比值植被指数(RSR——Reduced SR),表示为

$$RSR = SR[1 - (SWIR - SWIR_{min})/(SWIR_{max} - SWIR_{min})] \tag{8-12}$$

式中,$SWIR_{min}$ 为完全郁闭冠层的 $SWIR$ 反射值,而 $SWIR_{max}$ 为开放冠层的 $SWIR$ 值。研究结果表明,在应用 RSR 进行 LAI 反演时,无须考虑覆盖类型的差异(如白杨、松、云杉等),也可不考虑分层覆盖类型(如树群、树冠、树枝及芽等)。同基于红波段和近红外波段反射所获得植被指数进行 LAI 反演的不确定性相比,RSR 能提高对 LAI 的敏感度和减少背景对针叶冠层的影响。

2. 植被指数与叶绿素含量的关系

叶子生长初期,叶绿素含量与辐射能吸收间几乎呈直线相关,即叶绿素含量增多,蓝、红波段吸收增强,绿波段反射率降低,近红外波段反射率增强,植被指数增大;但当叶绿素含量增加到一定程度后,吸收率近于饱和,反射率变化小,植被指数的差异不明显,因而植物在生长旺季较难区分。

研究还表明,可以根据红边拐点对应的反射光谱值,来估计冠层叶绿素含量(Chl_f),叶绿素含量增加,拐点值相应增加。

3. 植被指数与植被覆盖度的关系

植被覆盖度(f)指植被冠层的垂直投影面积与土壤总面积之比,即植土比。

传感器所测得的反射辐射 R 可表示为

$$R = f R_v + (1 - f) R_s \tag{8-13}$$

式中 R_v、R_s——植被、土壤的总反射辐射;

f——植被覆盖度。

则

$$f_1 = (R - R_s)/(R_v - R_s) \quad 或 \quad f_2 = (\rho - \rho_s)/(\rho_v - \rho_s) \tag{8-14}$$

式中 ρ——植被与土壤混合光谱反射率;

ρ_v、ρ_s——纯植被和纯土壤宽波段反射率。

利用植被指数也可计算覆盖度,即

$$f_3 = (NDVI - NDVI_s)/(NDVI_v - NDVI_s) \tag{8-15}$$

式中 $NDVI$——所求地块或像元的植被指数;

$NDVI_v$、$NDVI_s$——纯植被和纯土壤的植被指数。

该式适用于作物覆盖处的叶面积指数较均一的场合。

也可得

$$f_4 = (NDVI - NDVI_{min})/(NDVI_{max} - NDVI_{min}) \tag{8-16}$$

式中　*NDVI*——所求像元的植被指数；

$NDVI_{min}$、$NDVI_{max}$——研究区内 *NDVI* 的最小、最大值。

实际上，植土比(*f*)和叶面积指数(*LAI*)同时随时间、空间而变化，因此需综合考虑植被指数与两者的关系。据理论推导，*RVI*、*NDVI* 与植土比分别呈指数($y = a^x$)和幂函数($y = x^a$)关系，当 *LAI* 较小时，它们与植土比的变化反应不敏感。而 *PVI* 与植土比呈直线相关，但对植土比的感应能力随 *LAI* 减小而降低。就作物估产而言，垂直植被指数(*PVI*)较为优越，只是应选 *LAI* 较大的时期。

研究表明，由于健康绿色植物吸收短波红外辐射，具有较高的湿度值，对于所有土壤背景，绿色植被覆盖度随湿度值(*WI*)的增大而增大，对干燥土壤增加尤其明显。因此，选用穗帽变换的亮度分量(*BI*)或湿度(*WI*)来估计植物覆盖度比 *GVI* 更好。

4. 植被指数与生物量的关系

叶面积指数 *LAI* 与植被覆盖度均是生物量的重要指标，它们都与植被指数相关。一般说来，作物长势越好，叶面积指数越大，作物产量就越高。研究表明，冬小麦的理论产量与抽穗期叶面积指数呈很好的线性相关。因此，可以把一个地区的平均叶面积指数($\overline{LAI}$)与该地区植土比(*f*)作为该地区作物总产量的线性相关因子。

Anatoly 等(1993)曾对干湿两种气候条件和不同生态区(高程与 *NDVI* 值不同)，运用 *NOAA/AVHRR* 数据获得的植被状态指数(*VCI*)来估算植被覆盖度以及草场与作物生产力，并通过大量地面实测数据来验证遥感估算的结果。研究结果表明，尽管不同生态区的 *NDVI* 变化趋势相似，但 *VCI* 值差异大，且与盖度匹配好；用 *VCI* 对植被覆盖度的估算误差 < 16%，低覆盖区误差更小；*VCI* 估算值与实测的植被覆盖度相关性较高(相关系数约 0.76)(见图 8-4)。因此，用遥感卫星数据所获得的植被状态指数 *VCI* 方法，来定量估算大面积植被覆盖度和生物量是有效的。

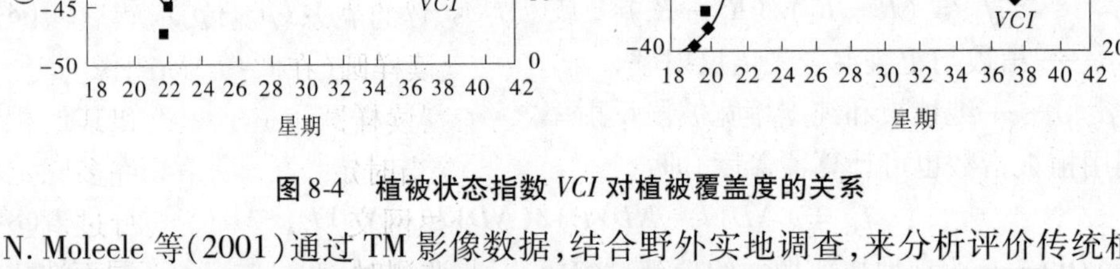

图 8-4　植被状态指数 *VCI* 对植被覆盖度的关系

N. Moleele 等(2001)通过 TM 影像数据，结合野外实地调查，来分析评价传统植被指数 *NDVI* 等与基于短波红外的暗化植被指数(Darkening Indexes)在半干旱地区生物量估算中的适用性。研究结果表明，大多数植被指数能够被用于区分大范围内空间上在0.3 ~ 1.5 m 的枝叶层的生物量。*NDVI* 与较低的枝叶层有较高的相关而与其他层则无相关性，但与不同枝叶层的总绿色生物量不相关。而只有暗化指数(TM5/TM7、TM5 + TM7、

TM5－TM7 等)与所有枝叶层中的每个层的生物量有较高的相关性,可用于估算草层和枝叶层的总绿色生物量。随着 MODIS 短波红外数据的增加,应充分利用短波红外波段的一些变换来估算包括半干旱地区在内的植被生物量。

应该指出的是,植被指数与生物物理参数之间的关系是复杂的。Xiang Gao 等(2000)考虑到植被指数与生物物理参数间关系受到多种因素的影响,用一个三维冠层辐射传输模型和几何光学——辐射传输混合模型(GORT)来模拟作物、草地、森林(分窄叶与阔叶)冠层的方向半球反射。通过大量试验,分别建立三种不同土壤背景(植物全覆盖、浅色土壤、深色土壤)条件下,不同植物的 *NDVI*、*SAVI*、*EVI* 三种植被指数与 *LAI*、*FAPAR*、*F* 等生物物理参数之间的关系。研究结果表明,因 *NDVI* 对土壤敏感,可用来评估植被量的变化,但 *NDVI* 难以推断 *FAPAR*;而 *SAVI* 与生物物理参数之间的关系较为可靠,但 *SAVI* 对冠层结构敏感。因而,在建立 *SAVI*、*EVI* 与生物物理参数关系时,应该注意地表土地覆盖类型等先验知识的积累。

二、遥感技术在林业中的应用

目前,遥感在林业上的应用日渐广泛和深入,主要集中在以下几个方面:①森林调查方面,包括森林资源清查等;②森林资源分析和评价方面,包括林业土地利用变化监测与管理、用于分析林分、树种、林种、蓄积量等因子的空间分布;③森林生物物理、化学参数填图,包括森林叶面积指数、树叶叶绿素含量、氮含量等;④森林健康状况,包括森林长势、病虫害监测等。在此着重就遥感技术在森林资源调查中的应用予以介绍。

(一)遥感技术在我国森林资源调查监测中的应用

1.森林资源一类清查

我国的森林资源一类清查是以全国为监测目标的,具体操作时以省为单位,原先主要为国家提供森林资源中林地尤其是有林地中蓄积量及地类的变化,随着生态环境日益受到重视,生态环境的变化及与生态环境相关的因子如水土流失、荒漠化、林火及病虫害等灾害发生条件或已发生后所形成的生态环境变化,以及生物多样性指标的变化也逐渐进入监测之列。前几年主要是应用 TM 或与 SPOT 中 10 m 分辨率的全色波段融合图像进行监测,最近有用 SPOT5 较高分辨率卫星数据或与 ETM＋融合数据进行监测试验。

应用遥感技术进行森林资源一类清查,首先是进行数字图像处理,在进行几何精校正后,提取土地利用和森林特征信息及在图像上能采集到的生态环境信息,然后匹配公里网,在要判读的固定样地交叉点上设置 2～3 mm 的判读样圆(在此指 TM 图像,其他图像要根据不同空间分辨率来设置判读样圆的大小),在判读样圆中进行地类和其他相关因子的调查。目前,固定样地方法存在两大问题:一是受当时定位技术影响,许多固定样地与地形图上的公里网交点不一致,造成了图像上的公里网交点与地面上进行过调查的固定样地不在一个位置上,也就是说应用遥感技术进行监测时,由于位置的不同而造成地类判别的错误,因此应用遥感技术进行监测时应该用 GPS 将误差改正过来。另外一个问题是固定样地中的有林地一般人为地受到保护不进行采伐,因此使地类中有林地的动态变化失真,为此需要应用 GPS 在原固定样地附近设置临时样地,由于该样地没有设标,但又具有准确的坐标位置,故这些样地也可以转变成附加的固定样地。建标一般采用两种方式交叉进行,一种是持卫片、地形图沿几条调查线路进行实地调查,总结出各地类、各森林类型的影像特征;另一种是对近几年内没有变化或变化不大的地带,采用前期林相图与新近卫片直接对照分析,从中找出其相关规律。

2. 森林资源的二类清查

森林资源的二类清查是指对经营的林业企业(林业局、林场)、县和乡的森林资源清查,这类清查首先要进行森林区划(林班、小班、经营小班),然后对小班中的各项因子进行详查。

我国20世纪50~80年代初开展的森林资源二类调查,主要是采用航空摄影像片,摄影比例尺一般为1∶2万~1∶3万,根据需要进行适当的放大,然后进行野外调绘,立体镜下勾小班和测树因子的量测。80年代中期开始应用经数字图像处理的TM、经插值放大后的1∶2.5万卫星影像图,然后进行典型线路的调绘,在判读的基础上进行森林区划、地类判读和部分林分因子的判读和量测。

二类调查相对较为复杂,表现为各类经营强度不同,经营强度高的林业局(场)要求林相图的比例尺为1∶5 000~1∶1万,而一般要求为1∶2.5万,此外由于地形破碎程度、林相破碎程度不同,在遥感信息源的选择时其要求不尽相同。进行信息源的选择与数字图像处理应注意如下几个方面。

1)几何校正精度

TM,ETM+,SPOT 4、5,IKONOS,数字航空像片都有很好的几何校正精度,校正中其误差都在1个像元以下,极个别误差在1个像元以上。由于IKONOS、数字航空像片属于高空间分辨率,航高比卫星轨道高度低,地形因子引起的投影差较大,因此需要正射校正。主要是用DEM进行校正,校正后可以达到很高精度。

2)多遥感信息源波段组合能力

除数字航空像片外,TM(包括ETM+)有较多的波段(7~8个波段),在图像融合或组合中选择余地多。以前的研究表明TM3、TM4、TM5或TM7、TM4、TM2的组合较佳,而SPOT5和IKONOS在波段设置上基本近似,都有可见光中的部分蓝色波段、绿色波段、红色波段及近红外波段,组合中选择余地较少,但由于具有反映土壤、植被、水分条件的几个常用波段,其组合图像能满足基本要求,而采用TM的光谱分辨率,SPOT空间分辨率的融合图像已是被普遍采用的方法。

3)区划林班小班能力

尽管在各种中等空间分辨率的遥感图像地形要素中山脊线多不明显,小沟系也不十分明显,给区划林班、小班造成一定困难,但对照相同比例尺的地形图仍可较好地进行林班区分,如将地形图叠置在遥感影像图上则可准确地区划林班和小班,一般空间分辨率越高越利于进行林班小班区划。将TM与SPOT4融合,由于TM光谱分辨率高,而SPOT4相对较高的空间分辨率使区划小班能力提高。

4)地类识别能力

通过不同遥感信息源的光谱分析和在特征信息提取后的不同遥感图像上对如下地类识别能力列表(见表8-2)。

从表8-2中可以看出,IKONOS、Quickbird近似,但后者对小地物清晰度更高。

表 8-2　不同遥感信息源对森林资源二类调查中地类识别能力评价

信息源	林地						新造林地及整地情况	线状地物、道路、长城、行道林	居民点	树种组成
	阔叶林	针叶林	灌木林	疏林地	散生木	苗圃				
TM 与 SPOT4 融合图	可以	可以	可以	不易	不能	小苗圃不能识别	不可以	高速公路、铁路可以,长城断断续续,行道树较长的可以	大的可以,小的不易	不易
SPOT5	可以	可以	可以	尚可	不易	尚可	尚可,但不清晰	高速公路、铁路、一般公路、长城都可以,行道树可以	大小皆可,但小的模糊	不易
IKONOS、Quickbird	清晰	可以	清晰	可以	可以	可以	可以	清晰,可识别长城瞭望台	清晰,可勾绘房屋位置图	清晰
数字航空像片	清晰	可以	清晰	可以	清晰	可以	清晰	清晰,可识别长城瞭望台	清晰,可勾绘房屋细小的位置图	可以

5)森林遥感影像解译标志

不同森林类型在遥感图像上具有各自特有的影像特征,包括色调、形状、大小、位置及地物之间的平面位置关系、阴影和纹理等,而且随着传感器类型、波段组合、时相、分布区域的不同,影像特征的表现形式也有所差异。在我国森林资源清查工作中,采用 TM/ETM 卫星影像为主要数据源进行森林资源遥感调查已有十多年的时间,全国各省均已形成较为完整的主要地类解译标志,同时其他林业监测项目也在遥感应用方面做出了大量的研究、实践工作。全国森林资源多阶遥感监测应该充分利用全国森林资源清查遥感解译成果,同时结合土地荒漠化/沙化、湿地等林业监测的遥感应用,丰富和发展森林资源遥感影像特征及其解译标志库,形成全面、系统的解译标志标准和技术体系。

在全国森林资源清查中,主要森林类型的遥感解译选用 TM/ETM + 数据的原则是森林处于生长季,且林地与其他地类界线明晰。对于 ETM + 数据还将再与第 8 波段进行波段融合,最后形成分辨率为 15 m 的假彩色图像,进一步提高影像空间分辨率和信息丰富度,以利于目视解译工作。表 8-3 以吉林省 2004 年遥感调查结果为例,建立主要地类的遥感影像解译标志。

(二)高光谱遥感在林业方面的应用

1. 树种识别

1)树种识别方法

森林树种识别主要用于判断林地的优势树种,进行林地类型成图。在自然资源管理、环境保护、生物多样性和野生动物栖息地等研究中,正确地识别森林树种非常重要。林地树种组成、数量、密度、年龄、树高、立地环境等参数也是大型 GIS 数据库的数据源。

表 8-3　吉林省主要地类遥感解译标志(2004 年)

类别					标志描述			
					色彩	形态	结构	相关分布
林业用地	有林地	针叶林	幼中龄林	疏	灰褐色	不规则片状	纹理粗糙	山地、丘陵、平地
				中	红褐色	不规则片状	纹理较均匀	山地、丘陵、平地
				密	褐色、深褐色	不规则片状	纹理均匀	山地、丘陵、平地
			近成过熟林	疏	红褐色	不规则片状	纹理不均匀	山地、丘陵、平地
				中	褐色、深褐色	不规则片状	纹理较均匀	山地、丘陵、平地
				密	深褐色	不规则片状	纹理均匀	山地、丘陵、平地
		阔叶林	幼中龄林	疏	鲜红色、橙黄色	不规则片状	纹理均匀平滑	山地、丘陵、平地
				中	橙红色	不规则片状	粗糙、不均匀	山地、丘陵、平地
				密	暗红色	不规则片状	纹理较均匀	山地、丘陵、平地
			近成过熟林	疏	红色	不规则片状	有明显颗粒	山地、丘陵、平地
				中	暗红色	不规则片状	纹理较粗糙	山地、丘陵、平地
				密	暗红色	不规则片状	均匀、平滑	山地、丘陵、平地
		混交林	幼中龄林	疏	红色、橙色	不规则片状	不均匀、有小斑	山地、丘陵、平地
				中	暗红色、橙色	不规则片状	粗糙、不均匀	山地、丘陵、平地
				密	暗红色、橙色	不规则片状	粗糙、不均匀	山地、丘陵、平地
			近成过熟林	疏	红色、橙色	不规则片状	不均匀,有小斑	山地、丘陵、平地
				中	红橙色、褐色	不规则片状	粗糙,有颗粒	山地、丘陵、平地
				密	红橙色、褐色	不规则片状	粗糙、颗粒多	山地、丘陵、平地
	经济林				灰黄色、橙黄色	规则或不规则片状	粗糙,有明显颗粒	丘陵、平地
	疏林地				橙色与青色相间	不规则斑状	不均匀,有斑	山地、丘陵
	灌木林地				青色	不规则片状	较粗糙	山地、丘陵
	未成林造林地				橙黄色	规则或不规则片状	较均匀	丘陵、平地
	苗圃地				浅蓝绿色	规则片状	不均匀,有颗粒	丘陵、平地
	无林地	宜林荒山			浅蓝绿色	不规则片状	较粗糙	丘陵、平地
		采伐迹地			亮黄白色	不规则片状	较粗糙	丘陵、平地
		火烧迹地						
		宜林沙荒			淡绿色	不规则片状	不均匀	河流附近
非林业用地	农地	≥25°			红色、灰绿色、粉色	规则片状	有明显条纹	平地、丘陵
		<25°			红色、灰绿色、粉色	规则片状	有明显条纹	平地、丘陵
	牧地							
	水域				深蓝色、黑色	带状或片状	均匀、平滑	河流、低洼处
	未利用地				蓝紫色、墨绿色	规则或不规则片状	均匀或有颗粒	沼泽、海边滩涂
	其他				蓝白或黑蓝色	不规则片状或线状	不均匀,有颗粒	居民点、路、桥等

常规的树种调查和识别方法主要依赖于一些成本高、费时、费力的野外森林调查方法或利用大比例尺航片判读的方法。过去,大面积地应用数字遥感数据(如 TM、SPOT)已经被应用于树种识别和林地类型的分类中。但应用这些遥感数据只能将分类分到树种,或者简单地将树种分为针叶、阔叶两大类,效果不很理想,对中小尺度的生态系统的研究帮

助不大。主要有两方面的原因:一是缺少光谱信息,造成“异物同谱”现象,使得树木细微的光谱差异用宽波段遥感数据无法探测;二是由于光学遥感所依赖的光照条件多变,会引起相同的树种具有显著不同的光谱特性,即“同物异谱”现象。高光谱遥感能够探测到具有细微光谱差异的各种物体,因此能够大大地改善对植被的识别和分类精度。新型高光谱分辨率传感器的出现,尤其是星载高光谱成像仪数据成为可能,为我们提供了低成本、高精度的图谱合一的遥感数据,从每一个像素点都可以提取出一条连续的光谱曲线,使得对地物类型的精细分类成为可能。

用高光谱遥感图像进行林种制图,要解决一系列的问题。高光谱遥感林地分类面临如下有利和不利条件:一方面,由于高光谱图像在光谱维上有很高的分辨率,增加了具有可区分性地物的细节特征,为提高林地分类精度提供了可能和条件;另一方面,高光谱图像的数据量比常见的多光谱图像大大增加,波段间的高相关性增加了光谱维上的冗余信息,同时受噪声的影响,也会降低分类的精度;另外,困扰遥感分类的尺度效应也不容忽视,即地面景观单元的尺度与遥感数据的空间分辨率之间的不匹配也是重要的制约因素。通常,遥感数据的空间分辨率是固定的,因此对于林地这种存在不同尺度景观单元的复杂环境,高空间分辨率图像往往得出的分类结果缺乏连续性和一致性,如“麻点”效应,而低空间分辨率的图像又需要我们发展相应的光谱解混算法;同时,林地分类的复杂性还在于它受地形、坡度坡向、气候等因子影响显著,且混交林分布广泛,这些都增加了林地分类的难度。

2)树种识别应用实例

宫鹏等(1998)利用高分辨率光谱仪在实地测得的光谱数据来识别美国加利福尼亚州的主要针叶树种,其结论是,对高光谱数据进行简单的变换能够有效地改善树种的识别精度,并且识别针叶树种利用光谱数据的波段宽最好为 0.02 μm,或者更窄一点。Martin 等(1998)结合不同森林树种之间特有的生化特性和已经在高光谱数据 AVIRIS(航空可见光/红外成像光谱仪)和簇叶化学成分之间建立的关系鉴别 12 种森林类型(空旷地、红枫、白松、铁杉、针叶混交林、挪威云杉、红松、云杉沼泽林及落叶阔叶沼泽林等),认为应用高光谱遥感技术可将森林树种或森林类型分得更精确,这主要是由植被叶片中的生化物质控制的植被反射光性质决定的,而常规宽波段遥感数据要反映这种细微的光谱差异几乎是不可能的。

从采样结果来看,氮含量和木质素的含量在不同树种的区分方面是很显著的。比如,几种树种的氮含量和木质素的含量分布图,红松和铁杉有相似的氮含量,但是它们木质素含量之间有大的差别,如表 8-4 所示。

表 8-4　红松和铁杉的氮含量、木质素含量对比

树种	氮含量(%)	木质素含量(%)
红松	1.11(±0.13)	26.54(±1.29)
铁杉	1.16(±0.10)	14.82(±0.62)

然而,红枫和黑樱桃有相似的木质素含量特征,但它们有截然不同的氮含量特征,如

表 8-5 所示。

表 8-5　红枫和黑樱桃的氮含量、木质素含量对比

树种	氮含量(%)	木质素含量(%)
红枫	1.8(±0.27)	18.04(±1.27)
黑樱桃	2.62(±0.26)	17.79(±2.08)

如图 8-5 所示，树种在氮含量和木质素含量方面的差别是比较分明的，植被化学成分的差别为进行高光谱遥感分类时对树种识别提供了重要依据。

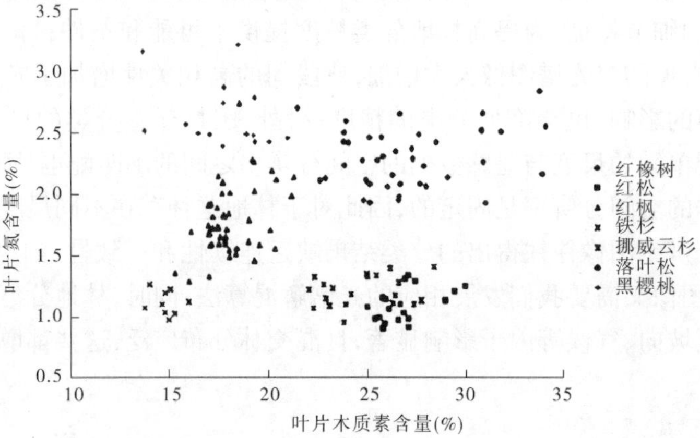

图 8-5　Harvard 森林各树种的叶片采样(叶片氮含量与叶片木质素含量)

利用高光谱数据具有森林植被生化参数的优势，精确获取氮含量及木质素的含量，从而能够很好地进行精细树种的识别，树种分类的结果如图 8-6 所示。

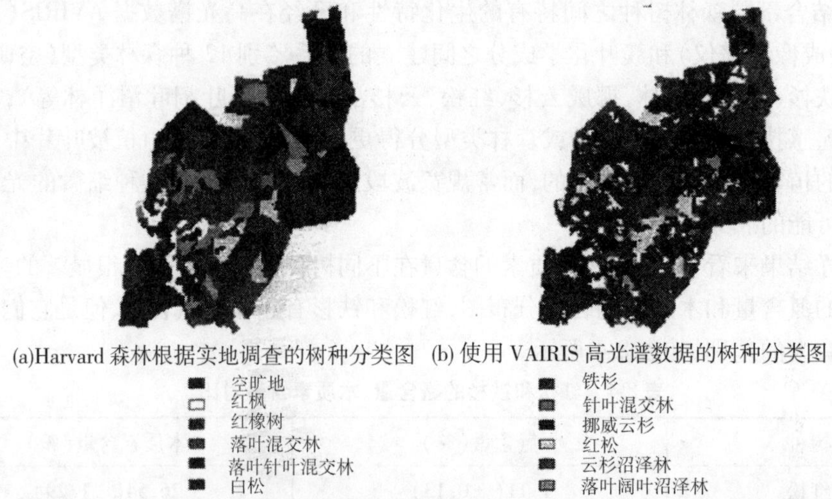

图 8-6　树种分类

分类的类别共有 12 种，从分类的结果上看，地面上调查和高光谱遥感数据 AVIRIS 分类的结果基本是吻合的，高光谱遥感数据分类的结果使遥感分类的结果更加精确。

另外，利用 ALI 数据和 ETM + 数据对同一个地区进行了分类，同时比较了高光谱遥感数据（HYPERION）的分类精度与粗分辨率的遥感数据（如 ETM +）精度。比较的结果是：高光谱遥感的分类比传统遥感数据的分类具有更高的分类精度，如表 8-6 所示。

表 8-6 HYPERION、ALI、ETM + 三种遥感数据的分类精度

传感器	HYPERION	ALI	ETM +
分类精度	92%	84.8%	75%

多角度遥感信息加入树种的识别也可以增加识别的精度。使用多角度信息便于发现冠层光学、结构特征及林下层多变背景对于不同角度下的光谱曲线的影响效果，多种用于检验这种因素多边性的树种分类算法已经被发展（Martin 等，1998；Sandmeier 和 Deering，1999；White 等，2002）。

第二节 土壤与土地利用遥感

一、土壤遥感

（一）土壤的光谱特征

在地面植被稀少的情况下，土壤的反射曲线与其机械组成和颜色密切相关（见图 8-7）。颜色浅的土壤具有较高的反射率，颜色较深的土壤反射率较低，如图 8-7 中的黑土反射率远低于浅色的黄壤。在干燥条件下同样物质组成的细颗粒的土壤，表面比较平滑，具有较高的反射率，而较粗的颗粒具有相对较低的反射率。有机质含量高，也使反射率降低。土壤水的含量增加，会使反射率曲线平移下降，并有两个明显的水分吸收谷（见图 8-8），但当土壤水超过最大毛管持水量时，土壤的反射光谱不再降低，而当土壤水处于饱和状态或过饱和状态时，土壤表面会形成一层薄薄的水膜。

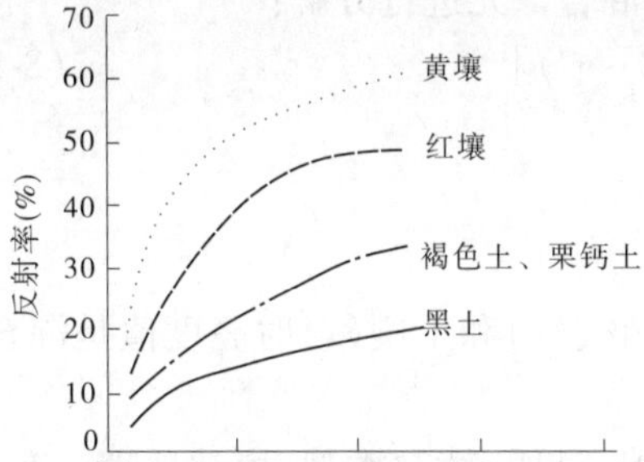

图 8-7 不同颜色土壤的反射光谱

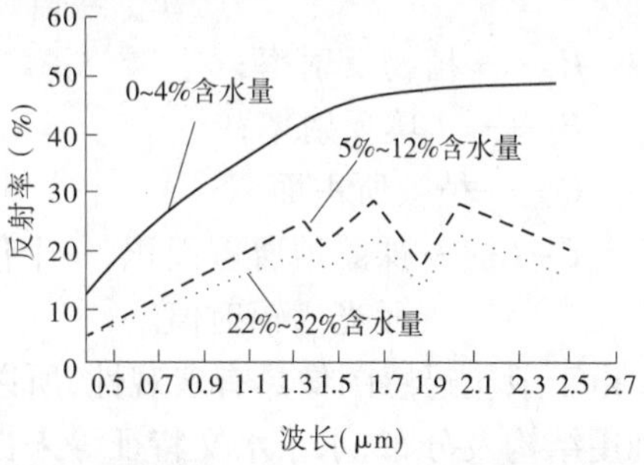

图 8-8 不同含水量组的“切而西”砂的光谱反射曲线

当土壤表面有植被覆盖时，如覆盖度小于 15%，其光谱反射特征仍与裸土相近。当植被覆盖度为 15% ~70% 时，表现为土壤和植被的混合光谱，光谱反射值是两者的加权

平均，当植被覆盖度大于70%时，基本上表现为植被的光谱特征。

此外，土壤的光谱特征还受到地貌形态、耕作特点等影响。

应用卫星图像获取土壤信息，不少学者对土壤光谱反射曲线进行了分析，并且取得了一些有价值的数据，但仅根据光谱曲线进行土壤识别，由于同物异谱的大量存在还是相当困难的，因此土壤有机质、矿物成分、土壤含水量、植被覆盖度等因子仍是土壤识别的重要因子。为此，介绍一下土壤指数的方法。

土壤指数(Soil Index)：利用像元混合光谱特点采用可见光中的红光与近红外波段土壤光谱反射特征，并以该两波段作 x、y 坐标图，分别求出坐标系。由于植物覆盖度不同、土壤有机质不同、地类不同，在该两波段构成的坐标系中的不同斜率作为数字图像处理的参考，通过数字图像处理来减少植被覆盖的作用。数字图像处理中常用土壤线法，即

$$P_{NIR} = b + aP_R \tag{8-17}$$

式中　P_{NIR}——土壤在近红外波段的反射率；

P_R——土壤在红波段的反射率；

a、b——土壤斜率和截距。

该线反映了土壤有机质、土壤湿度、不同土壤类型的特点，图 8-9、图 8-10 是利用 MSS5、MSS7 所作的土壤有机质、不同地类反射值分布图。

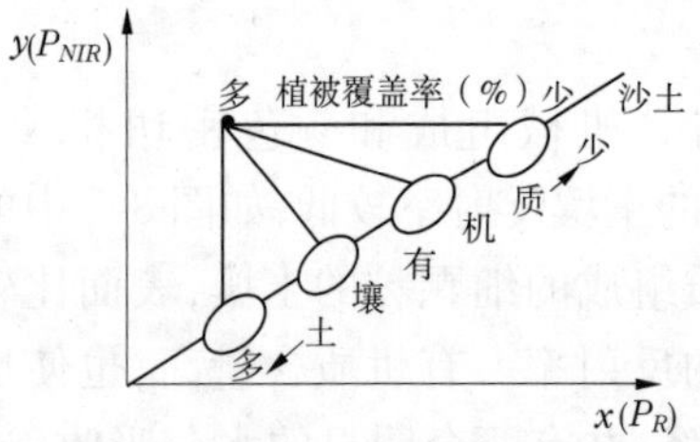

图 8-9　MSS5、MSS7 为坐标的土壤有机质不同含量反射特征

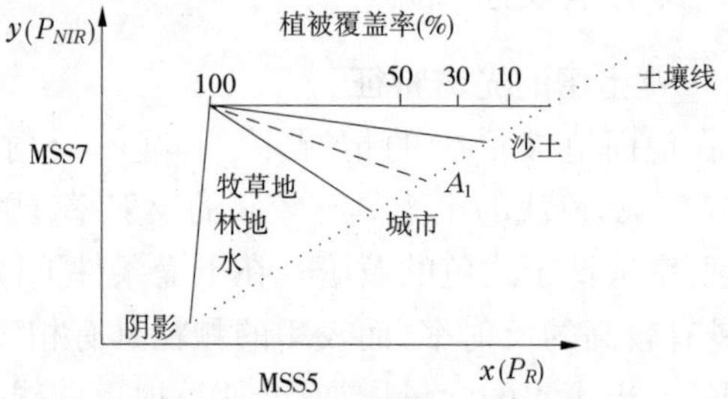

图 8-10　不同地类的 MSS5、MSS7 坐标中的反射特征

当存在大量混合像元时还可以应用如下公式对混合像元进行分解：

$$E_{vs} = k[P_v C + P_s(1 - C)] \tag{8-18}$$

式中　P_v——植物反射率；

P_s——土壤反射率；

C——植被所占面积；

$1-C$——裸露地所占面积，一个像元内具有植被(v)和土壤(s)时亮度值是混合像元光谱辐射值。

由于卫星遥感图像具有宏观性，所以可利用地貌、母质、植被类型，植被地理分布、土地利用结构及分布、水系水文特征等来提取土壤类型等信息。

（二）土壤调查中的遥感应用

因土壤上有大量的植被覆盖和农作物覆盖，而且土壤含水量、土壤有机质经常发生变化，从而影响了其光谱反射值的规律性，在中低光谱分辨率和空间分辨率的遥感图像上很难对土壤的结构进行识别，这些都增加了土壤调查分类和制图的难度。

在应用遥感技术进行土壤调查时,人们测量了大量不同土壤的光谱反射曲线,但由于土壤矿物质含量、土壤有机质含量、土壤含水量的不同,使曲线变化较大。同时由于土壤上覆盖了大量植被也使土壤光谱值变化差异增加,尽管可以应用一些模型来去掉植被的影响,但其作用往往有限。为此一些学者从植被分布与土壤的规律性进行分析,用指示性植物来识别土壤类型。

由于航天与航空遥感图像存在空间分辨率和大气干扰影响程度不同,在图像上,二者的土壤特征具有明显的差异,故在此对二者分别做一简单介绍。

1. 航空像片的土壤判读与制图

1) 颜色

影响土壤颜色或灰度的因子有:

(1) 土壤有机质含量。我国土壤有机质一般含量偏低,很少超过2%。国外分0~3%,3%~5%,5%~10%三个等级。通常土壤有机质含量愈高颜色愈暗。

(2) 土壤的机械组成。最高反射在颗粒级0.02~0.002 mm处,当颗粒级达5~10 mm时由于颗粒粗糙,所以反射值低。

(3) 含水量。在近红外区反应明显,水对近红外有较多的吸收区,故在近红外区光谱反射低、色暗,可见光区在水分条件较好的表层色调亦偏暗,但在可见光范围一般反射较高。

(4) 土壤盐分。盐化土壤和含一定量石灰的土壤反射率高;但有些盐分为湿性盐分,则色调暗。

(5) 植被覆盖度。植被覆盖度的大小在可见光区及红外区其反射有明显的差异,但通过不同植被类型与地貌相结合,根据许多指示植物和地貌特征,能较好地识别土壤类型。

2) 形状

地形和植被覆盖形态是土壤间接判读的重要因子。而土地利用结构如旱地、水稻地又是耕作土壤判读的重要特征。不同的土壤是在不同母岩上风化形成的,风化过程会形成粗糙不同的母质,如粗糙的母岩、不同粒径的沙地,平滑粉末状的黄土,都具有其特有的形状特征,根据这些形状特征可以进行土类的判读。

3) 纹理

纹理结构对没有植被覆盖的土壤进行识别有重要的帮助,一般纹理结构有平滑、粗糙、斑点、颗粒、条带和波纹等,如黄土为平滑纹理,戈壁为粗糙簇状与平滑相间,沙地多为波纹状,而沙丘为垄状条带纹理。

4) 阴影

对土壤判读有帮助的阴影一般是指较大地形结构对土壤判读有指示性的阴影,如不同结构的山地阴影、黄土切割沟壑阴影、平原河谷切割阴影等,通过这些阴影的判读间接对土壤进行识别。

5) 辅助信息

我国曾进行过二次土壤普查和地面典型地段的土壤调查,具有不同尺度的土壤分布图,其土壤类型的边界大多是依据地形图进行目视勾绘,具有不准确性。如果将土壤分布图作为辅助信息对照航空像片进行分类,则能提高土壤类型识别和图斑区划的精度,尤其是将 DEM 与其叠置后勾绘图效果更佳。

2. 卫星影像的土壤调查方法

卫星图像与航片不同,它是从更高层空间向地面扫描或摄影,因此受大气层干扰更强,同物异谱现象增加。

1) 颜色和色调

影响陆地卫星影像颜色的土壤解译因素主要是土壤本身的表层和地面覆盖的光谱特性。首先,卫星影像上的地物光谱是卫星平台上的传感器通过大气窗口所收集到的地面反射,由于大气效应的结果,它不完全相同于地面测定的地物光谱特性;其次,它是多波段中各自较窄的单波段光谱反射率的影像;再次,其影像往往是由以上单波段合成的多波段影像,而且多采用标准型合成,而合成具有红外彩色特征的假彩色影像,所以它和黑白全色影像的土壤解译特征是不一样的,如表 8-7 所示。

表 8-7　几种主要土壤及其特征在遥感影像颜色上的表现

土壤	颜色		
	黑白影像	假彩色合成的彩红外影像	说明
干旱棕壤土壤	白发浅灰	黄白	水分系列影像
湿润草甸性土壤	暗灰	浅蓝	
潮湿的沼泽性土壤	深暗灰	深暗灰	
灰蓝色浅育性土壤	灰	蓝灰	
浅色土壤	白发灰	白黄	有机质系列影像
黄色土壤	灰白	浅黄、浅蓝绿	
有机质稍多的土壤	灰	暗灰	
黑土	黑	黑	
潮湿盐土	黑	蓝灰	盐分系列影像
硫酸盐盐土	白	白	
石质土	浅灰	浅蓝、蓝、蓝绿	质地系列影像
砾质土	浅	浅蓝	
白色粗砂	白	白	
黄色砂土	浅灰	白、浅黄	
红色粉砂土	浅灰	白	
红色黏土	暗灰	蓝绿、绿	

由表 8-7 可以看出,红外彩色影像大大增强了与土壤有关影像的景观的分辨能力。

2) 形状/阴影

陆地卫星影像上所分辨的形状,主要是以地形为代表的综合景观特征,其中包括了植被、母岩、潜水和土地利用等。当地面有切割和起伏时,阴影效应可形成影像的立体感。

3) 纹理

在山地,卫星影像主要反映地表的切割程度及物质组成,一般切割密集的岩石区,显示较粗的纹理。平原区,卫星影像的纹理则主要与物质组成的粗细有关。风沙地区则因沙丘而形成波状纹理,壤质和黏质土地区则形成平滑纹理。

在确定基带的基础上,由于地形的变化产生地形地带的垂直分异;海拔的变化,会引起水热条件的重新组合,成土因子随着变化,土壤也发生垂直方向更替。因而,可以将遥感影像、地形图的判断及少量野外调查得出的自然规律与遥感影像特征结合起来,以确定土壤的类型。

土壤类型还可以根据土地利用特点来分析、确定。如在南方许多低平的河谷平原地区,按自然土壤分类可能被划入草甸类型,如经人工开发耕种而成为水稻土及其次一级类型。而水稻田因有特殊的光谱特征、区位特征及形状特征,较容易识别,尤其是在高分辨率的遥感影像上,水稻田有明显的光谱特征。

不同分辨率、不同波段的遥感影像在土壤类型的解译中有不同的作用。分辨率较低的遥感影像对土类和亚类的划分及识别可以起到较大的作用。由于其视野较广,有利于区域的宏观综合分析,适合于进行小比例尺的制图。高分辨率的遥感影像,对地面细节的显示比较清楚,有利于确定土壤形成的具体地貌条件、植被类型等,能帮助土属和土种的确定,适合于中大比例尺的土壤制图。

(三)提取土壤信息的数字图像处理常用方法

在土壤类型信息提取中主要应用了如下方法:主成分分析法,该法充分利用了尽量多的波段信息来提取土壤类型信息,另一种方法是应用了光谱混合分解模型,该方法利用线性和非线性混合分解模型来提取混合像元中的土壤类型信息,提取出的 DEM 图、土壤调查专题图作为辅助信息对土壤类型信息提取有很大的帮助。

遥感技术的土壤水分监测:国外当前对土壤水分监测主要应用了热惯量、作物缺水指数法、距平植被指数法、植被供水指数法。水利部应用微波遥感对北京、石家庄地区进行航飞试验,获得了地表 10 ~ 20 cm 土层水含量分布图。试验表明,应用微波方法测定 20 cm 以下的土壤水分能力有限,而应用红外遥感波段对地表水的调查亦可获得较好的效果。

(四)土壤有机质与土壤水分的光谱信息提取

通过分析土壤光谱反射率及其各种变换形式与土壤有机质含量的相关系数在不同波段的变化,认识到有机质含量与光谱反射率呈负相关关系,剔除水汽吸收波段后,将光谱数据截成三段,各段光谱数据与有机质含量相关系数的峰值分别为 -0.718 87(675 nm 处)、-0.703 41(1 501 nm 处)和 -0.724 12(2 137 nm 处),据此认为这三个波段为对有机质含量敏感的波段,以此作为逐步回归分析选择的输入变量。

反射率的倒数与有机质含量之间呈正相关,相关系数的变化趋势与上述相似,相关系数峰值处所在的波长也是一致的(1 971 ~ 2 469 nm 有所差别,其余两段基本一致)。但是,反射率经过倒数变换后,其相关系数的绝对值有所提高,达到 0.828 97(674 nm 处)。可见,反射率经过倒数变换后,与有机质之间的相关性总体有所提高(见表 8-8)。可以看出,无论是倒数变换还是对数变换,都显著地增强了反射率与有机质含量之间的相关性,相关系数的绝对值平均增大了 0.1 左右。在 675 nm、2 149 nm 和 2 277 nm 附近的相关系数都在 0.8 以上,为高度相关,表明反射率与有机质具有较好的相关关系(见表 8-8)。

表 8-8　不同变换形式与有机质相关系数的峰值及其所在波段位置

变换形式	位置(nm)	相关系数	变换形式	位置(nm)	相关系数	变换形式	位置(nm)	相关系数
	675	-0.718 87		849	0.866 96		846	0.780 61
反射率	1 501	-0.703 41	反射率	1 543	0.670 34	反射率	1 538	0.452 33
	2 137	-0.724 12	对数的	2 187	0.892 83	平方根的	2 180	0.886 24
反射率	674	0.828 97	一阶微分	574	-0.818 41	一阶微分	574	-0.871 14
的倒数	1 728	0.790 06		1 681	-0.830 46		1 685	-0.85 09
	2 277	0.815 26		2 266	-0.859 65		2 265	-0.853 4
反射率	590	0.661 65	反射率	587	0.813 01	反射率	587	0.87 32
对数的	1 418	0.517 61	对数的	1 726	0.629 48	平方根的	1 725	0.726 42
倒数	1 971	0.514 09	二阶微分	2 271	0.531 8	二阶微分	2 153	0.613 82
反射率	674	-0.817		905	-0.731 8		905	-0.752
的对数	1 504	-0.796 5		1 744	-0.657 85		1 744	-0.637 77
	2 149	-0.834 75		2 219	-0.545 28		2 199	-0.633 54
反射率	675	-0.775 61	反射率	574	0.680 56	反射率的	845	0.608 24
的平方根	1 499	-0.759 15	对数的倒数	1 423	0.393 16	一阶微分	1 521	0.022 53
	2 137	-0.788 98	的一阶微分	1 973	0.352 03		2 180	0.794 75
反射率	1 145	0.606		843	-0.297 63		575	-0.791 79
倒数的	1 718	0.719 28		1 742	-0.092 58		1 701	-0.809 16
一阶微分	2 266	0.748 2		2 332	-0.256 18		2 037	-0.760 32
	863	-0.870 61	反射率	416	0.757 08	反射率的	587	0.817 04
	1 582	-0.688 89	对数的倒数	1 473	0.244 31	二阶微分	1 725	0.749 59
	2 165	-0.643 3	的二阶微分	2 345	0.234 99		2 152	0.636 63
反射率的	715	0.711 61		573	-0.814 25		529	-0.794 11
倒数的	1 740	0.561 69		1 439	-0.387 93		1 745	-0.590 05
二阶微分	2 222	0.652 83		2 375	-0.227 87		2 208	-0.689 13
	672	-0.661 35						
	1 780	-0.420 13						
	2 270	-0.422 51						

反射率经过微分变换后，与有机质含量之间的关系不再是单一的负相关或正相关，相关系数变化起伏波动较大，缺乏规律性。微分变化后最显著的结果是个别波段相关性得到增强，如 2 187 nm 处反射率对数的一阶微分与有机质含量的相关系数为 0.892 83；863 nm处反射率倒数的一阶微分与有机质含量的相关系数为 -0.870 61。而原始反射率与有机质的相关系数在这些波段均不显著，表明某些在原始光谱数据中比较隐晦的信息，经过微分变换的放大，其相关性有所提高，因而可借助微分光谱技术这一优势来提取对有机质敏感的光谱指标。

表 8-9 为由土壤光谱反射率不同变换形式预测土壤有机质含量的回归方程，表中所有方程均通过显著性水平为 0.001 的 F 检验。

表 8-9　反射率不同变换形式与土壤有机质含量的逐步回归分析结果（$n=134$）

变换形式	回归方程	R^2	R^2_{Ad}	RMSE
$X=R$	$Y=1.990-20.949X_{2137}+22.318X_{1501}$	0.684	0.679	0.608
$X=\sqrt{R}$	$Y=2.386-24.938X_{2137}+24.689X_{1499}$	0.802	0.799	0.480
$X=1/R$	$Y=0.053+0.307X_{2277}$	0.789	0.787	0.486
$X=\lg R$	$Y=1.029-12.359X_{2149}+10.878X_{1504}$	0.851	0.849	0.417
$X=(1/R)'$	$Y=0.581-362.003X_{863}+64.680X_{1145}$	0.840	0.837	0.432
$X=(1/R)''$	$Y=0.626+1308.365X_{2222}+2027.007X_{1740}-135.88X_{672}$	0.706	0.699	0.586
$X=(\lg R)'$	$Y=1.772+1004.071X_{2187}+2893.272X_{849}-1682.915X_{1681}$	0.888	0.885	0.360
$X=(\lg R)''$	$Y=2.451+21952.91X_{587}-47995.4X_{905}-4577.994X_{2219}+13138.89X_{1726}$	0.839	0.833	0.431
$X=\sqrt{R'}$	$Y=1.971+1399.130X_{2180}+4260.033X_{846}-2459.097X_{1685}$	0.861	0.858	0.403
$X=\sqrt{R''}$	$Y=2.661+38552.87X_{587}-40731.4X_{905}+33733.12X_{1725}-6072.362X_{2199}$	0.842	0.837	0.432
$X=R'$	$Y=1.891+5024.556X_{845}-941.121X_{2037}+576.462X_{2180}+615.901X_{1521}$	0.789	0.782	0.500
$X=R''$	$Y=2.305+13830.69X_{587}+52867.66X_{1725}-35305.5X_{529}$	0.754	0.748	0.537

在所有变换形式中，反射率对数的一阶微分对有机质的预测能力较强。

土壤光谱反射率随着水分的增加快速降低。目前，土壤水分遥感监测主要采用四类研究方法，即土壤水分光谱法、热红外方法（热惯量方法）、微波方法和植被指数法（Blanchard et al.，1974；Engman，1991；Hielkema et al.，1986；Narasimha et al.，1993；Schmugge et al.，1980）。对于高植被覆盖地区，采用植被（作物）缺水系数法，从植被（作物）蒸腾的角度间接推算土壤水分含量，也可利用热红外方法。利用机载微波辐射计遥感土壤湿度的研究已取得较大进展，但由于技术原因，目前还不可能在卫星上安装监测土壤湿度的仪器。机载微波遥感由于成本高，目前较多采用气象卫星热红外遥感的热惯量方法。

二、土地覆被/土地利用遥感

土地覆被/土地利用是人类生存和发展的基础，也是流域（区域）生态环境评价和规划的基础。进入 20 世纪 90 年代以来，国际上加强了对 LUCC 在全球环境变化的研究工作，使之成为目前全球变化研究的前沿和热点课题。监测和测量土地覆被/土地利用变化过程是进一步分析土地覆被/土地利用变化机制并模拟和评价其不同生态环境影响所不可缺少的基础。

遥感反映的是地表及地下一定深度环境信息的综合特征，是地表景观的缩影。土地这一界面是遥感图像上反映的最直接的环境信息，同时也是研究其他环境要素的基础。土地遥感是研究土地及其变化的最重要的手段之一。遥感对土地的宏观研究主要包括土地覆盖（Land Cover）、土地利用（Land Use）、土地资源评价（Land Resource Assessment）及土地覆盖/土地利用动态监测（Land Cover/Use Monitoring）等内容。

(一)土地覆被/土地利用

土地覆被(Land Cover)是随着遥感技术的发展而出现的一个新概念,它的含义与土地利用相近,只是研究的角度有所不同。土地利用主要研究各种土地的利用现状(包括人为和天然状况),它指地球表面的社会利用状态,如工业用地、住宅地、商业用地等。以林地为例,从其利用目的和方向出发,分为用材林地、经济林地、薪炭林地、防护林地等,仅反映土地实际用途,而不表示它的潜在用途和适用性。而土地覆盖是指地球表面的自然状态,如森林、草场、农田等,对于林地,则根据林地生态环境的不同,分为针叶林地、阔叶林地、针阔叶混交林地等,以反映林地所处的生态环境、分布特征及地带性分布规律。应该说,通过遥感的手段可以直接获取土地覆盖信息,但要确定具体利用情况,尚需其他辅助信息支持。

土地利用状况是人们依据土地本身的自然属性及社会需求,经长期改造和利用的结果。土地利用与土地覆被之间有着一定的关系,土地利用影响着土地覆被的变化,同样土地覆被变化不仅改变着生态系统的生物多样性,而且将对局地、区域土地利用及全球气候产生深远的影响。

(二)土地覆被/土地利用遥感信息源的选取

土地覆被/土地利用信息是一种复杂的综合信息,而遥感数据作为一种综合的空间统计信息,其中各种类型的土地覆被/土地利用信息也是互相混杂在一起的。

土地覆被/土地利用类型中任何一种类型均不是一个纯粹的单一对象,而是由复杂空间对象构成。同时,由于土地覆被/土地利用信息的使用者要求遥感数据的时间序列和空间区域的完整性、数据类型的完整性及数据的现势性等,利用遥感信息进行土地覆被/土地利用信息的获取,首先必须充分考虑遥感信息的信息获取能力。不同的土地覆被/土地利用类型具有不同的空间尺度,以土地覆被/土地利用分类中最常见的分类系统所确定的类型为例,单一对象或混合对象在空间分布中的面积大小以及获取对象信息所要求的详细程度,成为选择遥感信息源的主要依据。

在我国区域环境单元中,其单一个体的大小差别较大。根据采用陆地卫星 TM 影像对小于 6×6 个像元大小的土地覆被/土地利用类型进行系统条带采样分析的结果可以看出,我国土地覆被/土地利用类型在平原地区和北方地区相对规模较大,而南方的耕地地块面积要小于北方,特别是南方丘陵地区土地覆被/土地利用类型的破碎程度较高。

在调查中,遥感数据本身的能力决定了其在调查中的作用,通常在土地覆被/土地利用信息获取中主要使用空间分辨率为 0.01 ~1 km 的可见光及近红外波段遥感数据。对应于这一分辨率的主要遥感信息源包括 Landsat/TM/MSS、SPOT 及 NOAA/AVHRR,其中,SPOT5/HRG 全色波段的空间分辨率为 5 m,对应于这一分辨率的最大制图比例尺为 1:1万,而 Landsat/TM 的空间分辨率为 30 m,对应于这一分辨率的最大制图比例尺为 1:10 万,对应于 Landsat/MSS 的最大制图的比例尺为 1:25 万,对应于 NOAA/AVHRR 的最大制图比例尺约为 1:250 万。

1:10 万的 Landsat/TM 图像可以解译出 85% ~90% 的二级类型(不同地域及地类复杂程度使解译正确率有差异)和个别三级类型;1:10 万小比例尺彩红外航空像片可以识别出 90% 左右的二级类型和部分三级类型;1:5万彩红外航空像片可以正确判译 80% 左

右的三级类型。

由于土地覆被/土地利用信息获取中使用的主要为可见光、近红外波段,受天气影响较大,同时植被信息在土地覆被/土地利用信息获取中起着十分重要的作用,遥感信息的季相特性亦显得十分重要。综上所述,在土地覆被/土地利用信息获取中选择遥感信息源应遵循如下原则:

(1)适当的空间分辨率。保证选择的遥感信息具有充足的空间分辨率,以满足信息获取中对制图比例尺及对土地区别能力的要求。

(2)适当的波谱分辨率与适当的波段组合。这是为了满足最大限度区别不同土地覆被/土地利用类型的要求。

(3)适宜时相。选择适当时相的遥感信息源是保证最大限度地获取土地覆被/土地利用信息的重要依据,选择适当时相的主要依据在于区域内植被的物候特征,并根据地物的光谱特征进行确定。

(4)经济适用性。经济适用性是保证信息获取能顺利进行的重要原则,即在满足其他条件的情况下,尽可能选择廉价的遥感信息源及尽可能少的附加信息处理工作量,达到最大的经济效益。

(三)土地覆被/土地利用遥感影像解译标志

遥感影像解译标志的内容极其丰富和复杂,信息来源不同,地点不同,时间不同都会有所差异。现以土地利用调查中使用陆地卫星 TM 影像建立判读标志为例,说明各个用地类别的标志特征。

(1)耕地。灌溉水田边界较为清晰,种植水生作物早期(如水稻)地块呈青蓝暗色,不均匀,作物封垄后呈绿色。水浇地具有规则的几何形状,纹理平滑细腻,在作物生长期且作物生长良好的地块为均匀平滑的绿色,其边界多有路、渠、田间防护林网及田垄等。裸地多呈暗灰色或暗品红色,常位于平原或山区河川两侧。旱地影像特征同水浇地,但边界不清晰,缺田垄等,常位于平原或山区坡上。菜地有规则的几何形状,影像较暗,多呈绿、黄矩形小斑块,栅栏状图案,主要分布于城镇、村庄边缘附近以及公路两侧。温室大棚多位于耕地图斑之中,成片、白色,呈条带状分布。

(2)果园。具有绿色植被特征,但与耕地相比纹理较粗。具有明显的行距与株距,有一定的几何特征,周边清晰,但单株树冠阴影不明显。

(3)林地。有林地树冠连片,纹理较粗,周边有阴影,呈暗绿色,色调均匀,颗粒紧密。苗圃地块较小,距居民点较近,具有植被光谱信息,但色调不均匀,边界清晰,具有规则几何形状。

(4)草地。天然草地具有绿色植被光谱特征,纹理细腻,分布面积较大,不具有农田地块特征。人工草地的光谱特征与天然草地一样,具有绿色植被光谱信息,纹理细腻,但具有农田地块特征,常位于城镇住宅小区内及其边缘。

(5)居民点及独立工矿。城镇房屋密集,道路纵横交错,浅灰色,房屋较规则排列,规模较大,有较大阴影。农村居民点房屋密集,有道路,浅灰色,房屋无规则排列,规模较小,有阴影。新建居民点排列较规则。独立工矿多呈矩形(有围墙)或规则几何形,建筑物体积较大,主体为白色影像,相连有黑色阴影,另有附属建筑、空地,外部有道路相通。

(6)交通用地。铁路线状,灰色,有较长直的延伸,折弯处有较大弧形,两侧有防护林带,还有取土坑引起的不均匀色调,沿线伴有大型车站及货场。公路宽度相等,呈现有一定曲率半径的条带状,沥青路面呈深色,砂石路面为灰白色,水泥路面为亮白色,路两侧有护路林。农村道路线状,级别较公路低,多呈白色,连接于村庄与村庄及村庄与公路间。

(7)水域。河流水面呈淡蓝色或深蓝色线状或条带状,位于山谷间,弯曲自然流畅,边界明显。湖泊水面,淡蓝色或深蓝色图斑,纹理均匀致密,边界圆滑闭合,有河流相连。水库水面呈淡蓝色或深蓝色图斑,纹理均匀致密,轮廓清晰,边界圆滑闭合,可见到白色平直规则的坝体。坑塘水面呈淡蓝色或深蓝色至黑色图斑,纹理均匀,边界圆滑闭合。鱼塘呈有规则几何形状,白色,附近常有浅黄、浅绿色的荒草地、废弃地。芦苇地呈深绿色或暗绿色,分布在沼泽低洼处,无明显边界。滩涂位于河流湖泊岸线,海滩等处,颜色亮灰,与水体反差很大。沟渠呈线状,深蓝色,与农田相连。水工建筑物的堤坝、水闸等多在水库河流周围,几何形状规则,堤坝经常伴有白色道路及暗色防护林。

(8)未利用地。荒草地多分布在河谷或荒滩,有稀疏植被或呈淡黄绿色,轮廓不清,有极细微的麻点感。盐碱地植被较差,雨季之前时常显见白色盐斑。沼泽地呈条块状,暗色调,深重不均,大致可看出边界,多在河谷低洼处。沙地呈亮品红色,植被较差。裸土地呈深品红色,纹理均匀。裸岩、石砾地的纹理粗糙,呈淡品红色。

(四)土地覆被/土地利用信息的遥感提取方法

土地覆被/土地利用信息作为一种综合的信息是经常相互混淆的,尤其是在遥感图像这种空间化的统计信息中。土地覆被/土地利用信息提取即是将综合性的土地覆被/土地利用信息,按照分类系统确定的主要类型,将各类型的信息从综合信息中分离出来,并进行综合制图的过程。

近年来,遥感信息提取的理论方法得到了飞速的发展,如自适应模糊规则分类法、特征变异增强方法、灰色相关像元分解方法、分层提取方法、遥感图像特定目标自动识别法、光谱混合分析法、重复传播网络方法、土地利用变化信息自动发现方法、土地利用变化信息的综合提取方法、土地覆被多源遥感数据的识别方法。

土地覆被/土地利用变化信息提取也有多种方法,但一般软件只能做到将用地类别发生变化的地块提取出来,至于从什么地类变化到什么地类,还需另行处理,绝大多数仍然依靠目视解译与实地调查。通常有如下方法:

(1)图像差值法。差值法是把已经相互匹配的第二时相原始图像减去第一时相原始图像的亮度值。其原理是:图像中未发生变化的地类在两个时相的遥感图像上一般具有相等或相近的灰度值,而当地类发生变化时,对应位置的灰度值将有较大差别。因此,在差值图像上发生地类变化部分灰度值会与背景值有较大差别,从而使变化信息从背景影像中显现出来。

以 MSS 为例,将 MSS7、MSS5、MSS4 差值图像分别配以红、绿、蓝合成彩色图像,植被增加区域为红色,植被遭破坏区为暗棕色,大部分为青色的是地类没有变化区域,简单差值合成图像对提取植被变化情况具有很好的目视解译效果。不同波段各种因素影响不一样,三个波段插值图像的彩色合成,综合了各个波段动态信息,且能很好地突出植被信息。由于同物异谱现象的存在,仍需对伪动态信息进行剔除。

(2)图像比值法:对于两个时相多谱段数据中对应像元的光谱灰度值加以除法运算。比值法可以部分地消除阴影影响,突出某些地物间的反差。比值图像一方面可供直接判读使用,提取其中的专题信息;另一方面,只要稍加逻辑变换,便可用以直接检测明显变化的环境要素,如生态环境。

(3)植被指数法:它综合利用植被在红光的强吸收与在近红外波段的强反射的特点,进行土地覆盖研究常用的指数有:比值植被指数、归一化植被指数、垂直植被指数等。这些指数在各种遥感动态监测,特别是大尺度的监测中被广泛使用。将两个时相多谱段数据中对应像元的植被指数进行差值或比值比较,可以提高与植被相关的变化信息的提取效果。

(4)主成分分析法:它是用于减少光谱波段数目的主成分分析技术。在动态监测中,将两监测时相的波段数据组成一个波段组。通过主成分分析后,土地覆盖变化信息在较次要的分量中出现。

(5)*K—T* 法:又称"穗帽变换",通过对图像的各波段建立相应的线性变换方程,变换后产生分别反映地表土壤、植被等信息的相应分量。对于两个时相多谱段数据分别实施穗帽变换,再进行差值或比值比较,有助于提高土地利用变化信息的提取效果。

(6)阈值法:遥感图像中,每类地物在灰度空间中都对应特定的灰度域。在变化信息特征增强的图像上,变化区域的灰度向量与非变化区域的灰度向量一般有明显不同,根据这种不同,确定适当的阈值,利用这一阈值将变化区域从图像中提取出来。

(7)分类法与分类比较法:由于变化信息往往呈多态分布,单纯用阈值法很难准确地将变化区域从背景影像中分离开来,这时可以采用分类法。分类方法有多种,通常采用监督分类。利用监督分类提取变化信息时,训练样区的选择最为关键。首先要分析变化信息在图像上的特点,如果各类变化信息的影像特征差别明显,就将每类变化信息分别选出一个样区进行分类;但当图像中不同类型变化信息影像特征差别不明显时,须将变化类型做适当的合并,以保证分类精度。

分类比较法是在两时相分类图的基础上,进行逐个像元比较,得出动态变化矩阵。这种动态变化矩阵能够全面了解各地类精度的变化情况。但目前受分类精度的限制,分类后比较法精度不能令人满意。当地类比较破碎,难以选择训练区时,采用非监督分类方法对两时相试验窗口进行分类。应用彩红外航空像片、黑白航空像片及两时相地类分布图,确定分类结果与实际地物类别的对应关系。同时考虑到两时相图像的季相对地类区分的影响,为此可以将地类合并,以减小分类的误差。

(8)人机交互解译法:即通过人机交互解译,从变化信息特征增强的图像中手工描绘出变化区域,并结合土地利用现状图和实地调查确定变化类型。解译的基本要素包括色调/颜色、大小、形状、纹理、图案、高度、阴影、组合构型和所处的地理位置等。人机交互解译最大优点是灵活,并且由于加入了解译者思维和判断,信息提取精度相对较高。在目前计算机自动分类精度尚不能完全满足工作需要时,人机交互解译仍是一种非常重要的方法。

(五)土地退化遥感动态监测

致使土地贫瘠化、盐碱化、沙漠化、沼泽化、石漠化、钙积化以及水土流失等现象,统称为土地退化。在土地退化中，尤以土地荒漠化危害最大。联合国防治荒漠化公约将荒漠化定义为"荒漠化系指气候变化和人类活动在内的种种因素造成干旱、半干旱和亚湿润干旱气候区的土地退化。它包括土壤风蚀与水蚀、盐渍化和次盐渍化，植被退化及土壤板结等，致使土地的生物或经济生产力和复杂性下降乃至丧失"。由此可以看出，荒漠化包含了自然（气候、降水等）、人为（垦植、破坏森林植被等）因素所形成的土地退化、沙化，植被退化、生物多样性降低、生态环境质量降低。土地荒漠化通常被看做是土地退化的后期阶段，其中土地沙漠化是最突出的威胁。沙漠化是干旱、半干旱地区（包括干旱的半湿润地）土地生产力衰退的环境退化过程。它是衡量荒漠化的重要指标之一。

1. 沙漠化监测

土地沙漠化是个动态过程，可以用不同的指标对其发展程度加以判断、分级（见表8-10）。其中有诊断意义的直接评价指标为流沙（包括风蚀地）面积——面积百分比、变化速率，以及植被覆盖度。此外还有些辅助指标，如风蚀、风积厚度，土壤侵蚀量，沙丘类型、高度、密度、活动程度，人口、牲畜超载率，地表形态组成特征，土地利用方式等。

表8-10　土地沙漠化发展程度分级指标

级别	类型	流沙占该地面积（%）	流沙年均扩大面积占该地面积（%）	植被覆盖（%）	地表形态组成特征	土地利用方式
Ⅰ	潜在沙化	<5	<0.25	>50	覆沙黄土，结皮固定沙地，偶见流沙点和风蚀地	具良性生态结构，以放牧为主，有部分耕地
Ⅱ	正在发展中	5～25	0.25～1.0	50～15	平地风沙土，片状流沙、灌丛沙堆、半固定沙地、风蚀地相结合分布	退化草地、弃耕地，生态结构变得不稳定
Ⅲ	强烈发展中	25～50	1.0～2.0	15～5	风沙土、半固定沙地或风蚀地大面积分布，灌丛沙堆密集，沙丘高度<1 m	严重退化草地、沙生灌丛，生态结构濒临解体
Ⅳ	严重沙化	>50	>2.0	<5	密集流动沙地或风蚀劣地占绝对优势，新月型沙丘高度>1 m	少量疏林、矮小沙生植被，生态结构已解体

（1）植被覆盖度。地面植被覆盖度是影响土地沙化的一个极其重要的指标，利用遥感影像提取区域植被信息是沙化土地研究的一个重要内容，主要采用经验模型法、植被指数法和亚像元分解法得到植被覆盖度。对于干旱半干旱区植被覆盖度比较低的地区，采用土壤调节植被指数（*SAVI*）和修改型土壤调节植被指数（*MSAVI*）可以降低土壤背景的影响。但从目前的研究情况来看，*NDVI* 仍被作为荒漠化评价的首选指标，主要是因为与土壤背景调整相关的植被指数中的一些参数的确定尚存在一定的难度及增加荒漠化评价的工作量。

由于沙漠化地区植被一般较少，其背景条件易于突出植被信息，尤其在沙化较严重的地区植被覆盖很少，且多分布在绿洲或者在沙丘间低凹水分条件较好处，植被信息一般比较好提取，而植被覆盖的多少是区分沙地类型如流动沙地、半固定沙地、固定沙地的重要指标。

(2)土壤湿度。土壤水分也是反映沙化土地退化状况的一个重要指标。比较适合沙化土地土壤湿度监测的方法有热惯量法和微波法，近年来随着高光谱在沙化土地研究中的应用，土壤水分光谱法也在开展。热惯量是土壤阻止温度变化的一种度量，反映土壤的热学特性。热惯量法是国内外监测土壤湿度最常用的方法之一，物理意义明确，估算精度高，简单易行，适用于裸土或植被生长早期或植被覆盖低的地区。

微波遥感监测土壤湿度具有坚实的物理基础，即土壤的介电特性与土壤水分含量有密切关系。另外，微波遥感可以全天候使用，具有广泛的应用前景。在主动微波遥感领域，利用合成孔径雷达反演土壤湿度的研究越来越受到重视，目前的主要问题是如何在模型中去除表面粗糙度的影响和在不同植被覆盖条件下建立模型反演土壤湿度。被动微波遥感用来监测陆地表面的土壤湿度的算法相对来说更为成熟，被动微波辐射计反演土壤湿度大部分是围绕着土壤湿度和亮温温度之间的关系进行的。

(3)沙漠(沙丘)地形。Levin 等(2004)在以色列 Ashdod 地区海边的横向沙丘和 Nizzana 的沙漠线性沙丘由 Landsat 影像阴影中提取沙丘地形信息。假设地表具有均一的光谱特性，基于沙丘景观的规律性和周期性推出了一种用 Landsat ETM + 影像提取沙丘坡度、坡向和高程的新方法。与高级星载热发射与反射辐射计 ASTER 相比，3D 信息表明这种方法比 ASTER 生成的 DEM 更能代表地形变化。Dwivedi 等(1993)证明了 Landsat TM 影像变换有利于增强识别不同地形特征的能力。TM 数据的第 1 特征值和垂直植被指数变换很好地表现了植被。通过单个或综合变换可以很好地产生沙丘、丘间平原、台地、冲积盆地等地形特征。Al - Dabi 等(1997)用海湾战争前后多时相的 Landsat TM 影像监测沙丘格局的时空变化，边缘增强和对比度拉伸的影像增强技术用来刻画沙丘整体状况和绘制单个沙丘图。

沙漠化指标也可以通过遥感和地面调查结合的方法获得，如遥感监测土壤亮度、植被盖度、土壤湿度、沙地面积等信息；地面调查植被覆盖度、土壤质地、沙丘类型、土壤侵蚀量、人类活动情况等(见表 8-11)。

从当前的信息特征提取方法来看，也基本上是由指数提取法、穗帽变换、混合像元分析法、主成分分析法、比值变换、波段优化组合、信息融合等方面进行沙漠化信息特征提取。

(1)指数提取法。通过不同波段亮度值的算术运算，提取对土壤或植被信息有特征意义的指数。如归一化植被指数(*NDVI*)、沙化指数(如地表反射率、植被覆盖率等)，或通过谱系图聚类法、建立判别函数等区分不同的类别，为分区监测、控制和治理提供依据。

(2)*K—T* 变换法(即穗帽变换)。运用 *K—T* 变换能有效分离土壤与植被信息的特点，对变换后的第一主成分(KT_1)反映土壤亮度的图像和第二主成分(KT_2)反映植被分量的图像分别进行再分类或阈值分割，而得具体划分指标。

(3)混合像元分析法。采用线性光谱混合模型，获得像元基本组分——土壤(包括沙地、风蚀裸地等)与植被等在各像元所占比例的分量图和相应数据。

表 8-11　沙漠化土地 TM 卫片影像解译标志

类型	影像特征(4、5、3 假彩色合成图像)
高盖度草地	红色或浅红色或棕红色,或几种颜色混杂,边界明显,形状不规则
植被盖度 >40% 的沙地	淡红色或灰黄色或深灰色,色调浓,呈不规则的片块状,边界不明显
植被盖度 40% ~21% 的沙地	黄红色或浅黄色或灰色,色调较浓,形状不规则
植被盖度 20% ~11% 的沙地	浅黄色或灰色,并加有灰白色斑点,色调不均,边界清晰
植被盖度 ≤10% 的沙地	灰白色或淡灰色,色调不均,常呈灰白相间的条纹分布,或呈均匀的灰白色,边界清晰
裸沙地	灰白色,呈网纹或条纹或波状或蜂窝状等沙质地表特征
沙质地表特征	灰白色底色,色调较亮清晰
砾质地表特征	绿色或深灰色与墨绿色条状相同,呈明显的冲积扇形
土质地表特征	浅灰白色或白灰色底色,或灰白色上嵌有浅棕色斑
石质地表特征	青灰色中有明显沟状,立体感强,色调不均形状不规则
盐碱地	碱地为灰白色与紫色相间,盐地为紫红色,两者一般均与池塘毗邻,边界清晰
水田	暗红色,色调均匀,规则块状,边界清晰
水浇地	鲜红色或紫红色或青灰色,条块状或网络状,边界清晰
旱地	多为浅红色或青灰色斑状,色调不均,形状不规则
乔木林地	红色或灰褐色,色调较均匀,形状不规则或规则
灌木林地	红褐色或青灰色,色调不均,形状不规则
城镇及特殊用地	深灰色或灰黑色,形状不规则,边界清晰
煤矿	黑色,斑块状,边界清晰
交通用地	灰褐色或紫褐色,曲线或直线条,色调及宽度均匀
湖塘及水库	深蓝色,椭圆形或三角形或扇形,边界清晰
河渠	浅蓝色或蓝紫色,流线长条状,边界清晰

此外,还可利用多种遥感数字图像处理方法进行专题提取,以获得有关沙地、植被等的空间分布及面积变化。具体应用什么方法好,要视调查监测地区的背景条件,如沙地类型主要是提取植被信息与沙丘(地)纹理信息,盐渍化主要是提取盐碱质地及盐生植物信息。

2. 土壤侵蚀监测

土壤侵蚀包括土壤水蚀与土壤风蚀两个方面,其中,水蚀又可进一步划分为面蚀、沟蚀等不同类型。20 世纪 80 年代以来,我国将遥感技术列为重大应用工程进行科技攻关,先后在黄土高原区域治理、三北防护林工程遥感调查等重大项目中取得一系列有价值的成果。以 1∶50 万陆地卫星 TM 影像为基础,结合航片、SPOT 卫片等,中国科学院完成了中国土壤侵蚀遥感调查项目,取得了全国最新土壤侵蚀数据。

有关土壤侵蚀量的调查应选择雨季前后的最新遥感影像,如TM及假彩色合成图像,还应收集调查区域内各比例尺的地形图、地质图、土地利用现状图、水土流失图、土壤分布图等,可以利用汛前汛后不同时相的遥感图像进行判读比较。

1)陆地卫星影像的土壤侵蚀解译

土壤侵蚀是在地表发生的过程,所要解译的目标是以地表的侵蚀形态的划分为依据,因而更多地可以通过影像特征来直接解译土壤的侵蚀类型,如水蚀中的面蚀与沟蚀,风蚀中的风蚀槽与堆积沙丘,重力侵蚀中的泥石流与滑坡等,甚至还可以通过对这些有关的影像特征的测量,而计算其单位面积内的侵蚀量等。

(1)颜色。在土壤侵蚀的卫星影像的颜色影像标志中,主要是获取植被盖度与土壤物理性状的信息,以了解并解译研究区域内的土壤侵蚀因子。

①植被盖度:主要通过假彩色合成影像的红色,以反映绿色植物的特征浓淡和均匀程度等来了解其植被类型(乔、灌、草)及覆盖度,甚至解译人员还可将不同的覆盖程度制成一定的标准模片,以供植被的盖度分级解译时参考。

与绿色植被相反的是地面裸露影像的颜色特征,如刚被侵蚀而裸露的岩石新鲜面,往往形成浅蓝色,干旱而近荒漠性的黄土质的裸地往往显示蓝绿色,稍湿润地区的黄土裸地则显黄白色或黄色。为此,我们可以从影像的颜色红/蓝、红/白等的分布图型的比例关系来了解土壤侵蚀情况。

②土壤侵蚀的地面物质组成:它是在一定地形条件下土壤侵蚀发展的重要物质基础,如石质丘陵与黄土丘陵、石质台地与黄土台地等的地形条件可能相似,但各自的物质组成不同,往往造成侵蚀强度的差异性很大。由于黄土状物质疏松,抗蚀性差,它所组成的地面水蚀速度大大高于石质地区。因此,不同物质组成的地面,在土壤侵蚀调查中,根据其抗蚀性差异就可以划分为黄土状物质、石质基岩、土石质地和沙地等。这种划分也是根据假彩色合成影像特征而加以鉴别的。

(2)形状/阴影。由于比例尺的限制,对土壤侵蚀的类型进行详细划分是有一定困难的,因为卫星影像上的形状所给予的一般是较大的地形特征,而现代土壤侵蚀类型所表示的多为微小的地表形态,即所谓微地形。所以,卫星影像的地形解译对土壤侵蚀来说,只能是作为环境条件因素,如山地、丘陵等。为此,在卫片的土壤侵蚀解译中地形因素只能作为一个土壤侵蚀的环境因素加以分析。有关山地、丘陵等的坡度陡缓和地面切割程度,一般都是通过阴影的影像特征加以显示,即坡度大者,则阴影明显,阴影面积大,阴影面的颜色也深,阴影与非阴影的界面也整齐;而坡度小者则与之相反。所以,将形状与阴影特征相结合,对土壤侵蚀解译是十分重要的。

(3)纹理。陆地卫星影像的纹理主要是由切沟的像元光谱综合而成的,因此它反映了地面的切割程度。由于比例尺的限制,地面较小的切沟不可能单独表示,而且这些切沟主要是通过沟壁的阴影特征以纹理的形式表现出来的,因此在陆地卫星影像上的这种土壤侵蚀的切沟纹理主要是一种阴影特征。这一点它比航空像片解译表现更为突出,一般我们根据纹理的密集程度和粗糙程度来解译土壤侵蚀的程度。

此外,我们也可以根据以阴影为特征的影像的蓝色纹理特征及其以所覆盖绿色植被的红色影像特征之间的相对明显的程度,来解译植被的盖度。通常植被盖度大者,红色较浓,而且均匀,其下的切割纹理显示不出来;相反,则红色很弱,甚至不显红色,而全为蓝白相间的切沟的反射面(白色)和阴影(蓝色)所组成的纹理。在这两者之间,可以分为一些区域性的等级。

(4)图型。图型影像特征用于土壤侵蚀解译主要是通过宏观影像特征来解译土壤侵蚀的地形及地面物质组成。具体可有以下几个方面:

①水系图型。如格状水系,羽毛状水系等就分别代表着石灰岩、黄土状物质等不同侵蚀特征的岩性。

②风蚀与风积等地貌图型。如不同面积的风蚀槽状洼地图型和不同形状重复出现的沙丘等,这一般在陆地卫星上出现,对帮助说明情况是很有利的。

2)土壤侵蚀调查的方法

(1)目视解译法。目视解译是土壤侵蚀调查基于专家方法中最典型的应用。利用对区域情况了解和对水土流失规律有深刻认识的专家,使用遥感影像资料,结合其他专题信息,对区域土壤侵蚀状况进行判定或判别,制作相应的土壤侵蚀风险图或强度等级图等。这种方法一直是我国水土保持部门进行水土流失遥感调查采用的主要手段。

目前,遥感影像判读法(目视解译)主要是叠加影像,通过对影像的判读,对一些主要的侵蚀控制因素进行目视解译后,根据经验对其进行综合,进而在遥感图像上直接勾绘图斑(侵蚀范围),标识图斑相对应的属性(侵蚀等级和类型)来实现的。

(2)土壤侵蚀模型法。结合土壤侵蚀模型,从遥感影像中提取模型所需的因子,是遥感技术在土壤侵蚀调查中的另一主流。利用遥感数据,获取土壤侵蚀的植被和土地利用信息,提取模型所需的植被和人为措施因子;收集降水资料和土壤数据,计算降水侵蚀力和土壤可蚀性因子;建立区域土壤侵蚀模型,经过诸因子算式及监测模型运算,逐个计算出各像元的年土壤侵蚀模数,最终估算出全区一年土壤侵蚀量。

随着数据获取途径多元化和计算机图像处理技术的进步及研究区域的扩大,各国科学家在采用 RUSLE 模型来评价土壤侵蚀方面达成共识。RUSLE 是一个改良的土壤侵蚀评价模型,适于计算机处理技术和大量数据整合,并由半定量模型发展到定量和过程模拟,能较好地反映野外的真实条件。一个地区的土壤侵蚀量(E),即可由通用侵蚀方程式加以求得:

$$E = R \cdot K \cdot S \cdot L \cdot C \cdot P \tag{8-19}$$

式中 R——降水量;

K——土壤的侵蚀性;

S——地形因素中的坡度;

L——坡长;

C——植被覆盖度或土地利用 ;

P——土壤保持措施。

该模型全面考虑了降水量(R)、土壤侵蚀性(K)、坡长与坡度(L,S)、植被覆盖度或土地利用(C)和土壤保持措施(P)等影响土壤侵蚀的因素。利用该模型时,评价单元多采用规则格网或简单地块法,将各因子值按照格网等值化或提取因子值,进行叠加预报土壤侵蚀量。当然,在不同地区,公式计算中的各个参数是不一样的。因此,我们充分利用影像特征与侵蚀之间的地理关系,除 R 因子外,可以通过影像有关信息的提取,对土壤侵蚀进行一些间接解译,并可以根据已有侵蚀量地区的影像特征而进行一些侵蚀量的估算。

(3)侵蚀因子组合判断法。影响土壤侵蚀的自然条件通常包括气象、地貌、土壤、水文、植被等。一般说来,降水是侵蚀产生的驱动力因子,植被盖度和地形坡度是侵蚀的最重要控制因素。在植被和地形相互作用的关系中,通常认为植被与地形是此消彼长的关系。植被覆盖度和地形坡度也正是水利部颁布标准(水土保持司,1997)所采用的坡面侵蚀的主要分级指标。为了相对快速、简便地得到区域的土壤侵蚀风险分布情况,在影响土壤侵蚀过程的众多因素中,根据因子的重要性和数据的可获取性,有些研究选择了植被覆盖度和坡度信息两个要素,通过植被和坡度信息的不同组合来评价区域的水土流失风险程度。

土壤侵蚀强度数据主要通过植被覆盖度、坡度、植被结构、地表组成物质、海拔、地貌类型等间接指标进行综合分析而实现,这些间接指标可以通过陆地卫星影像、地形图并结合相关成果资料等判读分析而获取。我们以甘肃省定西市安定区为研究对象,在提取了地形坡度、植被覆盖度及土地利用现状等基本信息的基础上,通过叠加分析生成该区域土壤侵蚀强度分级图(见彩图3、彩图4、彩图5)。

(六)基于 TM/ETM + 数据的土地退化信息提取

土地退化监测与评价过程是一个指标信息获取与处理的过程,评价指标信息获取可通过监测网络、遥感解译、专家调查、实测估算、统计数据和历史数据获得。其中多光谱遥感数据是当前土地退化监测与评价中最常用的数据源,即利用多光谱遥感影像和 GPS 数据,在 GIS 支持下辅以常规野外调查数据,可进行不同尺度的土地退化监测与评价。土地退化类型主要包括风蚀、水蚀、盐渍化。风蚀土地即沙化土地,其信息提取方法大致可分为传统的目视判读法、多端元光谱混合分析法和风蚀土地光谱特征指数法三种。水蚀评价大多是基于水土流失模型进行定量反演的。RUSLE 模型是一个改良的土壤侵蚀评价模型,适于计算机处理技术和大量数据整合,由半定量模型发展到定量和过程模拟,能更好地反映出野外的真实条件。由于数据源、计量单位和评价精度不同,RUSLE 模型因子测算方法千差万别。我们一方面旨在县级尺度,在地面相对反射率反演研究基础上,分析比较沙化特征指数、线性光谱混合模型、短波红外植被指数提取风蚀土地信息的技术方法,并利用多源信息和 BP 神经网络发展风蚀程度评价方法;另一方面则针对 RUSLE 模型各参数因子计算方法,分析、筛选适合黄土丘陵区水土流失特点的因子算法,基于 RUSLE 模型对县级尺度水土流失进行定量反演。

1. 风蚀土地信息定量提取

风蚀土地包括风蚀耕地、风蚀林地、风蚀草地。通过对多种波段组合进行分析,波段组合 RGB(743)有利于风蚀土地信息的提取,耕地作物茂盛,影像上呈亮绿色、浅绿色;高覆盖度的林地一般呈浅绿色或褐绿色,纹理细腻;牧草地呈棕色等,片状分布;风蚀土地呈灰白色,中度风蚀呈粉红色,大多是片状分布的;裸地呈暗红色或深紫色斑块。风蚀土地与其他地物类型存在着明显的光谱差异,风蚀土地特殊的光谱特征为应用遥感影像进行风蚀土地信息提取提供了坚实的基础。依据陕西北部横山地区的地形地貌特征,综合参考地形图、土地利用现状图、DEM 等资料及野外实地的采样调查，建立各种地物类型的光谱特征图斑和风蚀土地 TM 影像的判别参考信息（见表 8-12）。

表 8-12　风蚀土地监测影像的判别特征

划分标准		分布范围及判别信息
沙地	表层为沙覆盖，基本无植被的土地，包括沙漠，不包括水系的沙滩	灰白色，呈网纹或条纹或波状或蜂窝状，色调较亮、明晰
风蚀耕地	风蚀、风积地占有率 > 20%，土壤质地为沙壤土、沙土和沙质土的耕地	呈片状、斑状分布。水浇地多分布在绿洲边缘且形状规则，旱地多在农牧交错区，形状不规则。小片状、斑状分布的耕地和草地镶嵌或被草地包围，边界明晰，形状不规则
风蚀林地	植被覆盖度 < 50%、土壤质地为沙壤土、沙土和砾质土的灌木林	片状分布，并加有少量灰白色裸沙斑点，纹理粗糙，边界不明显；沙化严重者有明显沙丘波状纹理，零星分布的黄绿林斑可见，边界不明显
风蚀草地	植被覆盖度 < 50%、土壤质地为沙壤土、沙土和砾质土的灌木林	片状分布，有明显的点状灰白色、粉红色裸沙地分布，色调不均匀，边界清晰。沙化严重的白色或灰白色的沙地占主要成分，有明显的沙丘纹理，或常呈灰白相间的条纹分布，或呈均匀的灰白色

王静等研究了沙化特征指数、混合光谱线性分类、短波红外植被指数三种风蚀土地的提取方法，分别对两期遥感影像进行风蚀土地信息提取。在提取风蚀土地信息基础上，分析其影响因子，选择土壤类型、土地利用/覆被类型、沙地面积比、修正土壤植被指数、地表湿度五个影响因子，确定出土地沙化程度的分区阈值，构建风蚀土地程度评价的多源地学信息复合模型，并与 BP 神经网络法评价风蚀程度方法进行比较。

(1)沙化特征指数方法提取风蚀土地。在风蚀、风积等作用下形成的地物类型中，长石、石英类矿物及岩屑、晶屑成分所占比例决定着该类型地物反射率。风蚀土壤颗粒较小，其中的含铁氧化物、有机质的含量都比较低；风蚀土地上零星生长着一些稀疏的沙生植物，其植被覆盖率很低，而且土壤湿度较低，因此风蚀土地的反射率远远高于耕地、林地、草地。风蚀土地的反射率与风蚀程度有关，轻度风蚀土地与非风蚀土地较难区分，中度与重度风蚀土地的反射率远高于非风蚀土地反射率。

通过不同地类光谱信息特征分析，可知在 0.6 ~ 0.7 μm 波段范围，反射率随地表植被覆盖度的增加而减小；在 0.8 ~ 1.1 μm 波段范围，草地反射率极高；严重风蚀土地在 2.2 ~ 2.4 μm 中波段范围有极强的反射率。图 8-11 ~ 图 8-14 分别列出了 1990 年、2002 年灰度值影像和反射率影像中不同地类光谱的剖面图，可以看出，灰度值影像中风蚀土地在各波段的灰度值都比较高，且各波段间起伏不大；而反射率影像中风蚀土地各波段的数值总体上都明显高于其他地类，而且其各波段间差异明显。风蚀土地的第 1 波段较其他波段数值低，在第 5 波段较其他数值大，第 1、第 5 波段的差异很明显；风蚀土地各个波段的反射率都比其他地类的高得多，特别在第5波段和第6波段。根据风蚀土地光谱反射在不同波段间的变化和与其他地类反射率光谱特征差异，建立适当的光谱特征指数来区分风蚀土地和非风蚀土地。在此，建立沙化特征指数（Sandy Feature Index，*SFI*）来提取遥感影像中的风蚀土地信息。

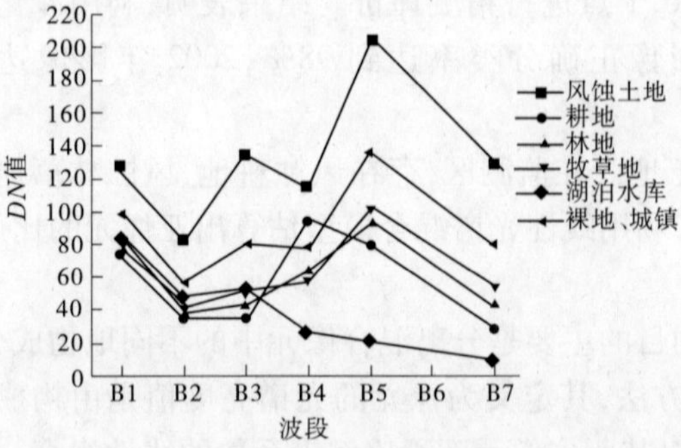

图8-11　1990年灰度值影像不同地类光谱的剖面图

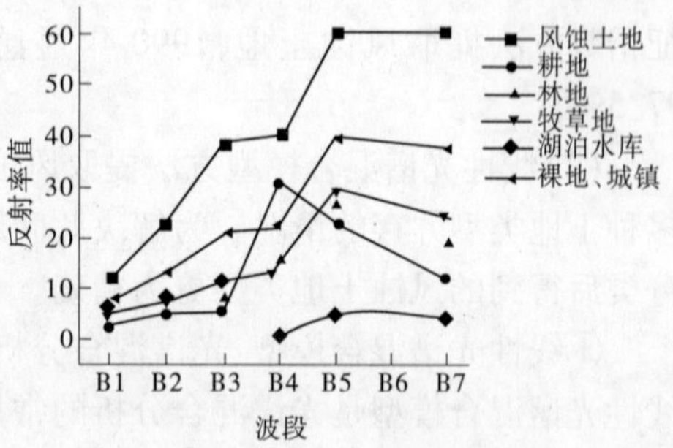

图8-12　1990年反射率影像不同地类光谱的剖面图

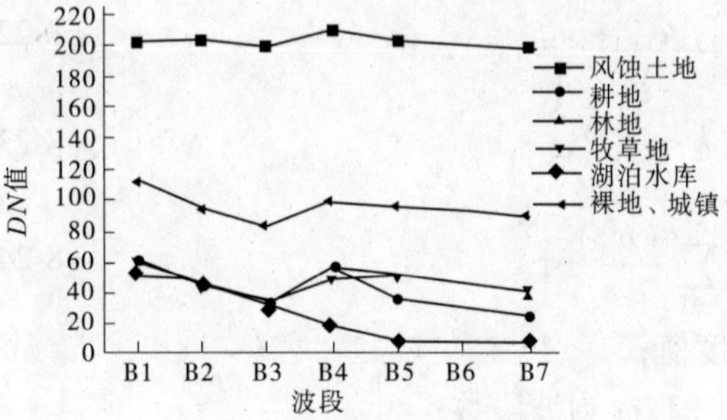

图8-13　2002年灰度值影像不同地类光谱的剖面图

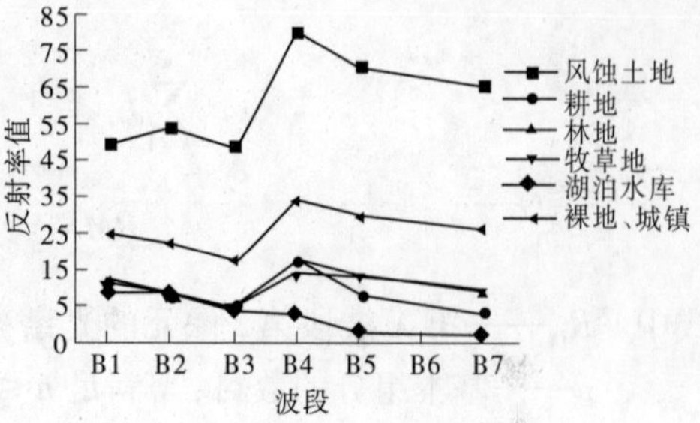

图8-14　2002年反射率影像不同地类光谱的剖面图

$$SFI = \frac{\rho_5 - \rho_1}{200 - \rho_5 - \rho_7} \tag{8-20}$$

式中　ρ_7——ETM+反射率影像中第7波段的值；

ρ_5——ETM+反射率影像中第5波段的值；

ρ_1——ETM+反射率影像中第1波段的值。

利用ERDAS的MODLER模块实现*SFI*指数运算，然后对生成的*SFI*图像进行图像拉伸。对指数图像进行线性变换，将图像值调整到0~255。线性变换公式为：

$$D_{ij} = \frac{d_{ij} - d_{\min}}{d_{\max} - d_{\min}} \times 255 \tag{8-21}$$

式中　i、j——第i行、第j列的像元；

D_{ij}——线性变换后输出的像元灰度值；

$d_{\max}$、$d_{\min}$——原*SFI*指数的最大值、最小值；

d_{ij}——原图像像元的灰度值。

通过上述的*SFI*指数运算及线性变换公式生成*SFI*图像（数值0~255）。将*SFI*图像与假彩色影像（ETM+7、4、3的RGB组合）比较，可以发现，水体及阴影的*SFI*值最低，

草地和农田的 SFI 值中等，风蚀土地 SFI 值最高。通过该指数对照原始影像，有效地将风蚀土地与非风蚀土地分开。因此，SFI 是一个比较适合风蚀土地信息提取的指数。

王静等利用 SFI 方法对横山县 1990 年和 2002 年的遥感影像进行风蚀土地信息提取，1990 年风蚀土地面积为 591.08 km^2，2002 年的风蚀土地面积为 306.79 km^2。

随机采集风蚀土地与非风蚀土地各 200 个点进行精度评价。结果表明，利用沙化特征指数方法提取风蚀土地，1990 年遥感影像正确分类率达到 98%，2002 年影像达到 97.5%。

(2)线性光谱混合模型方法提取风蚀土地。在监测区，存在风蚀耕地、风蚀林草地等多种土地类型并存的情况。为解决此问题，利用线性光谱混合模型估算出亚像元的比例，分类后得到的风蚀土地类型更为精确。

①线性光谱混合模型：光谱混合分析的目的主要是分离混合像元中的不同地物成分。线性光谱混合模型是光谱混合分析的常用方法，其定义为像元的光谱亮度值是由构成像元的基本组分(Endmember)的光谱亮度值以其所占像元面积比例为系数的线性组合。可用下式表达：

$$R_{i\lambda} = \sum_{k=1}^{n} f_{ki} c_{k\lambda} + \varepsilon_{i\lambda} \tag{8-22}$$

$$\sum_{k=1}^{n} f_{ki} = 1 \quad (k = 1,2,\cdots,n) \tag{8-23}$$

$$RMS = \left| \sum_{k=1}^{n} \frac{(\varepsilon_{i\lambda})^2}{n} \right|^{\frac{1}{2}} \tag{8-24}$$

式中　$R_{i\lambda}$——第 λ 波段第 i 像元的光谱亮度值；

n——基本组分的数目，需满足 $n \leqslant m+1$，m 为波段数；

f_{ki}——对应 i 像元的第 k 个基本组分所占的分量值；

$c_{k\lambda}$——第 k 个基本组分所在 λ 波段的光谱亮度值；

$\varepsilon_{i\lambda}$——第 λ 波段第 i 个像元对应的误差值；

RMS——均方根误差。

在应用线性光谱混合模型分析时，基本组分选择得好坏是决定混合像元分解的关键。通常采用以下标准来衡量和评价基本组分选择的好坏：a. 剩余误差 RMS 应当尽可能得小；b. 像元分解后的分量值 f_{ki} 应当满足 $0 \leqslant f_{ki} \leqslant 1$；c. 基本组分应当具有代表性，是影像所对应区域内的大多数像元的一个有效组成成分。

②线性光谱混合模型方法提取风蚀土地：横山县处于农牧交错带，选择风蚀土地为主要研究对象，以此确定风蚀土地、耕地、林草地、裸地、滩涂五种基本组分。在确定像元基本组分时，采用主成分分析(PCA)方法压缩数据维数，有利于信息的集中和噪声的去除，6 个波段的 TM 有用信息主要集中于第一(PC_1)和第二(PC_2)主成分分量上。在 PC_1 和 PC_2 主成分的散度分布图上，不同地物类别明显地集中于不同的区域。在散度分布图中勾绘出明显集中的区域，对应 7、4、3 波段组合的影像，为五种基本组分选择各 30～40 个样本点，以样本的均值作为基本组分在各波段的取值(见表 8-13、图 8-15、表 8-14、图 8-16)。

表 8-13　1990 年 LSMM 分析的基本组成各波段 *DN* 取值表

波段	风蚀土地	耕地	林草地	裸地	滩涂
B1	131.195	87.226	76.820	94.118	100.750
B2	84.491	45.419	34.767	50.088	54.281
B3	138.484	58.710	40.430	71.941	78.406
B4	114.030	86.387	70.657	69.824	66.000
B5	208.129	112.452	97.233	121.471	98.219
B7	132.773	55.290	43.273	71.147	47.594

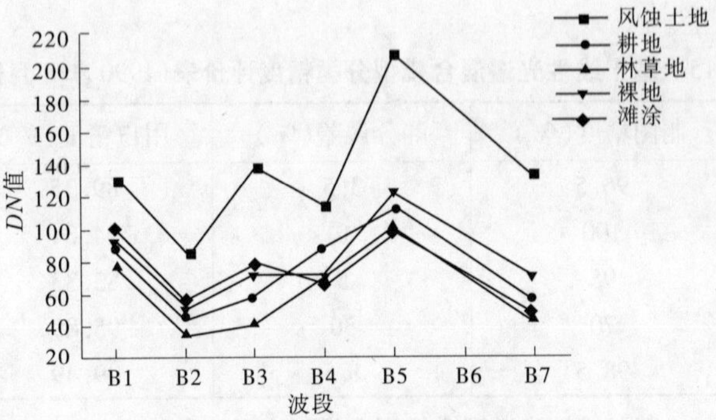

图 8-15　1990 年 LSMM 分析的基本组分各波段 *DN* 取值图

表 8-14　2002 年 LSMM 分析的基本组分各波段 *DN* 取值表

波段	风蚀土地	耕地	林草地	裸地	滩涂
B1	212.548	74.903	60.875	99.469	104.563
B2	214.484	57.323	42.125	82.531	88.500
B3	212.258	41.065	30.188	70.375	75.938
B4	221.645	84.323	52.375	81.813	75.563
B5	217.903	50.161	47.375	81.938	64.625
B7	215.129	35.484	36.031	77.781	52.500

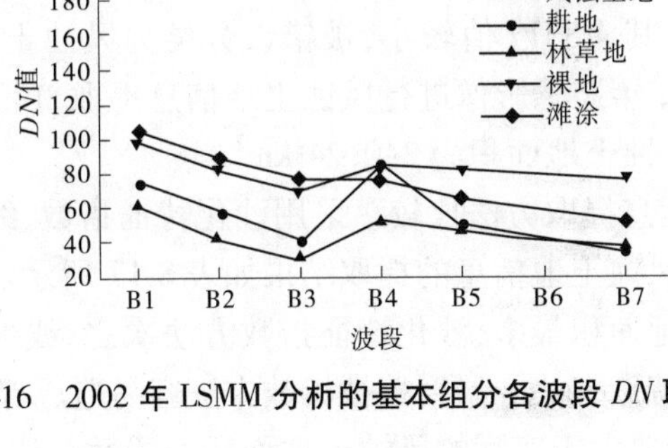

图 8-16　2002 年 LSMM 分析的基本组分各波段 *DN* 取值图

为了减少线性光谱混合模型求解的变量,需要去除影像中的水体信息部分。用TM2/TM5法,选取合适的阈值,提取水体信息,对水体掩模,直接对其他部分进行混合模型分解。利用线性混合光谱模型分别对1990年和2002年的图像(除第6波段外)进行混合像元分解,得到耕地、林草地、风蚀土地、裸地、滩涂地五幅基本组分分量图像和RMS误差图像。以五幅影像中像元的最大值作为分类标准,对影像进行分类,可得出分类结果。1990年风蚀土地面积为553.51 km^2,2002年风蚀土地面积为203.60 km^2。

表8-15和表8-16为研究区分类精度评价表。可以看出,1990年和2002年对风蚀土地分类的制图精度较高,分别达到96.5%、97.5%,漏分误差分别是3.5%、2.5%,错分精度分别为10.65%、0。耕地和裸地的分类精度偏低一些。总体分类效果比较好,分类总精度达到了90%以上。

表8-15　基于线性光谱混合模型分类精度评价表(1990年8月影像)

土地利用类型	制图精度(%)	漏分误差(%)	用户精度(%)	错分精度(%)
风蚀土地	96.5	3.5	89.35	10.65
耕地	100	0	94.34	5.66
林草地	95	5	83.33	16.67
裸地	70	30	95.89	4.11
滩涂	98.5	1.5	99.49	0.51

表8-16　基于线性光谱混合模型分类精度评价表(2002年9月影像)

土地利用类型	制图精度(%)	漏分误差(%)	用户精度(%)	错分精度(%)
风蚀土地	97.5	2.5	100	0
耕地	76	24	100	0
林草地	98.5	1.5	68.8	31.12
裸地	74.5	25.5	91.98	8.02
滩涂	99.5	0.5	97.07	2.93

(3)温度植被指数方法提取风蚀土地。对于风蚀土地,其表面植被覆盖率很低,风蚀土地的土壤水分含量低,土质干燥,风蚀土地的冠层温度较其他土地类型高,可考虑用代表冠层温度与植被指数构建温度植被指数($T_s/NDVI$)来区分风蚀土地与非风蚀土地。参照彩图6、彩图7,发现$T_s/NDVI$图像中的部分水体、裸地与风蚀土地难以区分;用阈值法直接提取风蚀土地势必会造成部分水体、裸地错误地归类到风蚀土地中。由于水体、裸地的植被覆盖很少或没有,其$MSAVI$值较小,被错误分类为风蚀土地。利用$T_s/NDVI$指数对横山县1990年和2002年遥感影像进行风蚀土地信息提取,1990年的风蚀土地面积为713.65 km^2,2002年的风蚀土地面积为340.24 km^2。

(4)三种风蚀土地信息提取方法比较。采用沙化特征指数、线性光谱混合模型、温度植被指数三种方法进行风蚀土地信息的提取结果如表8-17所示。可以看出,基于温度植被指数法提取的风蚀土地面积最多,沙化特征指数方法次之,线性光谱混合模型法最少。其结果与三种提取方法特点有关。温度植被指数方法容易造成裸地被错误地分为风蚀土地,故提取风蚀土地面积要大于实际的风蚀土地面积。线性光谱混合模型在选取基本组分样点时,风蚀土地这一基本组分为较纯净的沙地,会使一些植被覆盖度较高的风蚀耕地、风蚀林地、风蚀草地未能归入风蚀土地,故其提取的风蚀土地面积较低;而沙化特征指数方法是基于风蚀土地与非风蚀土地反射率光谱特征的明显差异设计,它扩大了风蚀土地与非风蚀土地的差异,简便有效地区分开了风蚀土地和其他地物类型,较前两种方法更适合于风蚀土地专题信息的提取。

表 8-17 三种方法提取风蚀土地的结果 (单位:km^2)

风蚀土地提取方法	风蚀土地面积	
	1990 年	2002 年
SFI	591.08	306.79
LSMM	553.51	203.60
$T_s/NDVI$	713.65	340.24

第三节 农业遥感

农业遥感的主要任务就是进行农情监测,农情监测与粮食安全密切相关。利用遥感卫星数据及其他信息动态监测区域作物长势具有其他方法无可比拟的优势。应用遥感技术对大范围农作物的整个生长过程进行全程系统监测,包括汇集种植面积计划安排、农用物资储备、播种进度,调查作物布局、品种结构、种植面积落实情况与田间管理,监测农作物的长势和灾害(包括气象灾害和生物灾害)的发生、发展与时空分布特征,评估灾情损失和预测农作物产量等。

一、作物长势遥感监测

通过对农作物长势进行动态监测,可以及时了解农作物的生长状况、苗情、土壤墒情、营养状况及其变化,便于采取各种管理措施,从而保证农作物的正常生长。通过对作物长势的监测,还可以及时掌握气象灾害和病虫害等对作物产量造成损失的情况。尤其在粮食产量规模可能会出现较大波动的年份,及时、准确地获取作物长势信息可以为适时农业政策的制定和粮食贸易提供有力的决策依据。

(一)作物长势遥感监测原理与方法

1. 作物长势遥感监测的原理

作物长势的强弱一般可以通过观测植株的叶面积、叶色、叶倾角、株高和茎粗等形态特征进行衡量。不同时段或不同光、温、水、气(CO_2)和土壤的生长条件,作物的长势(生长状况)有所不同。通常意义上作物长势监测是指对作物的苗情、生长状况及其变化的宏观监测,可以分为随时间变化的长势监测和随空间变化的长势状况监测。

作物长势监测主要监测作物的苗情、生长状况及其变化,要求能够及时、全面反映农情。尽管作物的生长状况受多种因素的影响,其生长过程又是一个极其复杂的生理生态过程,但其生长状况可以用一些能够反映其生长特征且与该生长特征密切相关的因子(如叶面积指数、生物量等)进行表征。

叶面积指数(*LAI*)是与长势的个体特征和群体特征有关的综合指数,植物的生长依靠光合作用,叶面积指数表现出同一性,这是用叶面积指数监测农作物长势的基础。作物的叶面积指数是决定作物光合作用速率的重要因子,叶面积指数越大,作物截获的光合有效辐射就越多,光合作用就越强。

遥感影像的红波段和近红外波段的反射率及其组合与作物的叶面积指数、太阳光合有效辐射、生物量具有较好的相关性,其中,归一化植被指数(*NDVI*)在作物生长的一定阶段与 *LAI* 呈明显的正相关关系。在农作物长势监测和估产中,*NDVI* 常被作为能够反映作物生长状况的植被参数指标。作物 *NDVI* 的变化动态特征与作物的长势特征之间存在着一定的关联性,*NDVI* 值可以作为判定作物长势良莠的一种度量指标。人们可以通过多年遥感资料累积,计算出常年同一时段的平均 *NDVI*,然后由当年该时段的 *NDVI* 与常年的进行比较,依据 *NDVI* 差异程度的大小,判断当年作物长势优劣。

作物长势监测主要包括实时监测和过程监测。实时监测主要指利用实时 *NDVI* 图像值与上一年、多年平均或指定某一年的 *NDVI* 进行对比,通过对 *NDVI* 差异值进行分级、统计和区域显示,反映实时的作物生长差异。过程监测主要是通过时序 *NDVI* 图像来构建作物生长过程,通过生长过程年际间的对比来反映作物生长的状况,也称为随时间变化监测。作物生长期内,通过卫星影像绿度值随时间的变化,可动态地监测作物的长势,且随着卫星资料的积累,时间变化曲线可与历年(如与历史上的高产年、平年和低产年,以及农业部门惯称的上一年等)进行比较,寻找出当年与典型年曲线间的相似和差异,从而对当年作物长势作出评价。此外,还可以统计生长过程曲线的特征参数(包括上升速率、下降速率、累计值等)反映作物生长趋势上的差异,从而得到作物单产的变化信息。

对于多光谱遥感影像,在作物生长初期,随着植株的生长,叶片的叶孔增加,叶片表面散热能力增强,近红外波段反射值逐渐增加,叶绿素吸收能力增强,红波段的反射率逐渐减小,*NDVI* 值逐渐增加。在作物生长末期,由于茎叶由绿色变为黄色,叶绿素含量减小,相应的红波段的反射率将会增加,叶孔相对收缩,散发的热量降低,近红外波段的反射率将会减小,*NDVI* 会明显下降。因此,利用近红外波段和红波段的非线性组合可以很好地反映作物的生长过程特征。如果将作物的 *NDVI* 值以时间为横坐标排列起来,便形成作物生长的 *NDVI* 动态迹线,可以较直观地反映作物从播种、出苗、抽穗到成熟生长变化的全过程。作物种类不同,*NDVI* 曲线特征不同。同类作物不同的生长环境和发育状况也会造成 *NDVI* 时间曲线的波动,不仅个别时段 *NDVI* 值有所改变,而且曲线的整体形态也会发生变化。从某种程度上说,曲线的形态特征有时比个别时段的曲线值更能反映作物生长状况和趋势。因此,通过对农作物时序 *NDVI* 曲线的分析,不但可以了解实时作物的生长状况,而且能够反映作物生长的趋势。

2. 作物长势遥感监测的方法

作物长势监测主要是监测作物的生长状况信息,一般从两个方面来进行:一是作物生长的实时监测,主要是通过年际间遥感影像所反映的作物生长状况信息的对比,同时综合物候、云标识和农业气象等辅助数据来提取作物长势监测分级图,达到获取作物长势状况空间分布变化的目的;二是作物生长趋势分析,主要以时序遥感影像生成作物生长过程曲线,通过比较当年与典型年曲线间的相似和差异,做出对当年作物长势的评价。

实时作物长势监测——在作物生长期采用 NDVI 对比的方法监测作物长势，进行两期图像的对比分析，即计算差值图像。利用每旬的最大合成 NDVI 图像与上年同期 NDVI 图像相比较，对差值影像赋值，并分为五个等级：差、稍差、持平、稍好、好，以此进行分级统计。作物长势实时监测需要对作物生长状况进行解释和说明，除遥感差值图像反映作物长势情况外，还应考虑地区差异和物候期变化等因素，因此作物长势监测图还需叠加表征物候的矢量层进行综合分析。将作物生长期内的实时遥感监测指标与上一年、多年平均及指定某一年的同期遥感指标进行对比，以反映实时作物生长差异的空间变化状态，同时通过年际间遥感图像的差值来反映两者间的差异，对差值进行分级，以反映不同长势等级所占的比例。

作物生长趋势分析——从时间系列上对作物生长状况进行趋势分析和历史累积的对比。利用多时相遥感数据，可获取作物生长发育的宏观动态变化特征。如在农作物生育期内，作物生长状况和生长条件的变化，都会造成 NDVI 时间曲线产生相应的动态变化。可以利用这一响应关系，根据 NDVI 曲线的变化特征，推测作物的生长发育状况。作物种类不同，轮作组合不同，其 NDVI 曲线具有不同的特征，同类农作物生长环境和发育状况的变化也会造成 NDVI 时间曲线的波动。因此，通过对农作物 NDVI 时间曲线的分析，可以了解作物的生长状况，进而为作物产量的计算提供依据。

虽然遥感信息能够反映农作物的种类和状态，但是由于受多种因素的影响，完全依靠遥感信息还是不能准确地获得监测结果，还要利用地面监测予以补充。将地面信息与遥感监测信息进行对照，从而获得农作物长势的准确信息。此外，由于气象条件与农业生产关系密切，加强农业气象分析也有利于辅助解释遥感监测结果。

（二）基于高光谱定量遥感的作物长势诊断

几何校正、辐射校正和反射光谱重建后的成像光谱图像，每一个像素在光谱维上所对应的反射光谱曲线，记录的就是该像素所对应地物的反射光谱特征，如彩图 8 所示。成像光谱数据的这一图谱合一特性，使我们可以逐像素地根据小麦冠层光谱特征估计各种理化参数，进而实现小麦冠层理化参数空间分布的量化表达。

彩图 8 为 2001 年 4 月 26 日所获 OMIS 成像光谱图像。该图像光谱分辨率：460 ~ 1 100 nm 为 10 nm（64 个波段），1 060 ~ 1 700 nm 为 40 nm（16 个波段），2 000 ~ 2 500 nm 为 15 nm（32 个波段），3 000 ~ 5 000 nm 为 250 nm（8 个波段），8 000 ~ 12 500 nm 为 500 nm（8 个波段），共计 128 波段；经几何校正重采样后空间分辨率为 3 m。彩图 8 所示试验反演小麦冠层水分、全氮含量、可溶性糖、叶绿素浓度等参数时，所用 460 ~ 1 100 nm 64 个波段的反射光谱重建情况。由图可见，经反射光谱重建后，小麦冠层反射光谱特征明显。

利用大样本数据进行统计回归分析，是目前建立反射光谱特征与冠层理化参量估计关系模型最为有效的方法。将光谱特征参数（如红边位置 λ_P）等作为自变量，在线性回归、指数回归、对数回归、高次多项式回归等回归分析类型中选用合适的回归模型，在相关性显著的条件下建立由光谱特征估计理化参量的反演关系式。表 8-18 为基于反射光谱特征的小麦冠层理化参数反演模型。

表 8-18　基于反射光谱特征的小麦冠层理化参数反演模型

冠层理化参数	光谱特征参数	理化参量估计模型	R^2
叶绿素 a	高斯红边位置	$Y=0.4626X-324.91$	0.538 5*
叶绿素 b	高斯红边位置	$Y=0.1854X-130.4$	0.518 9*
叶绿素 a+b	高斯红边位置	$Y=0.2135X-150.06$	0.546 6*
全氮含量(%)	高斯红边位置	$Y=-0.2218X+11.865$	0.733 1**
可溶性糖(%)	高斯红边位置	$Y=-1.5436X+1114.6$	0.560 5*
叶面积指数	*NDVI*(800,670)	$LAI=0.2127\exp(2.9075\times NDVI)$	0.576 3*

注：* 表示相关，** 表示显著相关。

将目标区图像各像素的重建反射光谱特征引入业已建立的小麦冠层生化参量反演模型，一一进行解算，便可得到各生化参量在目标图像上的空间分布量表达，即生化参量专题图。此时的生化参量已被赋予地理坐标，与其田间实际位置一一对应，真实地反映了该项参数的空间分布及其差异。

1. 基于高光谱反演的理化参数填图的作物长势诊断

将遥感方法获取的在精准农业技术体系中用于农艺处方决策的理化参数适当分级，使其具有现实农学意义。这种适当分级的表达方式被称为理化参数空间分布量化表达的农学适应性。

彩图 9 所示的表达方式，是逐像素在光谱维提取光谱特征后，依据业已建立的特征光谱反演模型估算的反演参数，所得的近乎连续的单参数空间分布方式。为形象、直观起见，彩图 9 用连续变化的色阶对单参数灰度图像进行了彩色表达。这种近乎连续的灰度(单参数)值图像数据作为精准农业技术体系中农艺处方决策的依据信息将显得过于密集，增加了处方决策专家系统的推理负担。为此，有必要对所得单参数图像进行类似于密度分割的合并分级，并使分级后的各级参数值具有明确的农学或生理学意义。

彩图 10 以叶面积指数和全氮含量两参数为例，说明了面向应用的理化参数分级表示方法。一般情况下，宜让划分等级依次对应具有实际农学意义的差、较差、一般、较好和好五个评价标准。如彩图 10(a)所示：针对当前所处生长期，叶面积指数在 0.5～1.0 时为长势差，在 1.0～1.5 时为长势较差，在 1.5～2.5 时为长势一般，在 2.5～4.0 时为长势较好，在 4.0～4.5 时为长势好。针对作物冠层理化参数的这种评价等级划分是一项专业性很强的工作，处于不同生育期的田间作物，具有不同的农学或生理评价标准。

2. 基于作物碳氮比值的作物长势诊断

遥感图像的二维映射分析是将两个波段图像的所有像素映射到一个以波段 1 图像取值范围为纵坐标，以波段 2 图像取值范围为横坐标的二维空间分析方法。此时，映射在二维空间的两幅图像的像素点，或依地物类别不同而呈现出多团类聚式分布，或依两图像之间的相关关系，呈现出某种相关性分布，据此便可进行地物分类或相关性分析。由彩图 9(c)、彩图 9(d)及相关讨论可知，反演所得可溶性糖和全氮参数图像呈明显的负相关。为分析这种负相关关系，王纪华等(2008)采用二维映射方法，将两参数图像映射到以可溶性糖含量为纵坐标，以全氮含量为横坐标的二维空间，结果如彩图 11 所示。

彩图 11 所示的二维映射散点分布为一左高右低的纺锤形状，整体上表明了糖、氮之间的负相关现象。

彩图 11 所示的二维映射处理与分析过程如下：

(1)过坐标系原点作若干条射线，将映射散点群均等地划分为若干段。

(2)列出每条射线的直线方程

$$C = aN \tag{8-25}$$

式中　C——纵坐标可溶性糖含量；

N——横坐标全氮含量；

a——斜率。

对式(8-25)两端同除以 N，便得

$$a = C/N \tag{8-26}$$

我们发现，斜率 a 就是作物生理学中反映碳氮代谢的诊断指标：碳氮比值(C/N)。即二维映射图中斜率不同的射线均为碳氮比等值线。

(3)以 C/N 等值线划分二维散点区的分割线为边界，分段对散点群赋予不同颜色，并将赋有颜色的散点映射回原分布空间，便得到一幅以颜色表示等级的"碳氮比值分布图"。

二、遥感估产

(一)遥感估产的特点

(1)遥感估产需要作物生长全过程的光谱参数。由于构成产量的三个要素分别与作物不同生长期的植被指数 *PVI* 有关，因此必须掌握作物生长全过程的光谱参数才能正确估产。而 Landsat/TM 的时间分辨率有限，故遥感估产除用 TM 外，还离不开短周期的气象卫星 AVHRR 数据。过去把某一时段的遥感光谱参数或它的累加值与产量直接挂勾的模式尚有不足，如过于密植，光谱值增加，但产量并不增加。

(2)遥感估产主要运用遥感数据中反映植物光合作用的代表波段——可见光红波段和近红外波段，说明遥感估产不仅直接抓住光合作用这一事物的本质，而且能给出定量分析数据——各种植被指数，它是单位面积光合作用的有效描述。

应该说，遥感作物估产要比传统的气象估产模式(考虑影响常年产量的气候条件)、统计估产模式(农学参数与产量的大量抽样和统计计算)更详细地提供作物空间分布的细节，且避开许多复杂的中间过程，如病虫害、灌溉、施肥等，而直接反映最终结果——产量。

这里垂直植被指数 *PVI*(它消除或减弱了大气、土壤的干扰)更具有高度综合能力。根据 *PVI* 与产量构成三要素间的内在关系，可建立起包括遥感光谱参数、土壤含水量、日照、积温、叶面积指数等有关参数在内的估产方法。

当然也可以建立其他植被指数(*NDVI*、*RVI*、*EVI*、*GVI* 等)与作物参数(与产量有关的作物参数——*LAI*、*BM*、*DM*、*SJ* 等)之间的相关性，建立植被指数与作物参数及产量间的数学模型，以便实现作物长势动态遥感监测和遥感估产。

(3)遥感估产离不开地面实况的配合。遥感估产是建立遥感数据与产量构成要素间

的内在联系。而这种内在联系是以地面样点试验为依据的。一方面遥感估产中遥感数据需要地面样点的定标,以建立模式;另一方面遥感估产的结果,也需要地面样点的检验。

(4)遥感估产还需要积温值、日照时数、播种量、土壤含水量等非遥感的农学参数、气象参数的支持,因而在 GIS 支持下进行遥感与非遥感数据的综合分析是提高遥感估产精度的必要条件。

(二)大面积作物估产

大面积农作物的遥感估产主要包括三个方面的内容:农作物的识别与种植面积估算、长势监测和估产模式的建立。

首先,可以根据作物的色调、图形结构等差异最大的物候期(时相)的遥感影像和特定的地理位置等的特征,将农作物与其他植被区分开来。大面积农作物除具备与一般植被相似的光谱特征外,大都分布在地面较为平坦的平原、盆地、河谷内,少量分布在山坡、丘陵的顶部。由于耕作的需要,田块通常具有规则的几何形状(山区零星小块耕地除外)。在农作物估产时,除使用空间分辨率较低的卫星遥感影像,如 NOAA 的 AVHRR、我国的 FY-1 影像外,还结合使用 Landsat、CBERS 等中等分辨率的影像,作出农作物的分布图。此外,必须应用较高分辨率的 SPOT 影像及高分辨率的遥感影像(如 IKONOS 和航空遥感影像等)对农作物分布图进行抽样检验,修正农作物分布图,从而求出农作物的播种面积。

由于不同自然地理单元内,作物的生长条件(光照、温度、降水、土壤等)和生长状况(包括自然与人为因素)在空间上会有很大差异。为了提高遥感估产的准确性,人们常按照作物生长环境及作物产量的区域分异规律,进行影像的分区、分类,以尽量保证同一区域内作物生长环境的一致性,并在分区的基础上进行作物专题信息的提取。

其次,利用高时相分辨率的卫星影像(如 NOAA、FY-1、FY-2 等)对作物生长的全过程进行观测。对作物的播种、返青、拔节、封行、抽穗、灌浆等不同阶段的苗情、长势制出分片分级图,并与往年同样苗情的产量进行比较、拟合,对可能的单产作出预估。在这些阶段中,如发生病虫害或其他灾害,使作物受到损伤,也能及时地从卫星影像上发现,及时地对预估的产量作出修正。

监测作物长势水平的有效方法是利用卫星多光谱通道影像的反射值得到植被指数(VI)。常用的植被指数有比值植被指数(RVI)、归一化植被指数($NDVI$)、差值植被指数(DVI)和垂直植被指数(PVI)等。

最后,建立农作物估产模式。用选定的植物灌浆期植被指数与某一作物的单产进行回归分析,得到回归方程。如果作物返黄成熟期没有发生灾害或天气突变等影响作物产量的事件,那么估产方程就作为模型被确定。该方程为:

$$y = a + bVI \tag{8-27}$$

式中　y——某一农作物的单产,kg/hm^2;

a——系数,为回归方程的截距;

b——系数,为直线的斜率;

VI——选定的植被指数。

最后求得单产 y:

$$\bar{y} = yA \tag{8-28}$$

式中　$\bar{y}$——该地区某农作物的总产量,t;

　　A——某作物的播种面积,hm^2。

在遥感数据时相的选择上,还要注意选择不同作物最易识别或对产量最有意义的生长期。以华北冬小麦为例,9 月中下旬播种,6 月中上旬收获,其中 11 月中旬至 12 月中旬为出苗期,3 月上旬至 4 月上旬为返青—拔节—抽穗期,冬小麦与背景差异最大,最易识别;4 ~6 月,拔节—抽穗—扬花—灌浆期是构成产量的关键时段。

三、作物病虫灾害遥感监测研究

受生产条件和科技水平的限制,到目前为止,人们主要通过实地目测手查的方法观察有无病虫害发生及其危害程度,或用捕捉虫蛾等办法判断病虫害暴发的可能性。这些传统的监测方法费时费力且获取信息的滞后性还严重影响病虫害预报的准确率。由于植物受到病虫害侵扰后,植物的细胞活性、含水量、叶绿素含量等发生变化,会反映在农作物反射光谱差异中,针对这种差异,就可以利用遥感技术开展病虫害监测与预警。

Zhang 等研究表明,不同病害程度的马铃薯的光谱特性在近红外波段有很大不同(如图 8-17 所示),基于此以及不同品种之间也存在光谱差异,对高光谱图像利用基于光谱特性(如 *MNF* 和 *SAM*)的分类方法结果如图 8-18 所示。

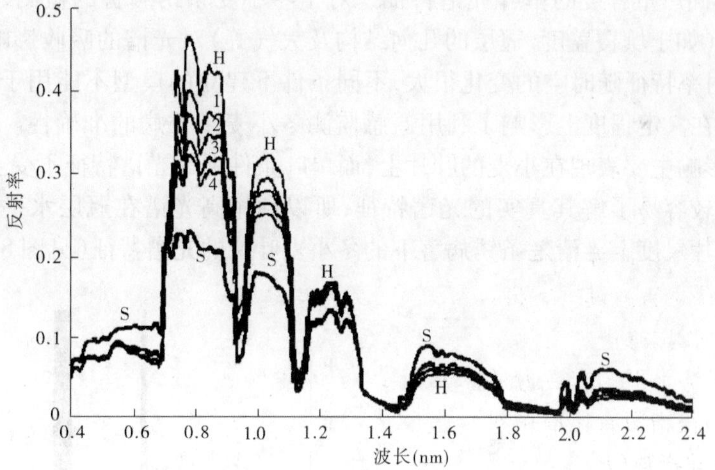

H—健康的;1、2、3、4—病毒感染程度,值越大越严重;S—土壤

图 8-17　健康状况不同的马铃薯光谱反射率

(一)作物病虫害遥感监测研究

1. 冬小麦条锈病叶片水平光谱特征与反演

当冬小麦受到病虫害侵扰时,因缺乏营养和水分而生长不良,海绵组织受到破坏,叶子色素比例也发生变化,使得可见光区的两个吸收谷不明显,0.55 μm 处的反射峰随叶片损伤的程度而变低、变平。近红外光区的变化更为明显,峰值被削低,甚至消失,整个反射光谱曲线的波状特征被拉平(见图 8-19)。因此,根据受损植物与健康植物光谱曲线的比

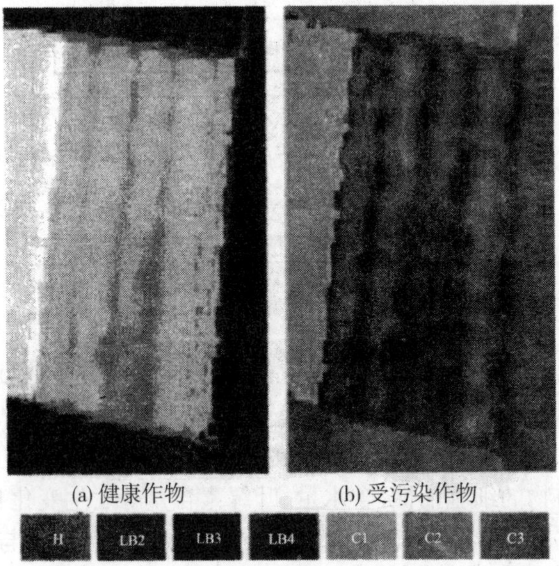

(a) 健康作物　　(b) 受污染作物

图 8-18　高光谱影像用于划分不同健康状况的作物

较,可以确定植物是否有病虫害及病虫害发生的程度。

(1)室内不同严重程度的单叶光谱特征。对于冬小麦条锈病害的监测,从外界条件来看,环境因子(如土壤覆盖度、冠层的几何结构及大气等)对光谱的吸收影响很大,所以植物的冠层反射率特征随时空的变化很大,不同条件下建立的模型不能用于建模以外的时空条件,从而在一定程度上影响了利用遥感监测冬小麦条锈病的准确性。由于条锈病害对冬小麦的影响主要表现在小麦的叶片上,而单叶条件下的光谱特征不受土壤、形态等因子的影响,比较容易了解其真实的光谱特征,所以利用高光谱在冠层水平上的遥感监测,首先要在叶片尺度上弄清楚条锈病害下的冬小麦叶片的光谱特征(见图 8-20)。

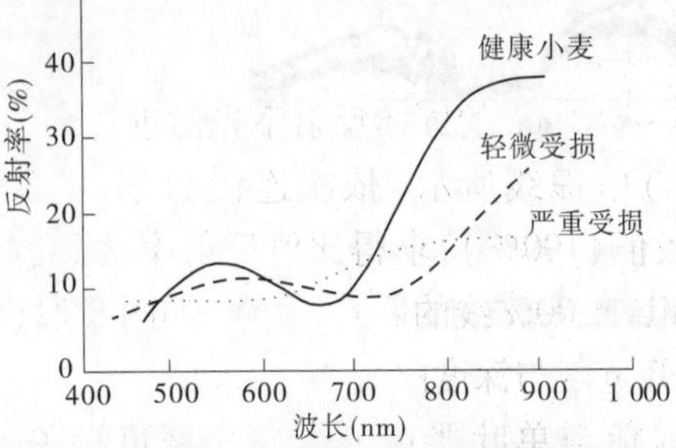

图 8-19　健康小麦与不同程度受害小麦的反射光谱特征曲线的比较

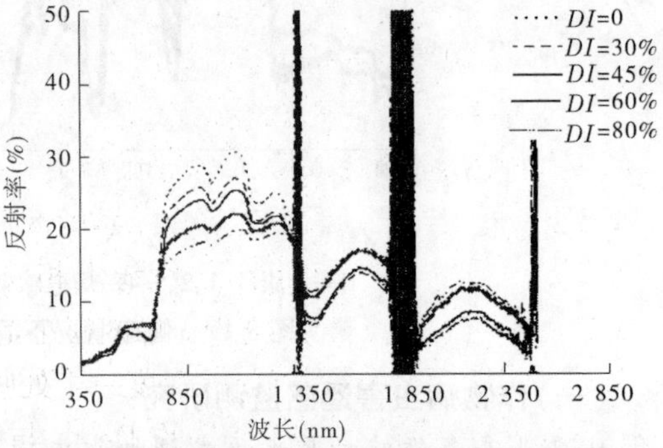

图 8-20　不同程度的条锈病叶片反射率光谱曲线

图 8-20 为不同严重程度的条锈病叶片反射率光谱曲线,结果表明:由于条锈病失绿、失水及孢子粉堆积等,随着条锈病严重度的增加,各个波段的光谱反射率都有所增加。将冬小麦条锈病单叶严重度与单叶光谱 350 ~ 1 600 nm 波段进行相关分析。其相关系数如

图 8-21 所示，其中 446 ~ 725 nm 和 1 380 ~ 1 600 nm 与严重度相关系数达显著水平，为敏感波段区域，其中可见光 550 ~ 740 nm 的相关性最强。

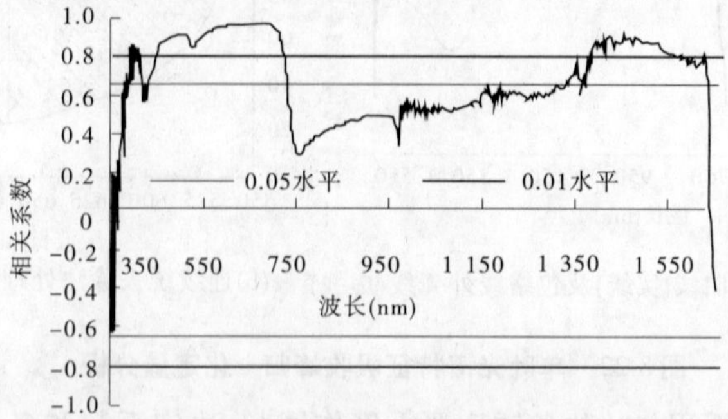

图 8-21 单叶严重度与光谱反射率相关性

对冬小麦条锈病单叶光谱特征的研究表明：条锈病菌孢子侵染叶片后，叶绿素含量减少，水分含量下降，且随着条锈孢子堆增厚、面积变大，叶片结构改变，在光谱上表现为可见光反射率增加，差异极显著；中红外反射率增加差异不显著；短波红外反射率增加差异极显著，446 ~ 725 nm 和 1 380 ~ 1 600 nm 为敏感波段区域。

(2)利用单叶光谱进行条锈病害严重度的反演。天气晴朗、无风或风速很小时进行病情调查和光谱取样，时间范围为 10:00 ~ 12:00，每隔一周左右调查一次。每平方米随机选取 20 株小麦，分别调查其发病情况。病情严重程度分为 9 个梯度，即 0、1%、10%、20%、30%、45%、60%、80% 和 100%，分别记录各病情程度的小麦叶片数，然后利用式(8-29)计算病情指数：

$$DI = \frac{\sum (x \times f)}{n \times \sum f} \tag{8-29}$$

式中 DI——病情指数；

x——各梯度的级值；

n——最高梯度值为 9；

f——各梯度的叶片数。

利用连续统去除法对各严重度的单叶片 540 ~ 740 nm 的原始反射率光谱进行归一化处理，即把包络线外壳（外壳系数，如图 8-22(a)中虚线所示）依次连接起来，定义为 100%，用实际光谱波段值除以连续统上相应波段值(100%)，求得比值反射率，深度（如图 8-22(b)中箭头所示）是指特征峰的极小值点相对 100% 线的距离，面积（如图 8-22(b)中阴影区所示）是指特征吸收峰深度一半处吸收峰宽度与深度的乘积。

通过定量化归一分析，计算的 Depth 与 Area 值与单叶严重度呈极显著负相关，如表 8-19所示，对面积进行变换，设计 Area 吸收面积指数（Absorption Area Index）$AAI = (\text{Area}_0 - \text{Area}_D)/(\text{Area}_0 + \text{Area}_D)$，式中 Area_0 表示严重度为 0 的正常叶片的 Area 值，Area_D 表示严重度为 D 的 Area 值，由于 Area_D 随单叶严重度增加而减小，故 Area 指数分子、分母两极分化，其值将被放大，增强了预测的敏感性。

将 493 nm、666 nm、1 430 nm 光谱反射率、666 nm/758 nm 光谱比值、540 ~ 740 nm 光

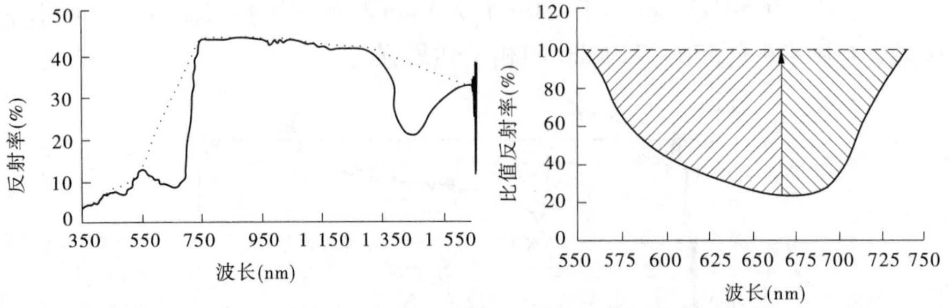

(a)冬小麦光谱反射率曲线(实线)及包络线外壳线(虚线)　(b)连续统去除法处理后得到的光谱指数

图 8-22　单叶光谱特征吸收峰归一化定量分析

谱范围的吸收深度和面积与叶片条锈病严重度作回归,决定系数和冬小麦条锈病光谱反演模型如表 8-19 所示。结果表明:上述光谱反射率或光谱特征,特别是单叶光谱 540 ~ 740 nm 特征吸收峰深度与面积模型能成功地预测单叶严重度。

表 8-19　单叶严重度诊断模型

入选波段及组合	自变量 X	模拟方程	RMSE	决定系数 R^2
493 nm	$R_{493\ \mathrm{nm}}$	$SL=0.228X-1.662$	17.75%	0.848
666 nm	$R_{666\ \mathrm{nm}}$	$SL=0.069X-0.491$	11.35%	0.953
1 430 nm	$R_{1\,430\ \mathrm{nm}}$	$SL=0.073X-1.446$	16.28%	0.839
666 nm,758 nm	$R_{666\ \mathrm{nm}}/R_{758\ \mathrm{nm}}$	$SL=4.164X-0.543$	14.04%	0.964
	Depth	$SL=-3.494X+2.827$	13.79%	0.968
540 ~ 740 nm	Area	$SL=-0.014X+1.532$	13.19%	0.951
	AAI	$SL=2.459X-0.019$	11.41%	0.972

这些模型是用冬小麦生育关键期——灌浆期数据建立的,所以具有一定的实用性,但是生育期及品种对冬小麦叶片含水量、叶绿素及叶片组织结构影响较大,因此模型的外延性要进一步研究。

2. 冠层水平下的光谱分析

(1)发病区与对照区全生育期冠层动态光谱特征。图 8-23 与图 8-24 为条锈病区与对照区的不同生育期的冠层光谱曲线,结果表明两组不同处理的冠层光谱曲线有着明显的差异,在整个生育期内,病害处理的小麦冠层光谱反射率较正常处理小麦冠层光谱反射率在近红外波段处低。因为 760 ~ 1 300 nm 波段范围是植物细胞结构变化特征反映区,反射率的高低受叶片结构的影响,构成叶片的细胞层数越多反射率越高,发病区的冠层光谱反射率最大值也没有超过 40%,而对照区的冠层光谱反射率最大值接近 50%。

从图 8-23 可看出,条锈病冠层光谱可见光红光叶绿素吸收谷波段处,反射率的变化表现为先下降后上升,而且随着生育期推进,后期病情发展非常快,从而叶片结构组织受到的破坏非常大,因此反射率比前期小得多。在 750 ~ 1 000 nm 光谱段反射率下降的程度逐渐加大，形成一个圆肩形。而图8-24中的对照区小麦整个生育期光谱变化幅度有次序，且整个生育期的光谱曲线仍然保持绿色植被光谱波形的特征。

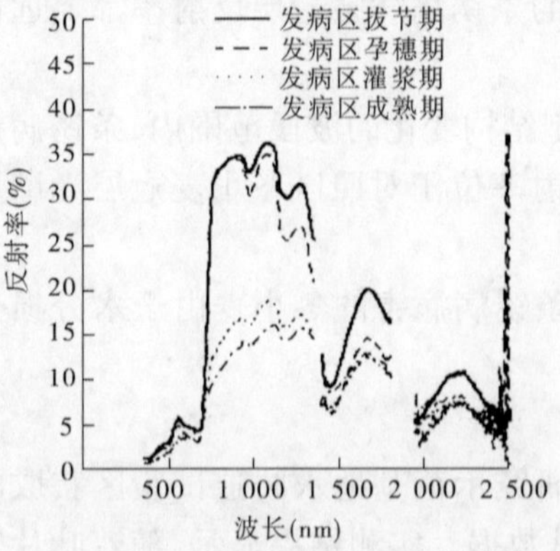

图8-23 发病区全生育期光谱曲线比较

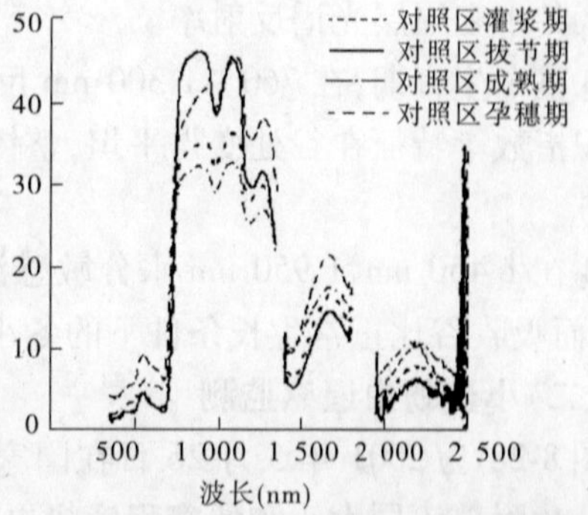

图8-24 对照区全生育期光谱曲线比较

(2)不同发病程度的冠层光谱特征。图8-25同病情指数的冬小麦冠层光谱曲线，可以看出，冬小麦被条锈病菌侵染后，随着生育期的推进，病情指数的不断增大，在550～700 nm和700～1 160 nm不同病情指数的冬小麦冠层光谱曲线有着很大的差异，这两个区域随病情程度的加大分别呈上升和下降的趋势，即与病情指数分别呈正相关和负相关关系。

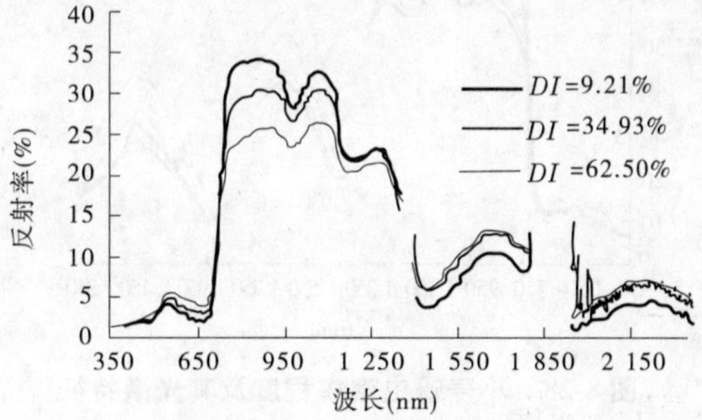

图8-25 不同条锈病发病程度的冬小麦冠层光谱曲线

随着生育期的推进，如图8-26和图8-27所示，条锈病病害光谱与对照光谱有着较大的差别，综合图8-26、图8-27，条锈病害光谱有如下的特征：

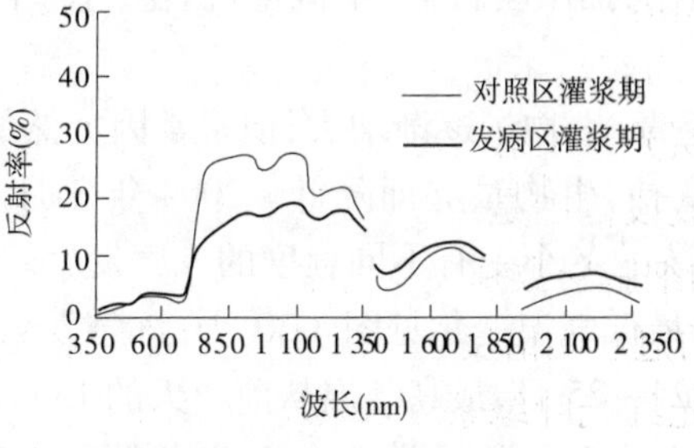

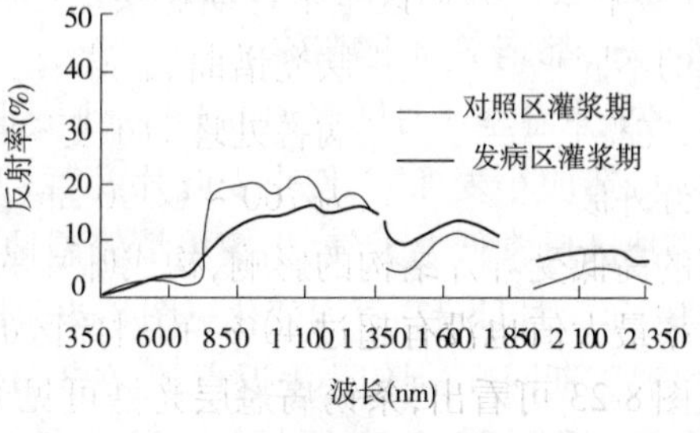

图8-26 灌浆期发病区与对照区光谱曲线比较 图8-27 成熟期发病区与对照区光谱曲线比较

①任何时相条件，550 ~ 660 nm 黄光区，条锈病冠层反射率都高于正常生长的冬小麦冠层光谱反射率，并且在 1 350 nm 后，发病区冠层光谱反射率均位于对照区光谱上方。

②任何时相，近红外波段 760 nm 处，拔节期后的条锈病病害冠层反射率都要远低于对照区冬小麦冠层光谱反射率。

③整个生育期，在 760 ~ 1 300 nm 反映叶片细胞结构变化的波段范围内，条锈病病害叶面积指数等特征在谷处变得平坦，整体上冠层反射率位于对照区冬小麦冠层光谱反射率下方。

④在 1 450 nm、1 950 nm 水分敏感波段处，受条锈病病害的冬小麦由于水分损失严重，从而吸收谷比正常生长条件下的冬小麦浅。

（二）小麦蚜虫遥感监测

图 8-28 为 2001 年 5 月 26 日在国家精准农业研究示范基地水胁迫试验区获取的冬小麦叶片附着不同大小和稀密程度蚜虫情况的光谱数据。实测结果显示，随着叶片上附着的蚜虫个体和密度不断增大，光谱反射率随之明显降低。在近红外反射平台的 1 100 nm 处，反射率相对值随蚜虫发生程度密集而下降，降幅达 33%，表明高光谱遥感可以作为诊断冬小麦蚜虫发生程度的辅助手段。

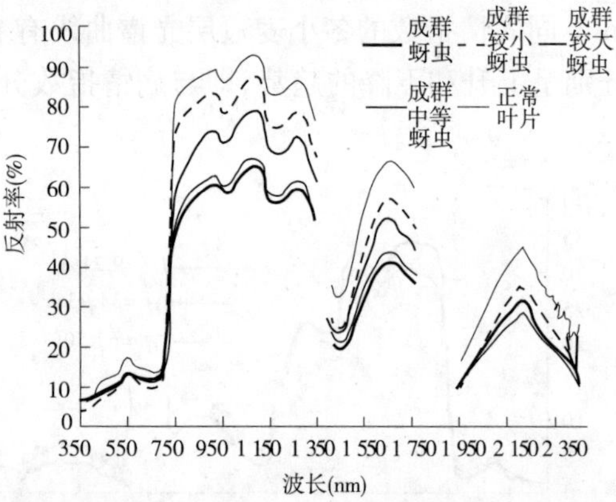

图 8-28　小麦蚜虫密集程度及其光谱特征

（三）冬小麦冻害遥感监测

霜冻按危害程度分为轻和重两种，仅仅是叶片受冻干枯，植株受害率达 5% 以上的，包括叶尖冻枯、叶片冻枯 2 ~ 3 cm 甚至半片叶冻枯等，都定义为轻霜冻害；把幼穗冻坏率达 5% 以上，包括幼穗水浸状、发黏，以后不抽穗，抽出哑铃穗、半截穗、白穗，主茎冻死，大分蘖冻死等，都定义为重霜冻害。

华北平原春季 3 月随气温的升高，小麦返青，生物量逐渐增大，但常常因突然的寒流，气温骤降，造成小麦冻害，使小麦叶片变黄、变枯，生物量立即降低。2004 年 3 月 24 ~ 25 日，北京地区反常低温天气，土壤墒情较差地块的冬小麦有不同程度的冻害发生。

2004 年 3 月日最高气温变化见图 8-29，日最低气温变化见图 8-30。在冻害发生的前一周中，气温逐渐回升，促使小麦返青，但在 3 月 24 ~ 25 日，最高气温从前一天的 15.3 ℃下降为 11.8 ℃，下降了 3.5 ℃；而最低气温从前一天的 5.6 ℃，下降为 0.8 ℃，下降了 4.8 ℃。

此次降温使部分小麦遭受冻害。未发生冻害的小麦见图 8-31，小麦叶色为绿色，叶绿

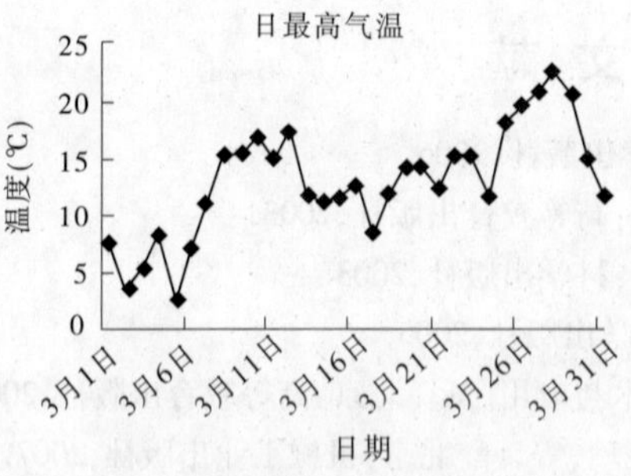

图 8-29　2004 年 3 月日最高气温

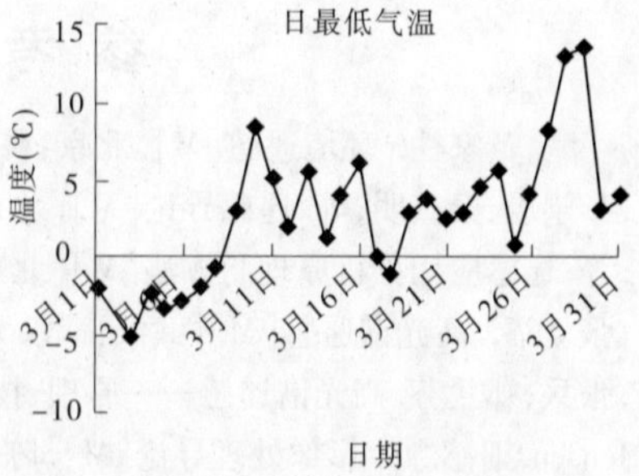

图 8-30　2004 年 3 月日最低气温

素含量高;遭受冻害的小麦见图 8-32,冻害使小麦变枯黄,绿色叶面积指数下降。小麦有不同程度的冻害发生。

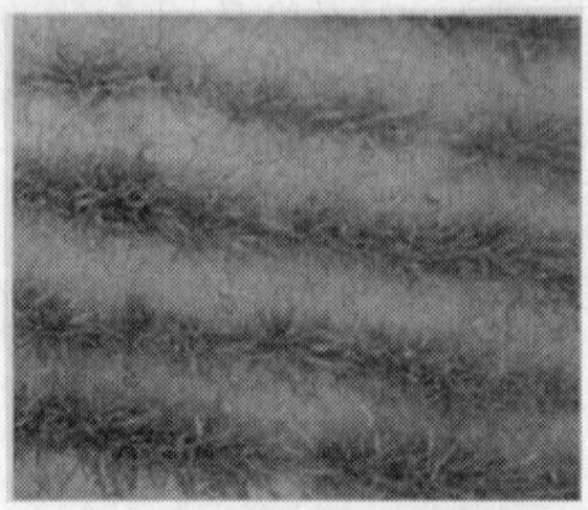

图 8-31　未发生冻害的小麦

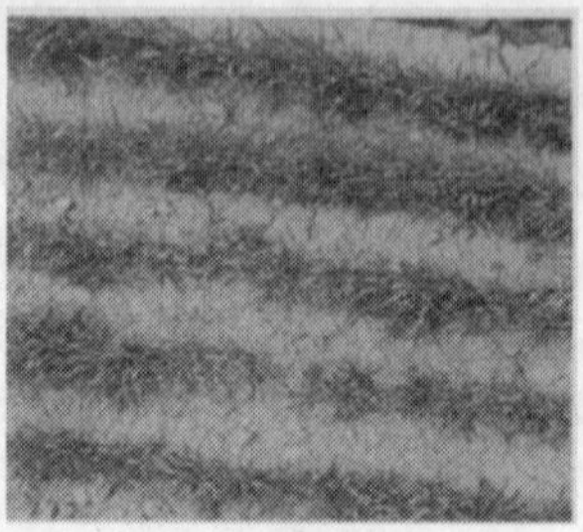

图 8-32　遭受冻害的小麦

在 4 月 1 日的 Landsat TM 遥感影像中,遭受冻害的小麦和未受冻害的小麦存在光谱差异,见图 8-33。结果表明未受冻害的小麦反射率明显高于受冻害的小麦。

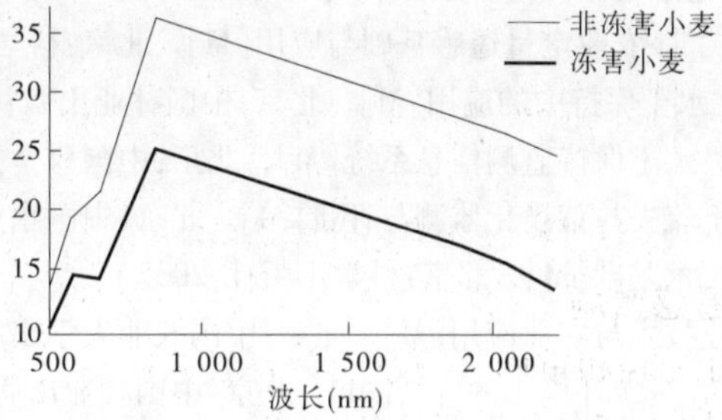

图 8-33　冻害和非冻害小麦 Landsat TM 光谱曲线

北京文化营小麦 Landsat TM 遥感影像见彩图 12。受冻害的小麦因变黄、生物量下降,在图中较暗;而未受冻害的小麦因叶色绿、生物量高,在图中较亮。构造 *NDVI* 植被指数,通过阈值法将影像分为受冻害小麦、未受冻害小麦及非小麦区,见彩图 13。

参 考 文 献

[1] 王桥,杨一鹏,黄家柱. 环境遥感[M]. 北京:科学出版社,2006.
[2] 梅安新,彭望琭,秦其明,等. 遥感导论[M]. 北京:高等教育出版社,2003.
[3] 赵英时,等. 遥感应用分析原理与方法[M]. 北京:科学出版社,2003.
[4] 张良培,张立福. 高光谱遥感[M]. 武汉:武汉大学出版社,2005.
[5] 童庆禧,张兵,郑兰芬. 高光谱遥感——原理、技术与应用[M]. 北京:高等教育出版社,2006.
[6] Jone R Jensen. 遥感数字影像处理导论[M]. 陈晓玲,等,译. 北京:机械工业出版社,2007.
[7] Tomas M Lillesand, Ralph W Kiefer. 遥感与图像解译[M]. 彭望琭,等,译. 北京:电子工业出版社,2003.
[8] 王之卓. 遥感与地球的全球性观测[J]. 环境遥感,1994,9(3):161-167.
[9] 王之卓. 从测绘学到 Geomatics[J]. 武汉测绘科技大学学报,1998,23(4):294-296.
[10] 李德仁. 摄影测量与遥感学的发展展望[J]. 武汉大学学报(信息科学版),2008,33(12):1212-1215.
[11] 林辉,刘泰龙,李际平. 遥感技术基础教程[M]. 长沙:中南大学出版社,2002.
[12] 孙家抦,等. 遥感原理与应用[M]. 武汉:武汉大学出版社,2003.
[13] 常庆瑞,等. 遥感技术导论[M]. 北京:科学出版社,2004.
[14] 李德仁,周月琴,金为铣. 摄影测量与遥感概论[M]. 北京:测绘出版社,2001.
[15] 尹占娥. 现代遥感导论[M]. 北京: 科学出版社,2008.
[16] 李小文,刘素红. 遥感原理与应用[M]. 北京: 科学出版社,2008.
[17] 常庆瑞,蒋平安,周勇,等. 遥感技术导论[M]. 北京: 科学出版社,2004.
[18] 梅安新,彭望琭,秦其明,等. 遥感导论[M]. 北京: 高等教育出版社,2001.
[19] 林培. 农业遥感[M]. 北京:中国农业大学出版社,1980.
[20] 彭望琭,白振平,等. 遥感概论[M]. 北京:高等教育出版社,2002.
[21] 王纪华,赵春江,黄文江. 农业定量遥感基础与应用[M]. 北京:科学出版社,2008.
[22] 毕华兴. "3S"技术在水土保持中的应用[M]. 北京:中国林业出版社,2008.
[23] 史明昌,田玉柱. 县级水土保持监测信息系统[M]. 北京:中国科学技术出版社,2004.
[24] 张广军,赵晓光. 水土流失与荒漠化监测与评价[M]. 北京:中国水利水电出版社,2005.
[25] 张占睦,芮杰. 遥感技术基础[M]. 北京:科学出版社,2007.
[26] 严泰来,王鹏新. 农业技术与农业应用[M]. 北京:中国农业大学出版社,2008.
[27] 游先祥. 遥感原理及在资源环境中的应用[M]. 北京:中国林业出版社,2003.
[28] 王静,等. 土地资源遥感监测与评价方法[M]. 北京:科学出版社,2006.
[29] 贾海峰,刘雪华. 环境遥感原理与应用[M]. 北京:清华大学出版社,2006.
[30] 刘纪远,张增祥,庄大方. 中国土地利用变化的遥感时空信息研究[M]. 北京:科学出版社,2005.
[31] 陈曦. 中国干旱区土地利用与土地覆被变化[M]. 北京:科学出版社,2008.
[32] 张煜星,王祝雄. 遥感技术在森林资源清查中的应用研究[M]. 北京:中国林业出版社,2007.
[33] 葛宏立,方陆明. 遥感图像森林资源信息提取与分析研究[M]. 北京:科学出版社,2007.
[34] 曾志远. 卫星遥感图像计算机分类与地学应用研究[M]. 北京:科学出版社,2004.
[35] 高尚武,王葆芳,朱灵益,等. 中国沙漠化土地监测评价指标体系[J]. 林业科学,1998,34(2):6-9.

彩图 1　热红外地物影像

彩图 2　遥感影像的形状

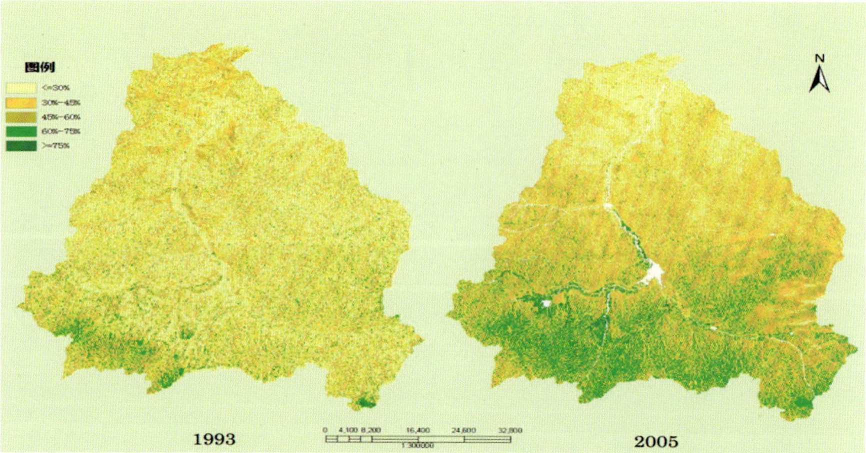

彩图 3　定西市安定区研究期植被覆盖分级图

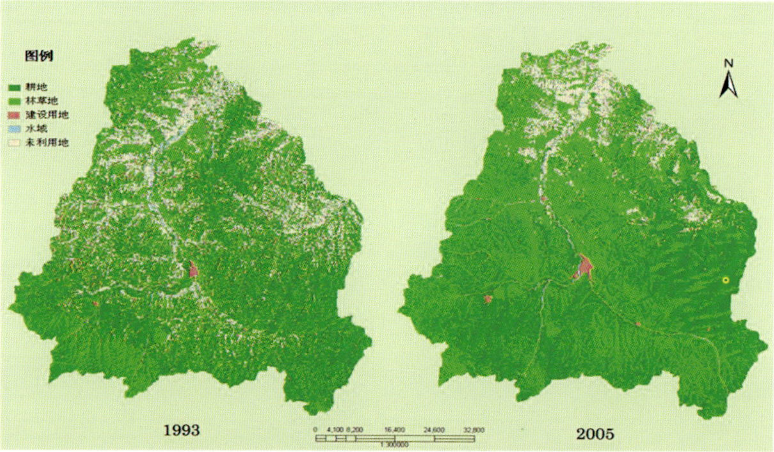

彩图 4　定西市安定区研究期土地利用类型图

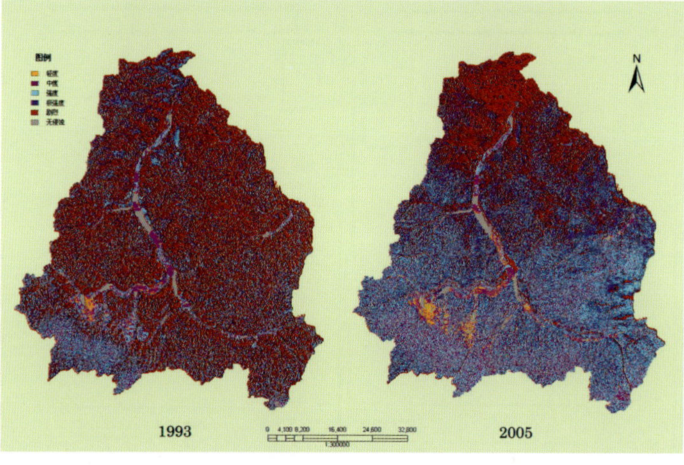

彩图 5　定西市安定区研究期土壤侵蚀强度分级图

彩图 6　1990 年 RGB(7,4,3)合成影像

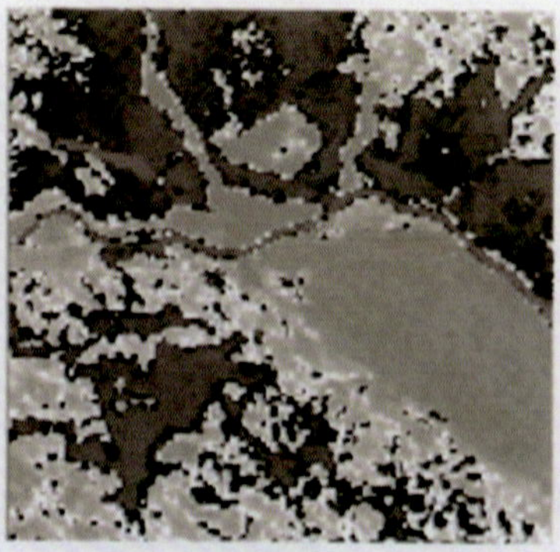

彩图 7　1990 年 T_s/NDVI 图像

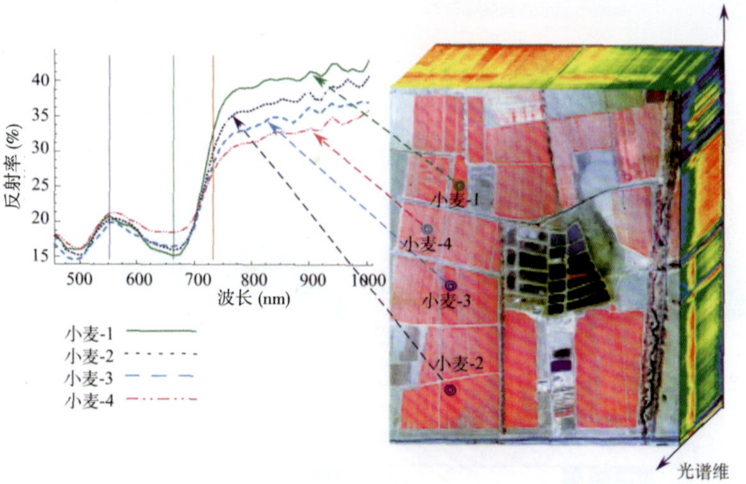

彩图 8　成像光谱数据各像素在光谱维所对应的地物光谱特征举例

小麦不同长势与营养状况的反射光谱响应：小麦-1：好；小麦-2：较好；小麦-3：一般；小麦-4：较差

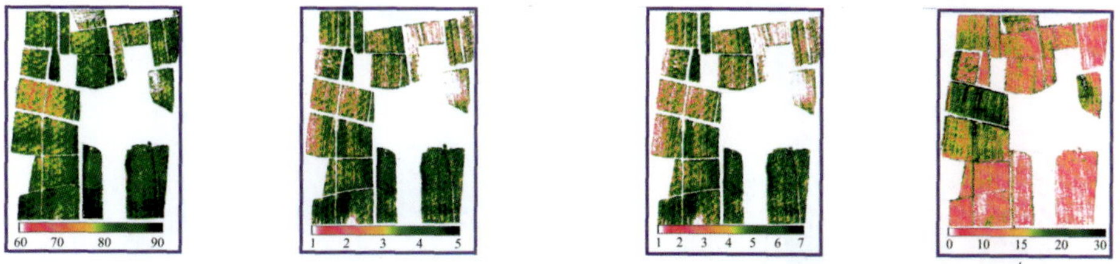

(a) 冠层水分含量 (%)　(b) 冠层叶绿素 a+b 浓度 (mg/g)　(c) 冠层全氮含量 (%)　(d) 冠层可溶性糖含量 (%)

彩图 9　田间小麦冠层生化参量的空间分布及其差异

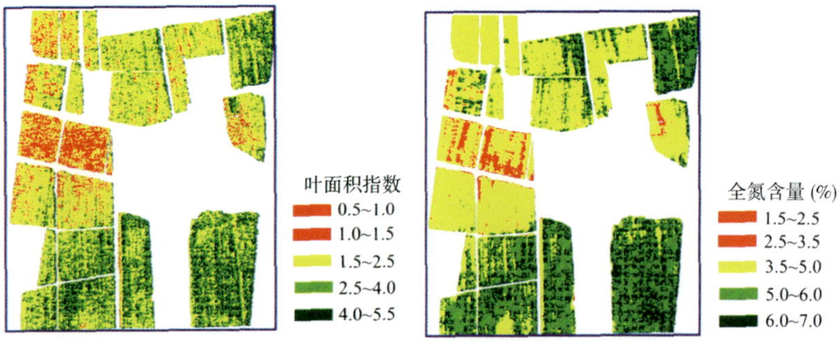

(a) 叶面指数的空间分布及其分级表达　　(b) 全氮含量的空间分布及其分级表达

彩图 10　国家精准农业研究示范某地 2001 年 4 月 26 日小麦冠层理化参数的农学适应性表示

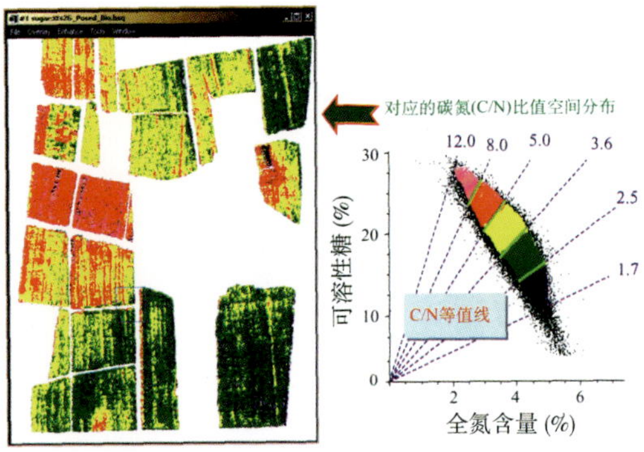

彩图 11　可溶性、全氮二维映射及碳氮代谢的分布与变异

彩图 12　顺义良种场 landsat TM 合成图

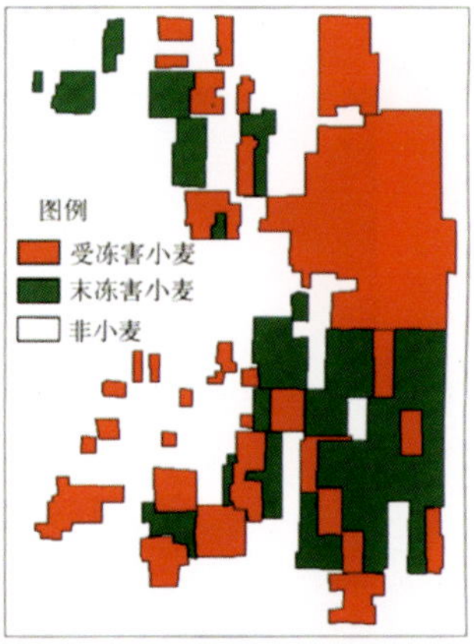

彩图 13　顺义良种场小麦冻害监测图